通用职业能力训练教程

主编　李家华

北京理工大学出版社
BEIJING INSTITUTE OF TECHNOLOGY PRESS

内容简介

本教材顺应新时代职业教育的发展趋势，旨在全面提升劳动者的综合素质，为新质生产力发展和实现高质量发展提供人才和技能支撑。教材紧扣学生的心理特点和职业发展需求，采用模块化结构，全面涵盖职业道德，职业精神，职业意识，职业形象，核心技能，数字能力，绿色技能，健康、质量与安全，法律法规等九大领域。教材基于丰富的案例教学，将理论与实践紧密结合，注重培养学生的创新思维、知识理解、实践操作、基础管理等关键技能，突出创新驱动、实践导向、技能为本、适用广泛的特色，本教材适用于职业院校学生和职业培训机构学员。

图书在版编目（CIP）数据

通用职业能力训练教程 / 李家华主编 . -- 北京：

北京理工大学出版社，2024.6.

ISBN 978-7-5763-4586-5

Ⅰ . B822.9

中国国家版本馆 CIP 数据核字第 2024GX9630 号

责任编辑: 龙 微　　**文案编辑:** 邓 洁
责任校对: 刘亚男　　**责任印制:** 施胜娟

出版发行 / 北京理工大学出版社有限责任公司

社　　址 / 北京市丰台区四合庄路 6 号

邮　　编 / 100070

电　　话 / （010）68914026（教材售后服务热线）

　　　　　（010）63726648（课件资源服务热线）

网　　址 / http://www.bitpress.com.cn

版 印 次 / 2024 年 6 月第 1 版第 1 次印刷

印　　刷 / 定州市新华印刷有限公司

开　　本 / 787 mm×1092 mm　1/16

印　　张 / 17

字　　数 / 389 千字

定　　价 / 47.00 元

PREFACE 前言

　　党的二十大报告指出"深入实施人才强国战略。培养造就大批德才兼备的高素质人才，是国家和民族长远发展大计。功以才成，业由才广。坚持党管人才原则，坚持尊重劳动、尊重知识、尊重人才、尊重创造，实施更加积极、更加开放、更加有效的人才政策，引导广大人才爱党报国、敬业奉献、服务人民。"这为深入实施新时代人才强国战略指明了方向。

　　随着新质生产力的提出和推进，职业素质的重要性日益凸显。发展新质生产力，需要培养更多的高素质劳动者，这些人才既包括具备创新能力和战略眼光的人才，也包括工程技术人才和产业工人。我们不仅需要能够在世界科技前沿创造新型生产工具的人才，也需要能够熟练掌握并融合新的生产要素的人才。只有成功培养出一支高素质的劳动者队伍，我们才能为发展新质生产力蓄势赋能。

　　为此，本教程以习近平新时代中国特色社会主义思想为指导，贯彻落实党的二十大精神，按照《国务院关于推行终身职业技能培训制度的意见》及中共中央办公厅、国务院办公厅发布的系列人才发展指导意见，结合《"十四五"就业促进规划》与《"十四五"职业技能培训规划》的精神，我们编写了这本《通用职业能力训练教程》。旨在促进劳动者通用职业能力综合素质的全面提升，培养技术精湛、品德高尚的技能人才，为新质生产力发展和实现高质量发展目标提供有力的人才资源和技能支撑。

本教材坚持对职业教育理念的革新和对传统教育模式的超越，强调以就业为导向，关注学生通用职业能力的培育，全面覆盖思想道德、职业态度、文化知识、职业技能、职业能力、敬业精神和责任担当等多个方面，并精心设计了九个模块——职业道德，职业精神，职业意识，职业形象，核心能力，数字素养与数字技能，绿色技能，健康、质量与安全及法律法规，每个模块均嵌入了实际案例和实践活动，力求构建一个跨学科、多领域的新时代通用职业能力训练体系，更好地助力学生能够在学习中实践，在实践中成长。

本教程由李家华主编，丁新兴、刘松杨、于奎川为副主编，郭辉、何洪波、王有月、赵倩玉等参加编写。

本教程是职业教育的通识课程选修教材，供职业院校学生作为课程学习用书，也适用于各类职业培训机构作为培训用书和参考资料。由于编写时间仓促和编者能力所限，书中存在很多不足之处，恳请广大师生和读者不吝赐教，提出宝贵意见和建议，推动本教程的不断改进和完善。愿我们共同为新时代的人才培养贡献应有的力量。

编　者

2024 年 6 月

CONTENTS 目录

模块一

职业道德

模块导读

职业道德对于每一位职业院校的学生来说都具有极其重要的意义。首先，职业道德是打开未来职场大门的一把"金钥匙"。在竞争激烈的就业市场中，企业往往不仅看重求职者的专业技能，也更加关注其是否具备良好的职业道德素质。一个具备良好职业道德的人，往往能更快地适应工作环境，更好地融入团队，为企业创造更大的价值。其次，职业道德是职业发展的基石。在职业生涯中，一个人的成功不仅仅取决于其专业技能的强弱，更在于其是否能够坚守职业道德，始终保持良好的职业行为和态度。只有具备高尚的职业道德，才能够在职场中赢得尊重，取得持续的职业发展和进步。再者，职业道德不仅是社会文明的体现，也是当今中国社会主义核心价值观的基本要求之一。中共中央、国务院印发的《新时代公民道德建设实施纲要》要求"推动践行以爱岗敬业、诚实守信、办事公道、热情服务、奉献社会为主要内容的职业道德，鼓励人们在工作中做一个好建设者"。在"劳动最光荣、劳动最崇高、劳动最伟大、劳动最美丽"的新时代，作为未来的高技能人才，我们的职业道德素质将直接影响自身的职业发展和社会的道德风尚，只有具备良好的职业道德，才能够为社会做出更多的贡献，推动社会的文明进步。

本模块主要介绍了职业道德和职业道德修养的内容和作用，社会主义职业道德以及提升职业道德和道德修养的途径。

主题一　职业道德建设

导入案例

实习见真功

事情发生在林同学一次为期三个月的实习过程中。

林同学是一所职业学院信息技术专业的学生，在大三下学期被学校推荐到一家软件开发企业担任实习生。

实习工作伊始，林同学就凭借扎实的专业知识和勤奋好学的态度迅速赢得了同事和上级的认可。一次偶然的机会，林同学发现了该公司的一个重要数据保护措施存在漏洞，这一漏洞潜藏着导致客户信息泄露的风险，有可能给公司造成重大损失。

面对这一发现，他没有被潜在的个人利益所动摇，也没有因为害怕可能给自己带来的负面后果而选择沉默。相反，他主动收集相关资料，加班加点地研究解决方案。在有了充分准备之后，他主动向自己的上级汇报了这一问题，并附上了自己的解决方案。最终公司都认可并采纳了他提供的解决方案，解决安全漏洞，避免了潜在的巨大损失。

实习结束时，公司向他颁发了优秀实习生荣誉证书，还向学校发去了表扬信。

最终，在他进入毕业季时，早早地就收到了这家公司的 offer。

【分析】职业道德内化于心、外化于行，并非抽象的概念，而是在日常学习生活和工作中可以时时处处践行的行为准则。作为职业技术学院的学生，我们应该将职业道德融入自己的血液，不断追求自己道德素养和专业技能的双重提升，从而，为未来的职业发展奠定坚实的基础。

一、职业道德的含义及其特点

（一）职业道德的含义

职业道德是指从业者在职业活动中应该遵循的行为准则和行为规范，是对从业人员在履职过程中的特殊道德要求。职业道德是人们通过学习和实践养成的优良的职业品质，涉及从业人员与服务对象、职业与从业人员、职业与职业之间的关系。

职业道德的内涵主要包括以下几个方面。

（1）职业道德是一种职业规范，受到社会的普遍认可。

（2）职业道德是在长期的职业活动实践中形成的。

（3）职业道德依靠文化、内心信念和习惯，通过个体的自我要求和自律实现。

（4）职业道德是柔性约束，重在养成和引导。

（5）职业道德是对从业人员在职业活动中应尽的义务的要求。

（二）职业道德的特点

职业道德具有职业性、实践性、继承性、多样性、纪律性、时代性等特征。

1. 职业性

职业道德的内容与职业实践活动紧密相连，反映着特定职业活动对从业人员行为的道德要求。每一种职业道德在特定的职业范围内发挥作用，规范本行业从业人员的职业行为。

2. 实践性

职业行为过程就是不断实践的过程，只有在实践中，才能体现出职业道德的水准。职业道德的作用也是通过实践去体现的，从而对从业人员职业活动的具体行为进行规范。

3. 继承性

职业道德是在一个行业的长期实践中形成的，会被作为经验和传统继承下来。即使在不同的社会经济发展阶段，同样一种职业因服务对象、服务手段、职业利益、职业责任和义务而相对稳定，职业道德要求的核心内容也将被继承和发扬，从而形成被不同社会发展阶段普遍认同的职业道德规范。

4. 多样性

由于职业道德是依据本职业的业务内容、活动条件、交往范围以及从业人员的承受能力而制定的行为规范和道德准则，所以职业道德是多种多样的，有多少种职业就有多少种职业道德。各种职业道德的要求都较为具体、明确、细致，因此其表达形式灵活多样，凸显行业和职业性。职业道德通常以规章制度、工作守则、服务公约、劳动规程、行为须知、承诺、诺言、标语等形式表现出来。

5. 纪律性

纪律也是一种行为规范，是介于法律和道德之间的一种特殊的规范。它既要求人们能自觉遵守，又带有一定的强制性。例如：建筑工人必须执行安全生产操作规范，军人要有严明的纪律，等等。因此，职业道德有时又以制度、章程、条例的形式呈现出来，让从业人员认识到职业道德具有纪律的规范性。

6. 时代性

职业道德具有继承性，每个时代的职业道德都有许多相同或相近的内容，但不同的时代对职业道德的要求也会有所不同。比如，对于一个新时代的技术工人而言，除了必须具备老一辈技术工人的爱岗敬业、吃苦耐劳、持之以恒的精神，还必须有锐意改革、敢于创新的精神；对于新时代手握公权力的公务人员来说，除了必须要做到历朝历代所要求的"公正严明、为民请命"，还必须有坚定的共产主义信仰等道德素质。

二、职业道德的作用

（一）每个人的立业之本

职业道德一方面涉及每个从业人员如何对待职业、如何对待工作，同时也是一个从业人员的生活态度、价值观念的表现，是一个人的道德意识、道德行为发展的成熟阶段，具有较强的稳定性和连续性。良好的职业道德是每一个优秀员工必备的素质，它能够引领个体成长和发展的方向，是激发个体职业发展的潜在力量。缺乏职业道德的人无法形成行动的内驱力，往往做不好工作，难以在社会上生存，也难以在职场上发展。违背职业道德，不仅会受到道德的谴责，使个人前途尽失，情节严重者，甚至会受到法律的制裁。

（二）调节从业人员内部及从业人员与服务对象间的关系

职业道德的基本职能是调节职能。一方面，它可以调节从业人员内部的关系。职业道德规范约束着职业内部人员的行为，协调着劳动者之间关系、个人与集体关系、单位与个人关系，能更好地促进从业人员团结合作、齐心协力地为发展本行业、本职业服务。另一方面，职业道德又可以调节从业人员和服务对象之间的关系，如职业道德明确提出劳动者要讲究产品和服务的质量、注重信誉、安全生产、诚信经营等，规范了劳动者的职业行为，维护了社会职业活动的秩序。

（三）促进企业文化建设

职业道德是企业文化的重要组成部分。从业人员的素质是企业最鲜活的名片。提高企业的信誉主要靠提升产品质量和服务质量，而从业人员职业道德水平高是产品质量和服务质量的有效保证。若从业人员职业道德水平不高，很难制造出优质的产品和提供优质的服务，就难以推动企业的发展。职业道德不仅能激励从业者发挥自己的主观能动性、提升职业能力、干好本职工作，还可以增强企业的凝聚力、提高企业的综合竞争力、提升产品和服务质量。因此，职业道德在促进企业文化建设方面起到了重要的作用。

（四）助力提高全社会的道德水平

职业道德是社会道德的重要组成部分。良好的社会主义道德风尚离不开职业道德建设，良好的职业道德促进良好的社会道德风尚的形成。长期以来，党和国家深入实施公民道德建设工程，大力推进社会公德、职业道德、家庭美德、个人品德建设。强化职业道德，弘扬社会正气，树立职业道德新风尚，以社会主义核心价值观引领社会主义道德风尚，对促进和谐社会建设起着积极的作用。

三、社会主义职业道德

（一）社会主义职业道德的内容

新中国汲取了中华民族几千年来形成的优秀传统文化，在经历了 70 多年的发展和社会主义道德实践后，逐渐形成了较为完整的社会主义职业道德体系。社会主义职业道德是社会主义社会各行各业的劳动者在职业活动中必须共同遵守的基本行为准则。它是判断人们职业行为优劣的具体标准，也是社会主义道德在职业生活中的反映。

《新时代公民道德建设实施纲要》明确规定了各行各业都应共同遵守的职业道德的五项

基本规范，即"爱岗敬业、诚实守信、办事公道、热情服务、奉献社会"。同时，为人民服务是社会主义职业道德的核心，它是贯穿于全社会共同的职业道德之中的基本精神。集体主义是社会主义职业道德建设的基本原则。

（二）社会主义职业道德的核心和基本原则

1. 社会主义职业道德的核心就是为人民服务

为人民服务作为公民道德建设的核心，是社会主义道德区别和优越于其他社会形态道德的显著标志。"与天下同利者，天下持之。擅天下之利者，天下谋之。"党执政的根基在于人民，血脉在于人民。必须坚持人民至上、紧紧依靠人民、不断造福人民、牢牢植根人民。因此，社会主义职业道德也要以"为人民服务"为核心。每个公民不论社会分工、能力大小，都应该在本职岗位上，通过不同形式为人民服务。

马克思在学生时代就立下"为人类福利而劳动""为世界大多数人谋利益"的志向，列宁提出要为"千千万万劳动人民服务"，周恩来总理坚持为党和人民"鞠躬尽瘁、死而后已"……无数的无产阶级革命家在他们的工作中坚守着"为人民服务"的初心。在新的形势下，仍必须大力弘扬为人民服务的职业道德观，把"为人民服务"的思想贯穿于各种具体职业道德规范之中。要引导从业人员正确处理个人与集体、个人与社会、竞争与协作、经济效益与社会效益等关系，提倡尊重人、理解人、关心人，为人民为社会多做好事、办实事，反对拜金主义、享乐主义和极端个人主义，形成促进社会主义市场经济健康有序发展的良好职业道德风尚。

2. 社会主义职业道德的基本原则就是坚持集体主义

社会主义职业道德的基本原则是集体主义。集体主义作为公民职业道德建设的基本原则，是社会主义经济、政治和文化建设的必然要求。在社会主义社会中，人民当家作主，强调国家、集体和个人三者利益根本上的一致性。要把集体主义精神渗入职业活动的各个层面，引导人们正确认识和处理国家、集体、个人的利益关系，提倡个人利益服从集体利益和国家利益、局部利益服从整体利益、当前利益服从长远利益，反对小团体主义、本位主义和损公肥私、损人利己，提倡把个人的理想与奋斗融入广大人民的共同理想和奋斗之中。集体主义贯穿于社会主义职业道德规范的始终，是正确处理国家、集体、个人利益关系的根本准则，也是衡量个人职业行为和职业品质的基本准则，是社会主义社会的客观要求，是社会主义职业活动获得成功的保证。

（三）社会主义职业道德的基本规范

1. 爱岗敬业

中华民族历来有"敬业乐群""忠于职守"的传统。爱岗敬业既是中国民族的传统美德，也是当今中国社会主义核心价值观的基本要求之一。爱岗敬业就是热爱自己的工作岗位，砥砺职业操守、恪守职业本分、干好本职工作，精益求精，尽职尽责。爱岗敬业作为最基本的职业道德规范，是对人们工作态度的一种普遍要求。

热爱自己的工作和所投身的事业是做好一切工作的前提。"凡职业没有不是神圣的，所以凡职业没有不是可敬的。"只有当公民把工作当作自己珍视的领域，视为自己价值得以表达的所在时，才有可能全身心投入，才有可能不满足于自己所取得的成就。也只有当社会中的绝大多数人都把热爱自己的工作当作自己的核心价值时，产品的生产与再生产的链条才能够得以保持乃至发展，社会才能够进步。

敬业，就是要用一种恭敬严肃、高度负责的态度对待自己的工作，是从业人员应该具备的一种崇高精神，是做到求真务实、优质服务、勤奋奉献的前提和基础。敬业的基本意思就是恪尽职守，主要包括两个方面内容：一是要敬重自己所从事的工作，并引以为自豪；二是要深入钻研探讨，力求精益求精。热爱工作只是敬业的前提和基础，还没有从愿望转化为行动。敬业除了是对工作的感情之外，还有对工作的劳动与付出。

爱岗和敬业相辅相成。从业人员有了爱岗敬业的精神，就能在实际工作中对工作认真负责、积极进取、忘我工作，把工作中所取得的成果作为自己最大的自我实现，体会到自身的职业价值。每一个岗位、每一种职业都是舞台，每一位从业者都应以初心为"原点"，以坚守为"半径"，画好事业之圆、人生之圆，散发职业之光，展现职业道德的风采。

2. 诚实守信

诚实守信是做人的基本准则，也是社会道德的基本规范。诚实就是表里如一，说老实话，办老实事，做老实人。守信就是守诺言，讲信誉，重信用，忠实履行自己承担的义务。诚实守信是各行各业的行为准则，是职业道德的基本准则。它是对从业者最基本的道德要求，即从业者应该做到诚实劳动，合法经营，信守承诺，讲求信誉。

"人无信不立"，诚实守信是从业者立身之本、立业之基。诚实守信是为人处世的重要品质，是做人的根本准则，被称为"公民的第二身份证"。在职业活动中，一个诚信的人更容易赢得别人的信任和尊重，从而赢得更多与人合作、共同发展的机会。从业者自身的道德修养、诚信形象对服务对象有着巨大的示范、引领、辐射作用。不讲诚信者，在社会生活的方方面面都会遇到障碍，在各方面被限制自由，如银行、保险、工商注册、购房、出国等都需要先查询个人的征信记录。因此，在网络的大数据时代，每个公民都要珍惜自己的个人诚信档案，失信者将在社会上寸步难行。

诚实守信是社会和谐的基石，是社会正常运行不可或缺的条件。发展社会主义市场经济，需要与之相适应的诚信理念、诚信文化、契约精神，构建起覆盖全社会的征信体系，健全守信联合激励和失信联合惩戒机制，提高全社会诚信水平。不讲信用、欺骗欺诈的现象是制约社会主义市场经济发展的一大障碍，其会使大众产生对社会的不满、失望情绪，影响职业活动的正常进行，甚至诱发整个社会诚信道德滑坡，严重危害市场经济的健康发展。比如大家熟知的"三聚氰胺"毒奶粉事件，不仅危害了人民的身体健康，引发了国人对国产奶粉的信任危机，大大制约了国家牛奶制造业的发展，而且损坏了我国企业的公信力，造成了严重的社会影响。

3. 办事公道

办事公道是指对于人和事的一种态度，也是千百年来人们所称道的职业道德。古人云："大道之行也，天下为公。"德国哲学家康德说："如果没有了正义和公道，人生在世就不会有任何价值。"办事公道要求从业人员在办事情、处理问题时，要以国家和人民的利益为重，要实事求是，站在公正的立场上，公正、客观、不徇私情，按照同一标准和同一原则处理事情。在职业活动中，要公私分明、光明磊落、公道待人、秉公办事。从业者不能凭借自己手中的职权谋取个人私利，损害社会集体利益和他人利益。

4. 热情服务

服务是满足别人期望和需求的行动、过程及结果。一切满足别人需要的行为，都叫作服务。当代社会是一个整体的服务系统。一方面，服务是相互的、双向的，每个人都是服务的主体，同时也是服务的客体：我为人人，人人为我；我们为社会服务，社会为我们服务。另一方面，服务是无所不在的，一切满足别人期望的行为都可以称之为服务。例如，教师授课是为学生提供服务，而教师走到商场则是以顾客的身份享受店员的服务，坐公交车时由司机提供的服务，回到小区可以享受物业管理人员的服务……当我们认识到服务很神圣、很崇高、不可或缺时，我们就具备了服务意识，并会主动自发地为他人服务。

服务意识是对人与人之间服务与被服务相互关系的认识，简而言之就是人们对服务的看法和认识。具有服务意识的人，能够把自己利益的实现建立在服务他人的基础之上，能够把利己和利他行为有机协调起来，常常表现出"以他人为中心"的倾向。只有首先以他人为中心，服务他人，才能得到他人对自己的服务。

热情服务是指从业者在工作中尊重服务对象，以积极主动的态度提供服务。热情服务是从业者个人才华和良好职业素质的外在表现，也是组织和从业者有效满足客户期望和需求的行动、过程及结果。

5.奉献社会

奉献社会是职业道德的最高境界，是指不计名利得失、积极自觉地为社会做贡献，全心全意为人民服务。这是社会主义职业道德的本质特征。奉献社会自始至终体现在爱岗敬业、诚实守信、办事公道和服务群众的各种要求之中。在职场工作的人们，要自觉履行对社会对他人的职业义务，自觉努力地为社会为他人作贡献。奉献社会并不意味着不要个人的正当利益，放弃个人的幸福。恰恰相反，一个自觉奉献社会的人，他才真正找到了个人幸福的支撑点。奉献和个人利益是辩证统一的。

坚守职业道德，在平凡的工作岗位上，忘我工作、无私奉献，不计个人得失，舍小家、顾大家，具有功成不必在我，功成必定有我的崇高精神，我们就能以职业贡献为荣，追求美好生活，实现人生梦想，抵达生命里的辉煌。

新时代是奋斗者的时代。无数的"最美奋斗者"为国家和社会的发展立下了不朽功勋，他们身上散发出来的职业之光，充分诠释出以爱岗敬业、诚实守信、办事公道、热情服务、奉献社会为主要内容的职业道德。

四、提升职业道德的途径

（一）加强学习，注意内省自修

道德的修炼是一个长期的内心自修的过程，多元化地学习古代、当代的道德楷模，从他们的故事中感悟道德的价值与真谛。

（二）勇于实践磨炼，增强情感体验

通过职业道德的实践性我们可以知道，只有与实践活动相结合，不断地自我教育，遵循职业道德的标准，才能获得情感共鸣，从而提高职业道德修养。

（三）虚心向他人请教、交流、分享

工作中，每个人都是职业道德的传播者，看到越过边界的行为要及时制止，看到守住底

线的行为也要互相学习，通过与同事、行业前辈的交流与分享去领会职业道德的深刻内涵。

总结案例

当代产业工人的模范——许振超

在青岛港，许振超这个名字可谓人尽皆知。许振超只读过初中，但自从1974年参加工作以后，就一直坚持自学各种专业知识，并注重将所学的知识运用到生产实践中去。在工作的第二年，他便被选中去操作当时最先进的起重机械。数年后，青岛港引进世界一流的大型装卸设备——桥吊，他又成为操作桥吊的第一人选，并被任命为桥吊队队长。上任后，他还通过刻苦钻研编写了一本桥吊司机操作手册，组织队员学习，从而使整个桥吊队的业务水平有了大幅度的提升。之后，许振超又给自己提出了新的要求，不但要懂桥吊，还要能维修桥吊。他用了4年时间，将10多块关键的电路板的详细电路图研究透彻，为检测故障提供了极大的便利，同时也大大降低了桥吊的维修成本。在世界航运市场的竞争日趋激烈下，许振超又提出青岛港装卸要创出世界一流业绩的目标。他对桥吊操作技术精益求精，通过反复摸索和勤学苦练，练就了一手吊装精湛技艺，将吊装速度提高到了世界极限，同时确保操作安全无事故，并且毫不保留地将技术传授给同事，终于在2003年4月27日，他和工友们创造出每小时完成吊装381个自然箱码头装卸效率，创造了世界最新纪录。这一业绩被青岛港领导命名为"振超效率"。在振超效率的带动下，青岛港2003年完成了港口吞吐量一亿四千万吨，比上年有了大幅度提高。许振超三十年如一日，刻苦学习、勤奋钻研、精益求精、拼搏创新、敬业奉献，在他的身上集中体现了坚韧不拔的学习精神，执着的创新精神和奋斗拼搏精神，时任交通部部长张春贤评价他是一名学习型、技术型、创新型、实干型和奉献型的先进典型。他爱岗敬业、追求卓越，体现了带领团队团结协作的精神，在平凡的工作岗位上创造了非凡的业绩。

【分析】许振超身上涌现出的新时代下的高尚的职业道德和创业精神，是敢想敢干、能干会干、苦干实干，是新时代产业工人的楷模。我们要学习他爱岗敬业、为国奉献的主人翁精神，做到干一行爱一行、专一行精一行。同时，也要发扬他艰苦奋斗的创业精神、勇于开拓的拼搏精神和困难面前不弯腰的实干精神，努力成为干事创业的楷模。

活动与训练

敬业度测试问卷

一、活动目标

在体验中了解职业道德的概念和特征。

二、程序和规则

完成下面的敬业度自测，选择最符合你自己情况的答案，评估个人的敬业程度。

表 1-1 敬业度自测表

题目	选项
1.在规定的休息时间后及时返回学习或工作场所	A.完全符合　B.基本符合　C.不符合
2.看到别人有违反学校或工作单位规章制度的举动，及时纠正	A.完全符合　B.基本符合　C.不符合
3.能够保守秘密	A.完全符合　B.基本符合　C.不符合
4.从不迟到、早退	A.完全符合　B.基本符合　C.不符合
5.不做有损学校或工作单位名誉的事情	A.完全符合　B.基本符合　C.不符合
6.不管能否得到相应奖励，都能积极提出有利于团队的意见	A.完全符合　B.基本符合　C.不符合
7.愿意承担更大的责任，接受更繁重的任务	A.完全符合　B.基本符合　C.不符合
8.向外界积极宣扬自己所在的团队	A.完全符合　B.基本符合　C.不符合
9.把团队的目标放在第一位	A.完全符合　B.基本符合　C.不符合
10.乐于在正常的学习、工作时间之外自发地加班加点	A.完全符合　B.基本符合　C.不符合
11.在业余时间学习与工作有关的技能，提升职业素养	A.完全符合　B.基本符合　C.不符合
12.在工作时间不做有碍工作的事情	A.完全符合　B.基本符合　C.不符合
13.对团队的使命有清晰的认识，认同团队的价值观	A.完全符合　B.基本符合　C.不符合
14.能享受学习和工作中的乐趣	A.完全符合　B.基本符合　C.不符合
15.老师或领导布置的任务，即使有困难，也会想方设法完成而不是推诿不干或者敷衍了事	A.完全符合　B.基本符合　C.不符合

说明：A 选项为 5 分，B 选项为 3 分，C 选项为 1 分。

三、总结与评价

评价标准：总分为 30 分及以下者，敬业度较低；总分为 31~44 分者，敬业度一般；总分为 45~59 分者，敬业度上等；总分为 60 分及以上者，敬业度优异。

1.你的测评结果是：_____

2.你认为自己还应该在哪些方面做出努力？_____

（建议时间：15 分钟）

探索与思考

1.讨论职业道德建设与社会公德、家庭美德、个人品德之间有什么联系？

2.通过查找资料，了解自己的理想职业在职业道德方面有哪些具体要求？自己与这些要求还有哪些差距？可采用哪些措施缩小差距。

主题二　职业道德修养

学习目标

1. 了解职业道德修养的含义
2. 能够熟悉职业道德修养的内容及其在职业生涯中的作用
3. 掌握提升职业道德修养的有效途径

导入案例

平凡中守护健康

陈颖，2014 年毕业于颍上卫校，在刘集乡卫生院药房从事药事工作。她一直工作在临床一线，用无私的爱心、精湛的医术和敬业的精神，为无数病人解除了病痛，挽救了生命，赢得了患者的尊敬和爱戴。在介绍她的事迹时，她说道：

"作为一名药师，我深刻领会到身负的职责与使命，在有关职能部门和科室的大力支持下，紧紧围绕卫生院的工作重点和要求，在团结协作、求真务实的精神状态下，顺利完成各项工作任务和目标。门诊药房是药剂科甚至全院直接应对病人的重要窗口，如何方便病人，如何提高工作效率，是药房工作的重点。为了完善药房工作，提高工作效率，也为了方便病人，在满足其要求的前提下，要充分做好与病人的沟通工作，告知其需耐心等待，药房人员应默契配合，在第一时间尽快调配。在门诊饱和的情景下，与病人进行商议，留取病人的联系方式，告知病人将尽快调配处方，并电话通知取药，以免增加其在医院内的等候时间。在药品管理方面，在药品入库后，认真做好进药查对和验收，药品的效期管理和药品的日常养护。在工作中根据季节的变化和门诊的用药情景及时调整进药计划，少量多次进药，做到药品常用常新。做好财务对账工作，也能节省很多进药资金。根据医院的统一管理及要求，每一天进行结账并及时上交财务报表，工作基本做到及时、准确。

要想成为一名优秀的医务工作者，光有好的服务态度是不够的，还要有过硬的技术，要有为病人服务的本领。多年来，我始终坚持刻苦学习、不断创新，努力提高专业技术水平。病人对我们是以性命相托的，世界上没有什么比这种托付和信任更加沉重和神圣。我深知，作为一名医务工作者的职责重大，对每个病人、每张处方都应认真对待、一丝不苟。确保每个病人都能得到最及时、有效的救助，可以大大提高抢救成功率。在工作中始终坚持以身作则，吃苦在前、享受在后，以病人为中心，始终工作在一线，把病人当亲人，不怕苦、不叫累，受再多的委屈，只要想到我是一名医务工作者，一名白衣天使，心里就会感到无比的骄傲与自豪。医者，既要有仁术，又要有仁心。在为患者解除病痛的同时，在工作和生活中，我时刻想病人之所想、急病人之所急，千方百计为患者解决各种困难，对异常贫困的患者，我会主动拿出自己的工资，为他们支付医疗费用，购买生活急需品。有时为了抢救病人，不分昼夜，顾不上吃饭、睡觉，我的付出得到了患者的满意，也得到了院领导的支持与爱护。

作为一名普通的医务工作者，在平凡的岗位上，用自我的爱心、智慧和汗水，为患者带来了健康和幸福。如果我们每个人能在本职范围内，做些小事，尽量帮忙别人，这个社会将会更和谐、更完美！"

【分析】医务人员用自己的职业责任感书写了博爱的真谛，书写了白衣天使的动人篇章。用平凡朴实、尽职尽责的行动对无私奉献进行了最真实、最生动的诠释，展现了她们多年培养造就的高尚职业品格。

一、职业道德修养概述

（一）修养与道德修养

1.修养

修养是一个合成词，所谓"修"是指学习、提升、完善，所谓"养"是指培育、陶冶、教育。现代"修养"有两种常用解释，其一指培养自己高尚的品质和正确的处世态度或完善的行为规范；其二指思想、理论、知识、艺术等方面所达到的一定水平。

2.道德修养

道德修养是修养的组成部分之一，它是个人自觉地将一定社会的道德要求转变为个人道德品质的内在过程。不同社会、时代和阶级的道德修养有不同的目标、途径、内容和方法。当今，道德修养是提升道德素养水平、塑造道德人格、培养道德品质的重要道德实践活动组成部分。

（二）职业道德修养

职业道德修养，是指从业人员在道德意识和道德行为方面的自我教育及自我完善中所形成的优秀的职业道德品质以及达到的完美的职业道德境界。职业道德修养是一种自律行为，关键在于"自我教育"和"自我完善"。职业道德素质的提升，职场竞争力的增强，一方面靠他律约束，即社会的培育和组织的教导；另一方面取决于自我修养提升。职业道德修养水平的提升，其实质为个人通过自身努力与职业实践参与，将社会职业道德规范内化为自身职业道德标准，以此来约束自我职业行为的过程。

二、职业道德修养的内容与作用

（一）职业道德修养的内容

职业道德修养是衡量从业者职业素养的决定性因素之一，一般由知、情、意、行四个方面构成。

1. 道德认知

职业道德"知"的修养，是指从业者对道德价值及规范的认知力，包括在职业实践过程中应严格遵守的职业道德原则与行为要求，明晰以上原则与要求对履行职业义务及职责具有关键性指导意义。

2. 道德情感

职业道德"情"的修养，是指从业者在对职业道德认知具有一定理解后，在职业活动中对职业道德原则与行为要求产生的内心情感。职业道德情感对职业道德信念的发展起到决定性作用，其表现为对道德的行为方式具有认同感，对于不道德的行为方式具有憎恶之感。

3. 道德意志

职业道德"意"的修养，是指从业者在履行职业义务及职责时，自觉排除困难，克服障碍的决心与精神，坚持正确职业道德要求并为之奋斗的毅力与行为。

4. 道德行为

职业道德"行"的修养，是指从业者将职业道德原则与行为要求外化的一种行为模式。在职业道德培养教育中，职业道德的行为与习惯的培养，是重点环节之一，是职业道德教育的重要内容。

（二）职业道德修养的作用

良好的职业道德修养是事业成功与否的重要因素，是提升自身价值和实现社会价值的重要前提条件，其作用主要表现为如下方面。

1. 提升综合素质

随着科技社会的快速进步，全方位发展的技术性人才队伍不断壮大，对具备高素质人才的要求越来越高。优质从业者是德智体美劳全面发展的复合型人才，具备持续的求知欲望和良好的学习习惯、不怕失败的坚毅品质、认真履职勇于担责的精神、处理人际关系的能力、优秀坚定的个人品质等综合素质。

2. 推动事业发展

社会的进步发展会促进从业者在职业活动中激发出能力与潜质，具有优良职业道德的从业者会受到人们的尊敬与信任，其职业行为会受到人们的宣传与鼓励，其个人事业会受到人们与社会的信任与帮助，对其事业发展具有良性推动作用。

3. 体现人生价值

人生价值的体现离不开良好品质的职业道德，人生价值既包括社会价值也包括个人价值，是两者相互结合的产物。一个具有良好职业道德的人，往往更能获得他人的尊重和信任，更容易取得事业上的成功，最终实现自身价值。

4. 杜绝歪风邪气

具有良好的职业道德修养的从业者，在做好自身本职工作的同时，也会自觉提升个人思想政治觉悟。积极主动吸取正能量，培养全心全意为人民服务的决心与意识，保持抵制不良之风的斗志与勇气。只有良好的职业道德修养才能抵制诱惑与入侵，坚定从业者的职业道德理想信念。

三、提升职业道德修养的途径

职业道德修养是从业者不断完善、提升自我的一个过程，个人职业道德修养的提升与发展贯穿于整个职业生涯，需要用毕生的精力去探索。

（一）强化理论知识学习

理论是行动的指南针，没有理论的科学指导，行动必然迷失方向。只有不断地加强理论学习，才能丰富自身文化内涵修养，完善个人道德品质。从业者提升社会主义职业道德修养，必须掌握主动性，不断丰富思想意识形态。

要开展政治思想理论和职业道德理论的学习，加强法律法规的学习，以此提升职业道德修养层次，树立社会主义职业道德理想，并积极将理想化为行动，成为一名具有高度职业道德修养的从业人员。

（二）培养日常生活习惯

从小事做起，从自我做起。良好的职业道德行为养成是需长期培养，要从点滴做起，慢慢积累，才能实现从量变到质变的飞跃，将职业道德修养形成自觉性、习惯性并持续发展，从而达到从业道德要求预期目标。

（三）坚持理论结合实际

职业道德修养实践是将职业道德规范通过自我教育、自我修正、自我锻炼、自我改造作为职业道德意识、职业道德情感、职业道德良心、职业道德习惯，使自己形成良好的职业道德品质。同时，从业者应加强职业精神，遵守职业规则，并系统掌握专业知识与先进技术，全面培养专业兴趣与职业情操，在潜移默化中促进职业道德修养的行为养成。作为在校学生，应在有关专业课中主动吸取相关职业道德内容，在学习过程中自觉按照职业规范要求系统学习。同时也应重视技能训练，提升职业素养，可以多参加职业能力培训课程，将专业基础知识与职业技能训练相结合，通过多次实践、锤炼形成过硬的职业技能，加强职业核心竞争能力。

（四）垂范先进榜样人物

榜样的力量是无穷的，有榜样的地方就有进步的力量。要以榜样为镜，以模范为标杆，对标榜样，见贤思齐，汲取砥砺前行的强大力量，逐步提升自我职业道德品质。要深入学习领会准确掌握榜样力量的精髓，以思想武装头脑，结合自身职业活动和职业道德实际，指导实践与推动工作。对标榜样，深刻查找自身差距，把榜样教育成果转化为干工作的实际行动，做一名具有高层次职业道德标准的从业者。

（五）增强社会实践体验

职业道德教育不能单纯停留在理论基础上，实践是提升道德修养的基础，职业道德的培养与职业道德修养目标，同样需要在职业道德修养训练与职业道德实践中完成。通过职业道德实践培养出深厚的职业情感，树立好正确的职业道德目标，养成优质的职业道德行为习惯。

（六）提高自我修养境界

面对职场的困难与挑战，从业者应主动寻找自身的差距与不足，反省改进，即便在无人监督的情况下，仍然严格遵守职责，不断完善自我修养，如此才能拥有高层次职业道德品质。经常检查自己的言行，思考自己职业行为的善与恶、对与错，自觉纠正言行偏差，并不断为自己提出更高的职业道德要求，从而使自己的职业道德修养提高到新的境界。

总结案例

张杰和他的工友

　　张杰是一家汽车修理厂的修理工，从进厂第一天起他就喋喋不休地抱怨："修理这活儿太脏了，我真是进错行了，瞧瞧我身上弄得脏兮兮的。""真累呀！我简直讨厌死这修理工的工作了！"……每天，张杰都在抱怨和不满的情绪中度过，认为自己在受煎熬，像奴隶一样卖苦力。稍有空隙，张杰便耍滑偷懒，应付手中的差事，能少干一点就少干一点。转眼几年过去了，张杰的3个工友各自凭着精湛的手艺，或另谋高就，或被修理厂送去进修，唯有张杰，仍旧在抱怨声中做着他不喜欢的工作。

　　【分析】良好的职业素养是事业成功的保障。要想在职场中脱颖而出，就必须在日常的学习生活和工作中注重训练提高职业素养。

活动与训练

中华优秀传统文化中的职业道德分享会

一、活动目标

领会掌握社会主义职业道德基本规范五个方面的主要内容。

二、程序和规则

围绕社会主义职业道德基本规范五个方面主要内容，分组搜集相关的中华优秀传统文化故事，并在班级讲故事分享。

1. 按照职业道德五个方面主要内容，将学生分为5个小组，选出小组长。

2. 分组分别搜集"爱岗敬业、诚实守信、办事公道、热情服务、奉献社会"相关的中华优秀传统文化故事，每组至少搜集1个，并进行讲故事彩排。

3. 每组选出1~2名同学代表本小组，上台讲准备好的故事。

三、总结和评价

1. 开展小组自评，组间互评。

2. 老师进行总结点评并对各小组赋分。

（建议时间：20分钟）

探索与思考

1. 简述职业道德修养的内容。

2. 简述提升职业道德修养的有效途径有哪些。

模块二

职业精神

模块导读

在职场上，什么样的人能够脱颖而出？什么样的人最受青睐？

答案是：具有"职业精神"的人。

职业精神是人们必备的品质修养，也是现代企业录用人才时的主要标准。职业精神是职业发展的基石，更是每个职业院校学生塑造个人品格和实现自我价值的关键。

首先，职业精神帮助我们明确职业方向和目标，有助于更好地发挥自身潜能，追求自己热爱的事业。其次，职业精神强调责任感，让我们在学习和工作中都能承担起相应的责任。这种责任感不仅能促使我们更加努力地学习，还能让我们勇于面对困难和挑战。再者，职业精神对于提升职业素养具有关键作用。通过培养职业精神，可以全面提升我们的综合素质，不断塑造勇于创新、追求进步的宝贵品质。同时，我们还可以通过不断探索新的方法和思路，为职业发展打下坚实基础，为社会的进步和发展贡献自己的力量。所以，职业精神的意义体现在多个方面，它不仅能够帮助我们更好地认识自己、规划未来，还能够提升职业素养、培养创新精神和实现自我价值。

本模块主要介绍了劳动精神、劳模精神、工匠精神的内涵和意义，帮助我们树立良好的职业精神并找到培养职业精神的可行方法，为自己的职业发展奠定坚实的基础。

主题一　劳动精神

学习目标

1. 了解劳动的含义。
2. 掌握劳动精神的意义和特点。
3. 通过学习将劳动精神运用到自己的职业当中。

导入案例

劳动教育的多赢

在劳动教育的深入实践中，主修社会工作的沈莉同学响应学校的号召，进入一个社区老年活动中心做志愿者。

她主要负责协助老年人日常活动及举办文化娱乐活动，凭借社会工作的专业知识，策划了一系列旨在增进老年人身心健康的活动，如记忆游戏和健康讲座。每周，她都会定期访问活动中心，帮助老人打扫卫生、整理书籍，并协助开展围棋和书法等兴趣小组活动。此外，她还积极参与了社区环境美化项目，与其他志愿者一道种植花草、清理垃圾，维护公共设施，亲身体验到了帮助老人和美化环境对社区居民生活质量直接提升的效果。

说起这段经历，她感慨道："劳动不仅是物质生产的过程，更是精神修养和社会交往的桥梁。在劳动过程中，我不仅加深了对社会的理解与融入，还增加了对劳动价值和意义的理解，更在其中提升了自己的专业能力，促进了个人生涯价值的实现。"

【分析】这一案例充分展示了培育劳动精神的有效途径和方法。将劳动教育与专业学习相融合，不仅能够助力我们提高实际操作能力，还能培育社会责任感和人文关怀精神。让我们一起行动起来吧！

一、劳动与劳动精神

（一）劳动的定义

劳动是指人类运用一定的生产工具作用于劳动对象，有目的地创造物质财富和精神财富的社会活动。劳动既是人类创新并积累财富的过程，也是人类自我创造、自我完善的过程。在《现代汉语词典（第7版）》中，"劳动"一词有三种释义：首先它被解释为人类创造物质或精神财富的活动，如体力劳动和脑力劳动；其次它特指人类的体力劳动；最后它被解释为人正在进行体力劳动。因此，劳动的概念应该包括如下几个方面的内涵：一是有意识的理性活动；二是借助工具和劳动力（脑力和体力）的使用；三是人与自然（或是人化自然）的交互性的作用；四是创造或服务于创造物质财富和精神财富的活动。

在经济学中，劳动指劳动力（含体力和脑力）的支出和使用。事实上，劳动经济学就是一门研究劳动力供给、劳动力需求、就业、工资、人力资本投资、失业、收入分配等问题的学科。

更为狭义地说，劳动是人们以自主或受雇的方式改造自然界并创造物质财富的直接的物质资料生产，是人与自然界直接进行物质、能量、信息交换和变换的活动过程。但这却是对劳动内核的最终把握。也就是说，虽然劳动是物质资料生产，但并非所有的物质资料生产活动都是劳动，只有活劳动直接生产劳动才是本质意义上的劳动。而投资活动、资本运营活动，虽然也是重要的人类实践活动，也是物质资料生产过程和体系中的重要方面，但是，第一，它们只是间接的而不是直接改造自然并创造物质财富的活动；第二，它们是物质资料生产体系中的"上层建筑"，而不是直接与自然界发生对立统一关系的"底层基础"；第三，资本是死劳动，是过去劳动的物化、积累和凝结，在历史上，先有活劳动，然后才有死劳动，即资本。至于企业管理活动，作为重要的生产要素，在资本雇佣劳动的情况下，它主要是一种监督活动；在劳动雇佣资本（劳动管理型企业）的情况下，它属于劳动而且是一种复杂劳动；在劳资共决或劳资合作的情况下，它具有半劳动半监督的性质。

实际上，在人类历史的开端，劳动乃是唯一的人类实践，后来所有的人类实践最多只是以萌芽的形式蕴藏在劳动之中。劳动是人类历史的开端、发源地和原型，是打开社会历史奥秘的钥匙。

劳动是人类社会存在和发展的最基本条件，是推动人类社会进步的根本力量，是财富和幸福的源泉，也是人通过有目的的活动改造自然对象并在这一活动中改造人自身的过程。可以说，没有劳动，就没有人类社会。

（二）劳动精神的含义及价值

1. 劳动精神的含义

劳动精神是每一位劳动者为创造美好生活而在劳动过程中秉持的劳动态度、劳动观念、劳动习惯及展现出的劳动精神风貌。

在不同的社会形态下，由于对劳动的理解不同，劳动精神也有差异。以马克思主义理论为指导，在当代中国，劳动精神表现为"崇尚劳动、热爱劳动、辛勤劳动、诚实劳动"。

（1）新时代的劳动精神是勤劳勇敢、爱岗敬业、诚实守信的实干精神。

勤劳勇敢是指有毅力、有勇气、有胆量的劳动。爱岗敬业是指尊重劳动、崇尚劳动、热爱劳动，做到辛勤劳动、勤奋工作。诚实守信是指脚踏实地、恪尽职守，遵守法律法规和政策，遵循职业道德和标准。勤劳勇敢、爱岗敬业、诚实守信的实干精神，是劳动精神的内涵。全体劳动者都要牢记"大道至简、实干为要"的道理，脚踏实地，撸起袖子加油干，在劳动中实现自身价值。

（2）新时代的劳动精神是锐意进取、建功立业、甘于奉献的奋斗精神。

锐意进取是指坚决地追求上进。建功立业是指建立功勋、成就大业。甘于奉献是指在劳动中忘记"小我"，不计较个人得失，时时铭记祖国需要。锐意进取、建功立业、甘于奉献的奋斗精神，是劳动精神的更高体现。每一个劳动者都应牢记"幸福是奋斗出来的"，生命不息、奋斗不止，在劳动中实现美好的未来。

（3）新时代的劳动精神是精益求精、严谨专注、追求卓越的创新精神。

精益求精是指以高品质的要求对待自己的产品，不惜花时间精力精雕细琢、注重细节，把一件事情做到极致。严谨专注是指耐住寂寞、经住诱惑，不达目的绝不放弃。追求卓越是指为了质量而孜孜不倦、乐此不疲。精益求精、严谨专注、追求卓越的创新精神，是劳动精神的专业要求。新时代劳动者要勇于创新、追求品质，为推动"质量强国"提供源源不竭的动力。

2. 新时代劳动精神的核心要义

新时代劳动精神内涵丰富，不仅在内容上继承并发展了马克思主义劳动价值观和中华民族传统优秀的劳动观念，还彰显了"辛勤劳动、诚实劳动、创造性劳动"的新理念，倡导"劳动光荣、技能宝贵、创造伟大"的时代风尚。

（1）在劳动人格上倡导"尊重劳动"。

"尊重劳动"是新时代劳动精神的核心要义。首先，尊重劳动是对每个公民的基本道德要求。尊重劳动，进而尊重每一位平凡的劳动者，在全社会营造崇尚劳动的新风尚，是时代精神的重要体现。其次，尊重劳动者创造的价值。我们每个人在享用他人劳动成果的同时，作为劳动者本身也在为他人创造劳动成果，对自己以及他人辛勤劳动的肯定与尊重，汇聚成对劳动者创造价值的肯定与尊重。再次，维护劳动者的尊严。努力创设更舒适更安全更有尊严的劳动环境，维护劳动者合法权益，让劳动者心情舒畅，在工作中体会到劳动的快乐和收获的幸福。

（2）在劳动实践上倡导"劳动创造"。

中华民族是勤于劳动、善于创造的民族。正是因为劳动创造，我们拥有了历史的辉煌；也正是因为劳动创造，我们拥有了今天的成就。新时代实现中华民族伟大复兴，需要秉持创新驱动发展战略，坚持走中国特色自主创新发展道路，以"劳动创造"推动创新发展。首先，培养诚实劳动的精神品质。一步一个脚印，不投机不取巧，循序渐进、精工细作，通过经验的积累提高自身的技术技能水平，用辛勤劳动创造价值，收获成绩，收获快乐、幸福。其次，秉持科学劳动的原则。掌握劳动规律，按照生产力发展规律去发展，不要违背规律蛮干，不急功近利，不好高骛远，不好大喜功。再次，在劳动中推陈出新，开展创造性劳动。全面建成小康社会，进而建成富强、民主、文明、和谐的社会主义现代化国家，根本上靠劳动、靠劳动者创造。

（3）在劳动成就上倡导"劳动光荣"。

新时代劳动精神倡导每个人通过自己的劳动，收获满足感、快乐感、尊严感，在创造丰富物质财富的同时，拥有丰盈的精神世界。从个人意义而言，通过劳动发挥自身的积极性与创造性，追求个体幸福，享受劳动尊严；通过劳动磨砺意志，培养勤劳勇敢、坚韧不拔等精神品质。从社会意义而言，劳动推动社会进步，让全社会的生活质量得以整体提升。通过劳动，人们用自己的辛勤汗水和努力奋斗为推动社会文明进步做出贡献，用自己的劳动成就书写平凡中的伟大，实现个人价值与社会价值的统一。

（4）弘扬劳动精神是新时代学生的新风尚。

劳动精神是鼓舞劳动者、激励劳动者、鞭策劳动者的核心源泉，是所有劳动者特别是新时代学生的精神财富、前进动力与高尚追求。

我们处在一个攻坚克难、砥砺前行、创造奇迹的美好时代，既需要更多敢立潮头的

"弄潮儿"挺身而出，更需要千千万万的劳动者埋头苦干。大力弘扬劳动精神，就是要激励广大劳动者在追梦圆梦的征途上努力奔跑，以辛勤劳动、诚实劳动、创造性劳动托举梦想、成就梦想，谱写一曲感天动地、气壮山河的奋斗赞歌。

鲁迅先生说过，我们自古以来，就有埋头苦干的人，有拼命硬干的人，有为民请命的人，有舍身求法的人，他们是民族的脊梁。在这种"脊梁"中就有劳动精神的"养分"。

3. 劳动精神的价值

（1）劳动精神成就劳动者。

劳动者创造劳动精神，劳动精神成就劳动者。这就表明，劳动精神与劳动者是内在一致的。当前，我们全面推动劳动教育，大力弘扬劳动精神，一方面展现了党和国家对广大劳动者的高度重视，另一方面也体现了劳动精神对于培育社会主义建设者和接班人的重大意义。

（2）劳动精神创造美好生活。

任何劳动都有一定的指向性，任何劳动者都会怀揣对美好生活的向往，这些都需要劳动精神的支撑和指引。俗话讲，天上不会掉馅饼，世上没有免费的午餐。人类所有的美好生活都是通过劳动获得的。这就要求我们不仅要仰望星空，更要脚踏实地。仰望星空体现的就是对美好生活的向往和追求，但是最终决定这一向往和追求能否实现的关键，就是脚踏实地的劳动精神。

（3）劳动精神体现劳动态度。

劳动精神首先表现为劳动态度。态度决定高度，劳动态度决定劳动的质量。所以，我们学习和践行劳动精神，就需要端正劳动态度。劳动态度左右着我们的劳动思维和判断，控制着我们的劳动情感与劳动实践。有什么样的劳动态度，就会有什么样的劳动成果。

（4）劳动精神展现劳动观念。

劳动精神的核心是劳动观念，也就是劳动者对劳动的认识和看法。随着社会的发展、科技的进步以及生活水平的提高，资本、知识、技术、信息在生产、生活中的力量不断凸显，人们的劳动观念发生了很大变化。有些人对劳动的理解出现偏差，好逸恶劳，渴望不劳而获、盲目消费、拜金主义等社会现象层出不穷。这就需要用马克思主义劳动观，特别是新时代劳动观，引导广大劳动者尤其是青少年树立正确的劳动观念。

（5）劳动精神彰显劳动习惯。

弘扬劳动精神的目的就是养成热爱劳动、尊重劳动、崇尚劳动、践行劳动的好习惯，每一位劳动者都应该养成良好的劳动习惯。青少年时期是劳动习惯养成的关键阶段，学校、家庭、社会等要密切配合，合理分工，根据不同学习阶段的特点，采取有效的劳动教育手段，激发青少年自觉参与劳动实践，循序渐进引导青少年养成热爱劳动、尊重劳动、崇尚劳动、践行劳动的好习惯。

二、践行劳动精神

"纸上得来终觉浅，绝知此事要躬行。"除了学习正确的劳动价值观，懂得崇尚劳动、热爱劳动的道理外，弘扬和发展劳动精神重在实践，知行合一。因此，弘扬和践行劳动精神需要做到以下几点。

1. 了解劳模故事、工匠故事，学习优秀劳动者身上的劳动精神

优秀劳动者以他们的出色劳动、艰辛付出，为我们诠释了劳动的价值和榜样的力量。各行各业的劳模、工匠都是诠释新时代劳动精神的典型。新时代学生要了解具体真实的劳动人物、具体真实的劳动成果乃至令世界惊叹的奇迹，感悟学习新时代高素质技术人才必须具备的爱岗敬业、精益求精的劳动品质、吃苦耐劳的劳动境界、改革创新的劳动技能和团结协作的劳动作风。

2. 将劳动同实现个人价值及社会价值融合起来

要正确看待劳动与个人成长成才的关系，即通过劳动才能实现人生价值，付出了劳动必然会收获人生的果实。因此，首先必须树立自食其力的思想，通过劳动满足我们的自身需要，从而获取他人尊重乃至自我价值的实现。靠劳动养活自己和家人是伟大与值得尊敬的。要通过劳动实现个人的独立，做一个受人尊重的劳动者，在此基础上通过自强不息、努力奋斗，实现更大的人生价值，为社会贡献更大的青春力量。在校学生是中国特色社会主义事业的建设者和接班人，是实现中国梦的中坚力量。应弘扬劳动精神，激发热爱劳动、辛勤劳动的动力，培养诚实劳动、创造性劳动的素质，坚定以劳动托起中国梦的信念。

3. 积极参与社团活动，共建劳动育人的校园文化

校园文化建设是弘扬和践行新时代劳动精神的土壤。在校学生应该发扬"主人翁精神"，依托各类社团活动、班级活动和志愿者活动，积极参与劳动育人的校园文化建设。通过参加各种类型的劳动实践，懂得劳动的艰辛，养成勤俭节约、珍惜劳动成果的优秀品质。通过多种劳动形式，逐步养成劳动习惯，获得一定劳动技能，提升动手能力，厚植热爱劳动、热爱生活的情感。

4. 在劳动实践环节，践行新时代劳动精神

要借助劳动实践课、专业实训课、技能培训课等实践环节，养成良好的劳动习惯，增强技能本领，树立爱岗敬业的劳动态度，追求精益求精、勇于创新的劳动品质。

5. 参与社会服务性劳动，提升劳动素养和劳动能力

志愿服务是指志愿贡献个人的时间及精力，在不求任何物质报酬的情况下，为改善社会，促进社会进步而提供的服务。在学习之余，积极参与社会服务，既能理解劳动的意义，又能提升劳动素养和劳动能力，有利于更好地接触社会、了解社会，为将来更好地服务社会做准备。只有真正理解了"劳动是财富的源泉，也是幸福的源泉"，才会有弘扬劳动精神的动力，才能将其化为自觉行动。这种自愿的、不计报酬地服务他人和参与社会公益事业的劳动，有助于传递社会关爱，弘扬社会正气，形成向上向善、诚信互助的良好社会风尚，有助于个体劳动精神的养成。

志愿服务作为劳动教育的一种方式，是在校学生参与社会实践成长成才的重要舞台，是关爱他人、传播青春正能量的重要途径。志愿者可以结合自身的能力、专业特长，通过助力农村振兴，维护管理城市社区、保护环境、参与大型活动和社会公益活动等，做力所能及的事，在实践中长知识、强本领、增才干，真正做到知行合一。积极参与教育、科技、文化、卫生、养老等帮扶行动，通过参与城乡清洁、绿色出行、低碳环保、美化家园等活动，培育宝贵的劳动精神，大大地提升自己的劳动素养和劳动能力。

总结案例

即将消失的毛乌素沙漠

2020年4月22日，年近古稀的全国治沙英雄石光银一如既往地在定边县狼窝沙忙活着，他见证并参与了陕北"绿进沙退"的历史进程。如今，他的愿望终于得以实现。同日，记者从陕西省林业局获悉：榆林沙化土地治理率已达93.24%——意味着毛乌素沙漠即将从陕西版图"消失"。

"历史经过1000多年，让绿洲变成了沙漠；共产党领导群众70年，把沙漠变回了绿洲。"全国劳动模范、陕西省防沙治沙先进个人张应龙说。

毛乌素沙漠是中国四大沙漠之一，又称鄂尔多斯沙地、毛乌素沙地，总面积4.22万平方千米，其中一半面积在陕西榆林境内。毛乌素沙漠被称为"人造沙漠"。历史上，这里曾水草丰美、牛羊成群，自唐代起至明清时期，由于人类的不合理开发利用，毛乌素地区逐渐变成茫茫大漠。中华人民共和国成立之初，"风刮黄沙难睁眼，庄稼苗苗出不全。房屋埋压人移走，看见黄沙就摇头"仍是榆林地区恶劣生态环境的真实写照。

绿色，是榆林人千年的梦想。播种绿色，是陕西人70年的坚守。随着三北防护林、天然林保护、退耕还林等国家重点工程相继启动，越来越多人将目光和脚步"定格"在这里。全国治沙英雄牛玉琴30多年治沙73平方千米，使不毛之地变成了"人造绿洲"。

大漠驼迹绝，塞上柳色新。70年来，榆林以年1.62%的荒漠化逆转速率，不断缩小毛乌素沙漠面积；栽种的树木按1米株距排开，可绕地球赤道54圈；林木覆盖率由中华人民共和国成立之初的0.9%提高到34.8%，陕西绿色版图向北推进了400多千米。

【分析】这些植树人靠自己的双手改造了自然，使毛乌素沙漠的生态条件得到了极大改善，让消失了好多年的野生动物再次出现，让毛乌素沙漠从当初极度恶劣的自然条件变成了"天苍苍，野茫茫"的"毛乌素草原"，让这里的青山绿水变成金山银山。这是人类通过劳动，改造环境、修复自然生态，更好地满足人们的生存需要和发展需要的生动案例。

活动与训练

赞美劳动的演讲比赛

一、活动目标

通过撰写演讲稿，加深对劳动精神的领悟。

二、程序和规则

1.从全班同学中选出3组同学，每组5~7人。

2.教师出示以下材料。

"民生在勤，勤则不匮"，劳动是财富的源泉，也是幸福的源泉。"夙兴夜寐，洒扫庭内"，热爱劳动是中华民族的优秀传统，绵延至今。可是现实生活中，有一些同学不理解不愿意劳动。有的说："我们学习这么忙，劳动太占时间了！"有的说："科技进步快，劳动的事，以后可以交给人工智能啊！"也有的说："劳动这么苦，这么累，非得自己干？花点钱让别人去做好了！"此外，我们身边还有着一些不尊重劳动的现象。

3. 请各组同学结合材料内容写一篇演讲稿，倡议大家"热爱劳动，从我做起"，要求字数 500 字。

4. 请每组派一名同学上台做演讲。

三、评价和总结

教师进行归纳分析，并做点评，引导学生掌握新时代的劳动精神的内涵。

（建议时间：30 分钟）

探索与思考

1. 针对当前一些青少年中出现的"不爱劳动、不会劳动、不珍惜劳动成果"的现象，你觉得应该如何纠正？

2. "劳动最光荣、劳动最崇高、劳动最伟大、劳动最美丽"，请结合自身的专业，谈谈你对这句话的理解。

主题二　劳模精神

1. 了解劳模精神的含义及意义。
2. 认识劳动模范，了解劳模精神。
3. 通过学习将劳模精神运用到自己的职业当中。

导入案例

传承的力量

大庆油田一直以来都是我国工业战线上熠熠生辉的旗帜，60多年前，为了摘掉贫油国帽子，铁人王进喜带领团队克服重重困难，打出了大庆第一口油井；60多年后的今天，大庆油田人依然心系祖国，保障国家能源安全。

刘丽是大庆油田二厂采油六区采油48队的一名油工班长，她讲述了这样一个故事。在采油48队创造金牌时，她和同事一起起早贪黑，白天顶着烈日，因为资料和各项管理都要求高标准；夜里又是蚊虫叮咬，身上全是包，挠得满是血印，汗浸之处钻心疼痛。但他们起早贪黑，保证了各项生产在连续几个月内都是零误差的。

"铁人说'有条件要干，没条件创造条件也要干'，我们做到了。我们石油人常说我为祖国献石油，在新时代我们石油人还要说我们要为祖国加好油、为中国梦加好油。"刘丽坚定地说。

第一代大庆石油工人在为共和国"加油"的过程中形成了以"爱国、创业、求实、奉献"为核心的大庆精神、铁人精神。"我父亲是省劳模，老一辈先锋模范一直都是我学习的榜样"，刘丽从上班那天开始就坚定了自己的人生目标：超越父辈。2020年，刘丽被评选为全国劳动模范。她去领奖时，特意在鲜红的工装上挂了一枚父亲的老奖章。

【分析】铁人王进喜和新时代劳模刘丽都是工人阶级的优秀代表，他们具有强烈的主人翁责任感和艰苦创业、无私奉献的精神，具有良好的职业道德和爱岗敬业的精神，是我们学习的榜样。通过学习劳模精神，不仅能够提升个人素质、还能为社会做出积极贡献，成为社会的栋梁之材。

一、劳模精神及特征

（一）劳模与劳模精神

劳模即劳动模范和先进工作者的简称。劳模是工人阶级的优秀代表，是民族的精英、国家的栋梁、社会的中坚、人民的楷模，劳模是时代的永远领跑者。

劳模精神是一种可贵精神，每一个时期的劳模精神都具有不同的内容和特点，但又有共同点，那就是主人翁责任感和艰苦创业精神、忘我的劳动热情和无私奉献精神、良好的职业道德和爱岗敬业精神。实际它折射出一个时代的人文精神，反映出一个民族在某一个时代的人生价值和思想道德取向。它简洁而深刻地展示着一个时代的人之精神的演进与发展，它凝重而浪漫地体现着一个民族的时代思想与情愫。

（二）劳模精神的特征

1. 劳模精神是工人阶级主人翁意识的集中凸显

主人翁意识是劳模精神的内在本质，是正确认识和理解劳模精神的关键词。正是因为自觉的、强烈的主人翁意识，劳模才以车间为家、以厂为家、以企为家、以国为家，才具有积极主动的岗位意识、职业意识、进取精神和创新精神，才在本职工作中充分发挥积极性、主动性和创造性，才能够艰苦奋斗、淡泊名利、甘于奉献，自觉把人生理想、家庭幸福融入国家富强、民族复兴的伟业之中，最终建构起个人与集体、个人梦与中国梦、小家与国家民族融合统一的发展共同体和命运共同体。

2. 劳模精神是工人阶级先进性的集中体现

在中国革命、建设、改革的各个历史时期，我国工人阶级都具有走在前列、勇挑重担的光荣传统，我国工人运动都同党的中心任务紧密联系在一起。劳动模范作为工人阶级的优秀代表，是时代的引领者，在工作生活中发挥了先锋和排头兵作用，他们用辛勤劳动、诚实劳动和创造性劳动，持续推动着社会进步、国家发展和民族复兴。劳模精神作为劳动模范的思想内核、行动指南和精神灯塔，成为推动时代前进的强大精神动力，充分体现了工人阶级先进性的主体地位，彰显了工人阶级的伟大品格，推动了工人阶级的成长进步。

3. 劳模精神当代品格的核心要素是工匠精神

从本质上讲，工匠精神是一种基于技能导向的职业精神，它源于劳动者对劳动对象品质的极致追求，它具有精益求精、专注执着、严谨慎独、创新创造、爱岗敬业以及情感浸透、自我融入的基本内涵，既表现了极致之美的品质追求，又体现了敬业之美的精神原色，更展现了创造之美的价值升华。工匠精神是劳模精神的重要构成要素，也是劳模精神当代品格的核心体现。

工匠精神充分凸显了新时代劳模精神爱岗敬业、精益求精、追求卓越的精神品质和价值导向，可以说，工匠精神是劳模精神的核心要素。

4. 劳模精神是培育时代新人的重要手段

一方面，劳模精神作为社会主义核心价值观的生动体现，更简单为人们所理解，更容易为人们所接受，更方便为人们所模仿，对培育时代新人起到重要推动作用。另一方面，通过强化教育引导、舆论宣传、文化熏陶、实践养成、制度保障，培养和造就具有劳模精神的时代新人，就能够激发广大劳动者干事创业的积极性、主动性和创造性。因此，要紧密围绕培养时代新人这个重大命题，在全社会特别是各级学校教育中培育、弘扬和践行劳模精神，引导全社会特别是青少年树立正确的劳动价值观，全面提升劳动者的整体素质和精神品格。

二、劳模精神的时代价值

劳模精神是中国优秀传统文化的传承，是社会主义先进文化的升华。现在，劳模已经成为标识时代价值的品牌。"劳动模范是民族的精英、人民的楷模，是共和国的功臣。"党和国家领导人之所以给予劳模非常高的评价，不仅是因为他们在自己的工作岗位上做出了非凡的贡献，还因为他们的身上体现着非凡的时代价值。劳模精神不仅代表着崇高的价值取向，其作为一种宝贵的精神资源，还具有鲜明的理论价值、现实价值和实践价值。

（一）理论价值

劳模精神的理论价值在于丰富、拓展了中华民族的精神谱系，重塑了中华民族的劳动认知。

2021年9月，党中央批准了中央宣传部梳理的第一批纳入中国共产党人精神谱系的伟大精神——劳模精神被纳入。劳动模范是伟大时代的领跑者，是坚持中国道路、弘扬中国精神、凝聚中国力量的楷模。劳模精神是社会主义先进文化的生动体现，是文化自信的重要支撑，更是社会主义建设事业的精神力量。

劳模精神在理念认知上尊重劳动、崇尚劳动、热爱劳动。建党百年来，前仆后继的劳动模范传承和弘扬中华民族的勤劳勇敢、自强不息的高尚品格和伟大精神，坚守理想信念、练就过硬本领、锻造广阔胸怀，在平凡岗位上脚踏实地、默默无闻地创造着不平凡的业绩，为中华民族的现代化进程和人民对美好生活的向往提供了坚实的物质保证和坚强的精神支持，深刻影响了几代人的人生追求，激励着一批又一批青年人顽强不屈、奋力拼搏。一代又一代的劳动模范以惊人的毅力、朴实的执着，坚守在工作岗位一线，以精益求精的、争创一流的不懈奋斗突破一个又一个难题，推动着党和人民的革命和建设事业不断创造出辉煌成就。

（二）现实价值

劳模精神的现实价值在于构建和谐的社会主义劳动关系，具体表现在以下两方面。一是劳动成果由全体人民共创，所有人都各尽所能、各尽其力，在全社会营造建功立业的良好氛围，构建人与劳动之间的和谐关系。二是劳动成果归所有人共享，建立公正、公平、自由、平等的劳动关系。只有劳动成果为全体劳动人民所共享，才能真正激发人民的积极性、主动性、创造性，才能真正实现解放生产力、发展生产力，消灭剥削，消除两极分化，最终达到共同富裕。

社会主义的劳模精神是职业精神和伦理的时代升华，它对职业的热爱和对职业的追求是同集体主义精神、爱国主义精神，特别是同为人民服务的崇高精神联系在一起的。对于而今的中国，实现中华民族伟大复兴的中国梦，把美好的蓝图变成现实，必须依靠广大人民群众的辛勤劳动。这是新时代传承劳模精神的要求，也是劳模精神的现实价值。

无论是风雨苍茫的战争年代，还是飞速发展的建设时期，劳模所体现出来的崇高精神，都代表着一个时代的价值观，展示了中国工人阶级顽强拼搏、自强不息的崇高品格，体现了与时俱进、开拓创新的精神风貌。每一个时期的劳模都具有不同的内容和特点，但他们又有共同点，那就是集中体现了中国工人阶级的先进思想和精神风貌的优秀品质，过去是、现在也仍然是不变的劳模精神。立足新发展阶段、贯彻新发展理念、构建新发展格局，推进高质量发展，是"十四五"乃至更长时期我国经济社会发展的总体要求，由此带来经济结构、劳动关系发生新的变化。劳模精神的实质是奉献自我与成就自我的统一，是自我价值与集体价值的统一。

（三）实践价值

劳模精神的实践价值在于激发社会主义主人翁意识，推动在行为实践上向辛勤劳动、诚实劳动、创造性劳动践行。伟大事业源自劳动人民坚持不懈的奋斗实践和追求卓越的创造活动，伟大奇迹离不开劳动人民生生不息的勤劳姿态和孜孜不倦的进取精神。中国共产党坚持与时俱进作为劳模精神传承和发展的内生动力，相信并激发人民群众的主人翁意识作为推动社会进步的决定性因素。从"劳工神圣"到表彰"劳模英雄"推进新民主主义革命胜利进程，从"工农兵劳动模范"到评选劳模形成固定制度铸就社会主义制度建设，从"时代弄潮儿"到《中华人民共和国劳动法》（以下简称《劳动法》）助力国家治理现代化建设，皆显示出其实践道路与中国实现现代化进程同频共振，与中华民族伟大复兴事业赓续相承。

劳模精神激发了工人阶级和广大劳动群众的主人翁意识，日趋成为实现中华民族伟大复兴目标的精神动力。面对世界百年未有之大变局、面对新一轮科技革命和产业变革的需要，劳模精神激励广大劳动群众以敢于创新的勇气、敢为人先的锐气、敢于担当的底气，以辛勤劳动、诚实劳动、创造性劳动克服一个又一个的艰难险阻，取得一次又一次的惊人成绩，向世界充分展现了中国奇迹、中国力量、中国速度、中国效率的密码所在。劳模精神也是构建技能型、创造型、创新型的劳动者队伍，推动实现第二个百年奋斗目标的重要精神引领力量。

劳模精神充分彰显了中华民族旺盛的生命力和发展力，充分体现了工人阶级为代表的先进阶级的创造力和战斗力，充分展现了新时代大国工匠的创新力、凝聚力。因此，大力弘扬劳模精神成为新时代激励全体人民以卓越的才能、坚韧的执着、朴素的情怀在各行各业创造一番伟大事业、建造一番伟大成就的必然之势。劳模精神是促进社会道德进步的有效途径。进入新时代，我们要深刻把握劳模精神的崭新意蕴与价值，大力弘扬劳模精神，推动全社会形成尊重劳动、崇尚劳动的良好风尚。

三、弘扬劳模精神

（一）培养社会主义劳动者主人翁的精神风貌

劳模们因为自觉的、强烈的主人翁责任感，为理想、为事业舍我其谁的使命担当，忘我奋斗的职业精神，敢为人先的创新精神，充分发挥"干劲、闯劲、钻劲"，艰苦奋斗、淡泊名利、甘于奉献，自觉把人生理想、家庭幸福融入国家富强、民族复兴的伟业之中，最终建构起个人与集体、个人梦与中国梦、小家与国家融合统一的发展共同体和命运共同体。

（二）仰望星空，脚踏实地

劳模的故事告诉我们，在每一个平凡的岗位上，都能成就不平凡的事业。在当代中国，广大劳动者始终是推动我国经济社会发展、维护社会安定团结的根本力量，每一个工作岗位，都是民族复兴征途上不可或缺的一环。每个人都有崇高的理想，都喜欢仰望璀璨的星空，但只有脚踏实地、一步一个脚印地稳步前行，梦想才不会落空；无限风光在险峰，通往险峰的路途不会平坦，或陡峭，或崎岖，或艰险，只有不畏艰险、坚韧不拔、勇于攀登，才能实现理想。

（三）开拓奋进，建功立业

劳模精神生动体现了中华民族具有的伟大创造精神、伟大奋斗精神、伟大团结精神、伟大梦想精神，树立了光辉的学习榜样，是宝贵的精神财富和强大的精神力量。社会主义是干出来的，新时代是奋斗出来的。新时代的青年人要争当有理想守信念、懂技术会创新、敢担当讲奉献的社会主义新青年，辛勤劳动、诚实劳动、创造性劳动，勤于创造、勇于奋斗、众志成城、团结一心，汇聚起共同奋斗的强大力量，在社会主义新时代建功立业。

📖 总结案例

没有担当的后果

张冬伟是个"80后"，但手里的活儿却让老师傅们竖起大拇指。他是沪东中华造船（集团）有限公司总装二部围护系统车间电焊二组班组长、高级技师，主要从事LNG（液化天然气）船围护系统的焊接工作。虽然年纪不大，却已是个明星工人，所获奖励无数：2005年度中央企业职业技能大赛焊工比赛铜奖、2006年第二十届中国焊接博览会优秀焊工表演赛一等奖，是当今世界最先进、建造难度最大的45000吨集装箱滚装船的建造骨干工人。

LNG船是国际上公认的高技术、高难度、高附加值的"三高"船舶。作为LNG船核心的围护系统，焊接是重中之重。围护系统使用的殷瓦大部分为0.7mm厚，殷瓦焊接犹如在钢板上"绣花"，对操作人员的技术、耐心和责任心要求非常高。面对肩上的重担，张冬伟不断地磨炼自己的心性，培养专注度，潜心研究焊接工艺。为了攻破技术难关，他与技术人员放弃休息时间，日夜埋头在图纸堆中，潜心钻研技术突破。最终，他主持的实验取得成功，得到专利方的认可，并用于LNG船实船生产，收到良好成效。

张冬伟特别注意经验的积累总结，国内没有现成的作业标准，他就不断摸索完善各类焊接工艺，先后参与编写了多部作业指导书，为提高LNG船生产效率，保证产品质量发挥了积极作用。

【分析】张冬伟是中国广大"造船工匠"的杰出代表，他用自己火红的青春谱写了一曲执着于国家海洋装备建设的奉献之歌。

活动与训练

劳模的故事

一、活动目标

通过了解劳模的事迹和劳模精神，帮助自己进一步树立正确的劳动观。

二、程序与规则

1.请学生通过中华总工会网站等途径了解劳模的故事。

2.教师随机选择 2~3 名学生向全班同学讲述自己了解的劳模的故事，并谈谈自己的感想，其他学生可以做补充及提问。

三、总结

教师进行归纳分析，引导学生树立正确的劳动观。

（建议时间：20分钟）

探索与思考

1.简述劳模精神的内涵。

2.如何理解当今世界科技革命和产业变革下的劳模精神的内涵。

主题三 工匠精神

导入案例

白梅: 钢筋水泥中走出的巾帼工匠

"女子也有凌云志，巾帼何曾输须眉。"2022年，是白梅入职中建七局的第30个年头。30年里，她一直与钢筋水泥为伍，与建筑技术相伴，成就了她钢铁般的性格和不服输的精神。

这一年她当选了党的二十大代表。作为一名来自基层一线的代表，更加激励她要牢记初心使命，发挥模范带头作用，发扬大国工匠精神。

1992年，白梅进入中建七局，成为一名技术员。在以男性为主的建筑行业，女性屈指可数，更别说是在最艰苦的基层一线。因此，当时很多人并不认为她能闯出什么名堂。

1994年，白梅主动请缨，到淅川县工商银行装饰项目上去当技术员。当时，项目部4名管理人员，只有白梅一个女孩，当时条件特别艰苦，住在木板钉成的宿舍里，没有任何取暖设备，又正值寒风凛冽的冬季，只能裹紧被子，在瑟瑟发抖中入睡。

从业30年间，白梅负责或参与过近30个项目建设，荣获鲁班奖装饰工程3项、全国建筑装饰奖8项，作为第一发明人，取得国家发明专利7项，获得35项国家实用新型专利，8项省部级工法，16项全国建筑装饰行业创新成果，另外还创建出全国建筑装饰行业科技示范工程2项、参编河南省行业标准和著作各4部。2014年，以白梅命名的"白梅创新工作室"挂牌成立。

白梅重任在肩，带领团队夜以继日地学习、研究试验，仅用3年就实现了"BIM+"技术对外输出。

6年间，白梅从一名传统的技术人员到资深BIM专家，BIM中心也从只有8个人的小团队发展成20人的专业化团队，服务项目达百十项，荣获国际级BIM成果7项、全国BIM大赛成果29项、省部级BIM成果24项。

【分析】工匠精神是时代精神的生动体现，折射着各行各业一线劳动者的精神风貌。每一个中华儿女都是工匠精神的诠释者、践行者，作为一名来自基层一线的技术人员，精益求精，追求卓越，正是白梅一直坚守的职业信仰。

二、工匠精神及发展背景

在当代，"工匠精神"不仅是一种工作态度，也是一种人生态度，代表着一种时代的精神气质：坚定、踏实、严谨、专注、坚持、敬业、精益求精……如果人人都能将这样的品质在内心沉淀，有干一行爱一行、爱一行钻一行的韧劲，有不求回报的奉献精神，一定能使自己的职业生涯得到很好地发展。

（一）工匠精神的内涵

工匠精神是一种职业精神，它是职业道德、职业能力、职业品质的体现，是从业者的一种职业价值取向和行为表现。"工匠精神"是劳动者敬业道德的升华，在现代社会文明进程中日益显示出跨越时空的伦理价值，其基本内涵包括执着专注、精益求精、一丝不苟、追求卓越等方面的内容。

古往今来，凡在职业岗位和专业领域追求至臻境界的劳动者，在锚定目标后，往往方向不移、努力不懈、忘我付出，做到"择一事终一生，不为繁华易匠心"。

随着社会的发展，工匠精神有了更深远的含义，它代表一个集体的气质，专注、坚持、严谨、一丝不苟、精益求精等一系列的优秀品质。"工匠精神"是制造业"干中学"实践中的创新，在技术"引进、消化、吸收、再创新"的过程中发挥着重要作用，大批基层技术人员和产业工人既是创新的构思者，也是创新的践行者。与此同时，"工匠精神"的不断追求、永不满足的创新精神持续催生着新的技术、新的服务、新的标准和新的品质，直接推动着技术升级、质量升级和产品升级，进而推动经济发展动力向创新驱动转换。

在企业当中，工匠精神是企业文化的一部分，体现了生产者或者服务者对于工作品质的不断追求与坚守。完善自己的职业素质教育工匠精神对于今后的职业发展至关重要。

（二）新时代中国工匠精神的发展背景

现在，工匠的概念不仅仅是"掌握特定专业技能的手工业从业者"，更多地指向了各行各业"具有精湛技艺、诚信敬业、追求极致的劳动者群体"。概念的变迁与中国社会的发展变迁有着密不可分的关系，背后也折射出了中国工匠精神的形成与发展的社会性逻辑。

1. 社会地位的提高

《中华人民共和国宪法》（以下简称《宪法》）明确规定"中华人民共和国公民在法律面前一律平等"。《劳动法》规定职工拥有的各项权利和义务，从法律层面上摒弃了把各职业阶层分为不同优劣等级的陋习。由此，新时代的工匠不再受到来自匠籍制度的严苛限制和种种奴役，社会地位得到明显提升，生产积极性被极大地激发，他们由被动地迫于生计而劳作，向主动地追求个人职业发展转变，在产品中融入自我价值，成为中国特色社会主义建设的主力军。

2. 工作目标的转变

古代工匠，尤其是官府手工业工匠，其创造活动往往是以满足统治阶级的奢靡享受而展开，因此许多生产活动是调动各方资源、不计成本而作，背后是一套完整而严格的生产技术要求和监督管理制度。而随着新中国的成立，当代工匠彻底摆脱了不平等的人身依附关系，积极探索自我价值，其工作目标从服务于特权贵族转向服务于人民、国家和社会，工作范围由旧社会的手工作坊向学校、企业、社会扩展，将自身发展融入时代进步中。

3. 社会发展的要求

跨入近代以来，我国社会逐渐从传统的手工业时代、工业大机器时代过渡到电子信息化时代。现代工业的生产流水线上，手工操作将会逐步被机器人所替代，呈现出自动化、智能化的大趋势。面对当下经济产业结构升级的迫切要求，劳动者需要朝着知识化、技能化、专业化的方向发展。他们必须适应瞬息变化的社会发展，自觉接受系统的现代职业培训，具备更专业的技术储备、更广阔的发展视野，拥有更强的适应能力和责任意识。

总之，当代工匠更多地指向参与社会实践生产活动的劳动者群体，是中国社会文化环境发展与进步的产物，既体现了劳动者身份的转变和地位的提升，也反映了现代社会对于高素质人才的需求，使得中国工匠精神展现出鲜明的时代性特点。

（三）习近平总书记关于工匠精神的论述

习近平总书记多次强调"工匠精神"，深入学习领会这些重要论述，将为建设制造强国提供了根本遵循。

2016年12月14日，习近平总书记在中央经济工作会议上强调，要引导企业形成自己独有的比较优势，发扬"工匠精神"，加强品牌建设，培育更多"百年老店"，增强产品竞争力。振兴实体经济是经济结构转型的必经之路，关系着我国国民经济命脉，是贯彻落实新发展理念，构建新发展格局的关键力量。在实现第二个百年奋斗目标的新征程上，要正确认识实体经济与工匠精神的辩证关系，振兴实体经济的核心精神驱动力在于工匠精神，弘扬工匠精神的出发点与落脚点在于振兴实体经济。在振兴实体经济过程中要加强思想文化建设，深刻领悟工匠精神的本质与内涵，通过培育与弘扬精益求精的"匠人"理念进而将工匠精神打造成当代中国的一种新型文化软实力，为振兴实体经济凝聚精神动力。

2017年10月18日，习近平总书记在党的十九大报告中强调，建设知识型、技能型、创新型劳动者大军，弘扬劳模精神和工匠精神，营造劳动光荣的社会风尚和精益求精的敬业风气。制造业是实体经济的基础、国民经济的主体，是国民经济的支柱产业，是工业化和现代化的主导力量，是衡量一个国家或地区综合经济实力和国际竞争力的重要标志，是创新的主战场，是保持国家竞争实力和创新活力的重要源泉，是立国之本、兴国之器、强国之基。工匠精神作为中国制造品质革命之魂，是提高产品质量和核心竞争力的重要精神力量。落实制造强国战略，要坚持解放和发展社会生产力，坚持社会主义市场经济改革方向，推动经济持续健康发展。实现把中国建设成为引领世界制造业发展的制造强国的目标，就必须不断传承、发展和弘扬工匠精神，培养更多的大国工匠。

2019年9月23日，习近平总书记对我国技能选手在第45届世界技能大赛上取得佳绩作出重要指示，强调要在全社会弘扬精益求精的工匠精神，激励广大青年走技能成才、技能报国之路。青年是工匠精神的继承者与发扬者，青年对知识和技能的热爱将全面推动全社会对工匠精神的价值认同。工匠精神只有在青年心中筑牢根基，才能不断在全面建设社会主义现代化国家的新征程上生根发芽，在实现中华民族伟大复兴的道路中绽放光彩。当前，我国技术型人才存在缺口，要重视技能人才培养，实施好职业技能提升行动，紧扣需求发展现代职业教育、办好技工院校，完善技术工人职业发展机制和政策，使更多社会需要的技能人才、大国工匠不断涌现。广大青年要积极学习职业知识技能，以大国工匠为人生目标，才能将自身理想与社会需要结合到一起，在实现社会价值的过程中实现自身价值。

2020年11月24日，习近平总书记在全国劳动模范和先进工作者表彰大会上强调，劳模精神、劳动精神、工匠精神是以爱国主义为核心的民族精神和以改革创新为核心的时代精神的生动体现，是鼓舞全党全国各族人民风雨无阻、勇敢前进的强大精神动力。当前，新一轮科技革命和产业变革与我国加快转变经济发展方式形成交汇，国际产业分工格局正在重塑。建设高素质技能型人才队伍、打造大国工匠、培育新时期的工匠精神已经成为社会各界关注的焦点。工匠精神是工业精神文化的重要组成部分，是促进工人自我完善，推进深化企业结构改革，加快国家经济结构转型的核心精神驱动力。其独特价值对处于转型期的中国经济社会而言显得尤为重要。只有不断弘扬和培育工匠精神，才能确保经济平稳发展，巩固我国经济新发展格局，成就中华民族复兴伟业。

2022年4月27日，习近平总书记在致首届大国工匠创新交流大会的贺信中强调，我国工人阶级和广大劳动群众要大力弘扬劳模精神、劳动精神、工匠精神，适应当今世界科技革命和产业变革的需要，勤学苦练、深入钻研，勇于创新、敢为人先，不断提高技术技能水平，为推动高质量发展、实施制造强国战略、全面建设社会主义现代化国家贡献智慧和力量。面向未来，要在新一轮科技革命和产业变革中占据领先地位，率先实现产业变革，就必须把科技创新摆在国家发展全局的核心位置，把培育创新型技术人才作为国家发展新阶段的重要任务，全面贯彻落实新发展理念，加快实施创新驱动发展战略。要以工匠精神为指引，立足本职岗位诚实劳动，刻苦充实专业知识技能，不断锤炼自身技术本领，提升创新创造能力，快速适应新时代产业变革和创新创造的新要求，以高水平科技自立自强助推高质量发展，以高质量创新创造加快制造强国步伐，为全面建设社会主义现代化国家贡献智慧和力量。

2023年7月26日，习近平总书记在四川考察参观三星堆博物馆新馆时强调，文物保护修复是一项长期任务，要加大国家支持力度，加强人才队伍建设，发扬严谨细致的工匠精神，一件一件来，久久为功，做出更大成绩。工匠精神并不只局限于制造业，在艺术行业、教育行业均具有重大意义。各行业亟待培育一批新时代"工匠型人才"。文物保护修复工作具有"专"和"精"的突出特点，对于民族精神文化传承具有特殊意义。在文物保护修复过程中，文物修复专业人才能够在严谨细致的实操过程中感受到中华5000多年文化魅力和"如切如磋，如琢如磨"的工匠精神，对于提升业务能力和传承中华优秀传统文化具有积极意义。社会各界要高度重视"工匠型人才"，积极学习、弘扬、培育工匠精神的精神内涵。当代"工匠型人才"要守"匠心"、习"匠术"、明"匠德"，以大国工匠为目标，在追求自身价值中加速实现中华民族伟大复兴的中国梦，助力全面建设社会主义现代化国家的新征程。

二、工匠精神的价值与特征

2021年9月,党中央批准了中央宣传部梳理的第一批中国共产党精神谱系的伟大精神,"工匠精神"被纳入。

(一)工匠精神的价值

工匠精神在当今时代,无论是对于企业的发展,还是社会的发展都有着非常重大的意义。当今时代,很多人看中的是投资少见效快的企业,从而忽略了产品的品质。因此企业需要的是工匠精神,对产品进行不断地改进。对于社会而言,具有工匠精神的人才可以推进社会的进步。

在当今时代,由中国制造向中国创造的方向转变时,工匠精神就被赋予了新的使命与意义。工匠精神也有了更重要的价值,主要体现于如下几点。

1. 职场生存的保障

严谨的工匠精神是企业长期竞争的保障,这就要求员工必须具备和坚持工匠精神职业素质教育,依靠精益求精的工匠精神来推动企业产品的不断改进与完善。

2. 融入企业与工作的基础

工匠精神的核心在于你在做某件事物的时候要与"他"建立亲密的联系。也就是说,你要把工作看成是有生命的个体,用心与"他"交流,锲而不舍,精益求精。所以应该认真了解公司的企业文化,培养自己的工匠精神。只有真正做到热爱自己的工作,孜孜不倦地钻研,才能更好地融入到企业当中。

3. 提升自我满足感

生活中的大部分时间都在工作中渡过,你对待工作的态度就是对待人生的态度。只有真正爱工作的人,才能在工作当中发扬工匠精神,成功地完成任务,获得自信力和满足感,工作才具有了真正的意义。如果每天只是应付自己的工作,那么生活也会变得枯燥乏味。

4. 建设新兴国家的需要

工匠精神是新时代劳模精神的重要载体。大力弘扬工匠精神,有利于建设创新型国家,也是建设质量强国和文化强国的需要。

(1)创新型国家的需要。创新型国家的建设需要实践技能突出,具有娴熟的技术,善于解决问题的高技能人才,而新时代的工匠精神,是培养富有创新精神,充满活力的产业工人队伍,稳步提升产业工人的整体素质的重要方式。

(2)质量强国的需要。中华民族历来重视质量,但是与世界相比,中国的制造业在自主创新,资源利用等方面还是有明显的差距,这就需要具有工匠精神的人,发挥提升产品质量的作用。工匠精神是推进制造业质量的升级,技术的升级,产业的升级的重要举措。

(3)文化强国的需要。工匠精神不仅体现出对产品的精益求精,也是中华优秀的传统文化,工匠精神蕴含的职业理念和价值取向与社会主义核心价值观契合。这充分体现了建设文化强国的需要。

(二)新时代工匠精神的特点

新时代的工匠精神在回应现代社会发展的新要求的同时,也发生了动态性的变化,既有对过去的一脉相承,展现传统行业中敬业奉献的历史价值;也有对当下的与时俱进,体现了现代社会以人为本的现实意义。

1.职业维度

爱岗敬业，尽职尽责。爱岗敬业、尽职尽责是劳动者必须具备的职业素养之一。它摒弃了当下浮躁跟风、急功近利的不良风气，以打造优质产品、提供优质服务为目标，始终以认真负责的态度对待工作，坚守岗位、主动担当、无私奉献，将自己的青春奉献于现代化建设的伟大事业中。

2.目标维度

精益求精，持之以恒。精益求精、追求卓越是劳动者在工作生涯中的追求目标。它要求劳动者专注于自身技艺的提高，投入大量时间和精力在产品的设计和生产中。劳动者要在最细微处下功夫，持续专注于产品和服务的质量，时刻保持对品质的高标准、严要求，对每个产品进行反复打磨、不断完善，争取做到极致。

3.技能维度

开拓创新，锐意进取。具有新时代工匠精神的劳动者善于在学习前人智慧、总结自身实践的基础上，了解市场需求和发展趋势，对产品和服务进行改进和创新。他们既不满足于已有的成果荣誉，也不拘泥于古板的思维模式，而是通过长期的学习、实践、反思等方式培养创新意识、提高创新能力，从而实现自我提升、自我突破。

4.道德维度

以人为本，知行合一。新时代工匠精神不仅在技艺层面要求个体能力素养的提升，更在道德层面要求个体遵循职业操守，坚持道德和技艺相并重。它要求劳动者必须遵循职业道德和社会公德，坚持"以人为本"的信念，主动将个人的命运与人民的需求、社会的发展紧密联系在一起，内化为个体职业发展的内驱动力，最终达到"知行合一"的境界。

5.传承维度

尊师重道，薪火相传。在手工作坊时代，师父向学徒传授技艺之道，形成尊师重道的传统美德。进入现代社会，师徒传承被职业教育所取代，但尊师重道的美德依然需要被传承下来。它既表现于职业教师、行业前辈的技艺传承，又表现于技术精英、大国工匠的模范作用，使得中国工匠精神实现代际传承，从而在时间上得以赓续、在空间上发挥积极作用。

三、践行工匠精神

作为一个职业人，当你置身于职场当中时，就要立足于本职工作，锤炼工匠精神。不管是哪一个行业，哪一个岗位，都要做到干一个行爱一行，专一行精一行。一个人只有不甘于平庸，才能够在自己的奋斗人生当中有所成就。职业中坚守工匠精神是一种义务，更是一种精神。那要如何将工匠精神应用到自己的工作当中呢？

（一）不走捷径

捷径是指为较快的达到目的，而使用的巧妙手段与方法，以便简洁快速地达到目标。但"欲速则不达"，在基础不牢的情况下，往往会弄巧成拙。不走捷径，才能更高质量地达到目标。

古往今来，不管什么领域，脚踏实地，严谨认真才是成功的途径。对于初入职场的人来说，只要沉下心来、踏踏实实的干就一定能让自己化茧成蝶。

（二）忠于职守

忠于职守就是对自己的工作严谨认真，尽力遵守自己的职业本分。不管在什么时候，在什么岗位，都要履行自己的职责。忠于职守最重要的品质就是忠诚，每个员工，特别是对于刚刚步入职场的员工，要培养自己对职业的忠诚度，将自己所做的一切看作是分内之事。当对职业的忠诚融入到血液中时，我们就可以更好地完成自己的工作。

（三）积极进取

一个人是否积极进取在很大的程度上影响着自己的工作。一个国家、企业，乃至是个人的发展都与积极进取有着必要的关联。有时候我们在工作中遇到问题总是容易退缩，可一味地退缩，问题并不能得到解决。所以，在工作当中我们必须有理想有追求，不断地完善和提高自己。

丘吉尔说过："成功就是从一个又一个失败走来，而不失热情的能力。"如果一个人可以充满自信地朝着梦想走去，在这个过程当中不断地积极进取，他将会获得意想不到的成功。

（四）充满热情

热爱工作并对自己的工作充满热情，是工匠精神的基础。只有真正地热爱一个行业才可以避免敷衍工作，这也就是我们为什么说工匠精神就要做到"做一行，爱一行"。每个员工都是公司运行中的重要一环，只有热爱，才能保证自己的岗位毫无差池。有句话说："知之者不如好之者，好之者不如乐之者。"

工作其实每天都在变化，不断发展。在这个世界，人生绝对不只为赚钱而生存，赚钱绝对不是人生的唯一的目的。正如王小波所言："一个人只拥有此生此世是不够的，他还应该拥有诗意的世界。"而在工作中拥有诗意的世界才是带来工作热情之所在。用满满的激情与热爱去对待工作，是具备工匠精神的人应该长年保持的品质。

（五）坚持不懈

求知永无止境，并不限制于某一特定范围，还适用于生活中的方方面面。在生活中，只要仔细观察，就不难可以发现那些不断研究、探索，在某一领域上独辟蹊径的人。孔子就是一位代表人物。像他自己说的"学如不及"一样，当许多弟子向他求知时，他一生从不骄傲自满，而不断地学习、积累并总结经验。只有坚持不懈才可以功夫不负有心人。

在职场当中也许工作并不会以你的想法来完成，失败是在工作中经常出现的，但是这之后的态度至关重要，选择放弃将永远也完成不了它，只有坚持不懈，继续做下去，才能达到目标，收获自信和成就。

（六）卓越创新

创新精神是工匠精神的灵魂。因为只有创新才可以推动时代的进步，实现企业的长久发展。是否具有"追求卓越的创新精神"，是判断一个工人能否称之为新时代"工匠"的一个重要标准。

（七）团队协作

团队协作主要体现在新时代的工匠精神当中。新时代工匠，尤其是产业工人的生产方式已不再是手工作坊，而是大机器生产，他们所承担的工作，只是众多工序中的一小部分。比如"复兴号"列车，一列车厢就有三万七千多道工序，这三万七千多道工序，仅凭一个人是不可能完成的，而必须由车间或班组以及团队协作来完成。团队需要的是"协作共进"，而不是各自为战。因此，"协作共进的团队精神"是现代"工匠精神"的要义。所谓"协作"，就是团队成员的分工合作；所谓"共进"，就是团队成员的共同努力、共同进步。

📖 总结案例

米开朗基罗的专注

米开朗基罗是意大利文艺复兴时期的一位伟大的艺术家，他以雕塑、绘画和建筑而闻名于世。然而，他的成功并非一蹴而就，而是源于他对艺术的专注和努力。米开朗基罗从小就对艺术产生了浓厚的兴趣，他喜欢在石头、木头上雕刻出各种形象。他在年轻时便展现出了非凡的天赋和才华，但他并没有因此而满足。为了提高自己的艺术水平，他前往佛罗伦萨学习，并受到了当时一些伟大的艺术家的指点和教导。在佛罗伦萨，米开朗基罗不仅学习了绘画和雕塑的技巧，还接触到了更为先进的艺术理论和思想。他开始对艺术的理解逐渐深入，并形成了自己独特的风格。然而，他的艺术之路并不是一帆风顺的。在他的创作生涯初期，他的作品曾多次被拒，这让他倍感沮丧和失望。然而，他并没有放弃，而是继续专注于自己的创作和研究。他不断地探索和创新，逐渐形成了自己独特的风格和语言。最终，米开朗基罗的作品成为了西方艺术史上的经典之一。他的雕塑作品《大卫》等成了佛罗伦萨市的象征和标志。他的绘画作品《创世纪》和《最后的审判》等成了西方绘画史上的杰作。他的建筑作品则以圣彼得大教堂的圆顶和西斯庭教堂的天顶画而闻名于世。

【分析】这个故事说明，只有通过专注和努力，才能走向专业并实现梦想。米开朗基罗的成功不仅源于天赋和才华，更源于他对艺术的热爱和追求。正是这种对艺术的专注和努力，使得米开朗基罗成了一位真正的专业人士，并为人类留下了宝贵的文化遗产。

📁 活动与训练

实践中的工匠精神

一、活动目标
结合实际了解工作中的工匠精神。

二、程序与规则
采取课堂讨论的方式，理解自己所学专业与工匠精神具体品质是如何结合的，哪些是自己能做到的，哪些是需要通过长期培养的。

三、总结

　　教师总结学生的发言，并开启延展性讨论话题，例如：工匠精神运用到学习生活中又会发生哪些改变。

（建议时间：20 分钟）

探索与思考

　　1. 你认为什么是工匠精神。
　　2. 初入职场的你，如何看待工匠精神与跳槽之间的关系。

模块三

职业意识

哲人隽语

能用众力，则无敌于天下矣；能用众智，则无畏于圣人矣。

——孙权

模块导读

　　职业意识在个人职业认知和职业发展过程中发挥着至关重要的作用，职业意识不仅能够显著提升个人的专业素养，而且也是企业在选拔和培育人才时考虑的核心要素之一。特别是在智能技术迅猛发展的当下，随着新的职场形态不断涌现，职业意识已然成为适应职场变化的一把"利器"。对于未来将要进入职场，开启职业生涯的同学们而言，培养职业意识变得尤为重要。它不仅能够帮助我们明确自己的职业方向，更能在面对求职难题与职场挑战时增强我们的应对能力。

　　在职业规划中，职业意识占据着核心地位，它不仅包含了职业道德、职业操守和行为标准，更是我们理解和实践职业活动的灵魂所在。通过课程学习、社会实践、实训实习以及职业体验等活动，可以培养和强化我们的职业意识，清晰职业目标，有针对性地不断提升职业素养，更好地为企业和社会带来价值。

　　本模块特别聚焦于责任意识、质量意识和团队意识的培养，旨在帮助学生们树立积极主动的学习态度，掌握行之有效的增强职业意识的方法，为未来在职场中稳健前行奠定坚实的基石。

主题一　责任意识

学习目标

1. 认清责任的含义和责任感的重要性。
2. 分析自我的角色责任与责任心。
3. 树立责任意识，勇于承担责任。

导入案例

没有担当的后果

格林是一家机械设备制造公司的客服人员。一天，公司接到了顾客的投诉，有一台印刷机出现了问题，不能正常运行。格林按照工作流程首先向顾客询问送货员的名字，然后打电话给送货员，没想到送货员十分委屈地回应："关我什么事，我只是个送货的，你应该找配货员啊！"

客服人员无奈，接着给配货员打电话，没想到对方还没听完就嚷道："我只负责配货，产品出了质量问题，你应该找质检员，是质检员检验出错了吧！"

于是，客服人员将电话打到了质检员这里，质检员本来想承认错误，承担责任，但他的同事对他使了个眼色，接过电话，说道："我们也不清楚啊，当时检验时没有问题啊，你找铸造部吧！"

接着，客服人员将电话打到了铸造部，铸造师傅理直气壮地说："我们铸造的原件绝对没问题，组装车间有没有组装好，我就不知道了。"客服人员只好又拨通了组装车间主任的电话，这位主任回答道："我也不清楚啊，或许是这个月忙着赶任务出了点错吧，但是检验车间也没有检查出来啊，不能把责任都推给我们吧！"

就在客服人员打电话的过程中，顾客接连打了三次电话，不是无法接通，就是得到"对不起，我们正在调查原因"的回答。最后一次，顾客有些发怒，大声说道："请你们赶紧派人来维修。"于是，客服人员打电话给售后服务部，没想到维修人员说："维修可以，但要告诉我这件事情谁负责，否则将来出差费用、零件费用怎么报销啊。"

就这样，半天时间过去了，公司还是没有为顾客解决问题。第二天，顾客把电话打到了总经理办公室，这才有维修人员前去维修。在这家公司中，类似的事情接二连三地发生。半年后，公司因产品积压而倒闭。

失业后的格林四处奔波，忙着找工作，可是对方一听说他来自这家公司，就拒绝给他机会。格林只能靠打零工维持生活。

【分析】"踢皮球"的现象在许多企业中都存在，这正是员工缺乏责任心的典型体现。本例中，顾客需要的是企业尽快把机器修好，而不是"对不起，我们正在调查原因"。说这种话的公司是典型的没有责任心的企业，而员工之间互相推诿，是典型的没有责任心的体现。

一、责任与责任感

（一）责任

责任有两个方面的基本含义，一方面，责任就是一个人应当做的事情，即分内之事。如"制止违法犯罪是我们公安干警的责任"，又如"我们应尽到做父母的责任"。这里责任的含义与义务的含义相同，也就是说责任是应该做到的某些事情。另一方面，责任也指导致未能做好分内之事的过错或过失，如"对这件事的发生，我们大家都有责任"。责任包括这样三个部分：对自己、对他人和对社会的责任。一个人在社会生活中扮演不同的角色，不同的社会角色要承担的责任也不尽相同，比如一名男性作为丈夫要关心爱护妻子，作为父亲要教育好子女，作为儿子要孝敬赡养父母，作为企业员工要爱岗敬业，作为社会公民要遵纪守法……人们生活在社会中，必然要与集体、社会、他人发生一定的关系，在一定的社会关系中，彼此存在着应尽的义务，比如家庭中父母对子女，子女对父母，夫妻之间都有应尽的义务，许多义务甚至以法律的形式确定下来。因此，人与人之间关系的重要纽带就是责任，对角色饰演的最大成功就是完成应尽的义务。正是每种角色对自己义务的担当，才有美满的家庭与和谐的社会。

（二）责任感

1.责任感的含义

责任感是主体对于责任所产生的主观意识，也就是责任在人的头脑中的主观反映形式。责任感是指对自己义务的知觉，以及自觉履行人生义务的一种态度或意愿。它是各种社会角色所必须拥有的。

责任感可以从纵横两个方面划分。从纵向看，责任感包括了对过去与对未来的担当意识。就过去而言，包括是否勇于承担对某个过失的责任；就未来而言，小到是否三思过自己将采取的一项行动，大到是否慎重考虑过自己将要选择的人生道路，并准备为这种选择承担后果。从横向看，责任感包括一个人对自己和对社会的担当意识。对自己来说，是否清楚自己角色分内的事；是否要求自己有效完成相应的任务；是否对人生目标做出了慎重思考与选择。对社会与他人来说，是否对亲友承担起了关心、帮助的义务，并且有"关注社会"的志向与行动。

2.责任感的重要性

（1）责任感能反映一个人的道德水平。

在职业领域，责任感是衡量个人道德水平的重要指标，它直接关系到一个人的职业形象和职业成就。一个具有强烈责任感的员工，会对自己的工作负责，对待任务认真细致，不因个人利益而损害团队和公司的利益。他们在工作中展现出的诚信、敬业和专业精神，

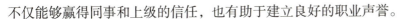
不仅能够赢得同事和上级的信任，也有助于建立良好的职业声誉。

（2）责任感能激发人的潜力。

责任感有助于人与社会的持续发展和实现自身的潜能。一个人能否取得成功，首先取决于能否承担自己的责任。有责任感就有压力，担当得起就能有所作为，担当不起就只能逃避或者被压垮。有压力就有动力，有动力就能激发起人的才智和意志。每个人都是有潜能的，而且人的潜能，并不是一个定数，会在不断地学习和实践中得以显现和增强。因为，能担当得起多大的责任，就能成就多大的事业。

二、责任意识与职业责任

（一）责任意识

责任意识是一种自觉意识，也是一种传统美德。我国自古以来就重视责任意识的培养。"天下兴亡，匹夫有责"，强调的是老百姓对国家的兴盛有义不容辞的责任；"择邻而居"讲述的是孟母历尽艰辛、勇于承担教育子女的责任；"卧冰求鲤"是对晋代王祥恪尽孝道的责任意识的传颂……只有每个人都认真地承担起自己的责任，社会才能和谐运转、持续发展。

党的好干部牛玉儒以勤政为民、忘我工作诠释"生命一分钟，敬业六十秒"，桥吊工人许振超在普通岗位上创出世界一流的"振超效率"，乡邮员王顺友二十年如一日大凉山中用脚步丈量责任。同样，在我们的身边也时刻能看到众志成城抗台风、挥汗如雨战高温、连夜施工抢进度、扶贫捐款献爱心……我们无不从中感受到一种品格、一种境界，这就是对国家、对人民、对事业的责任。

（二）职业责任

职业责任是指人们在一定职业活动中所承担的特定的职责，它包括人们应该做的工作和应该承担的义务。职业责任包含两个层次的内容，第一个是普遍的共同的职业责任和义务，第二个就是个人工作所在的行业所特有的责任和义务。比如：律师、医生、军人所承担的职业责任就更具有职业特点，而非适用所有职业岗位。

1. 职业责任的分类

职业责任包含个人责任、集体责任和社会责任三个方面，在集体和社会责任中，又可以通过道德、纪律、行政规定、法律条例等方式去规范和要求承担责任的方式。

（1）对个人的责任。

对个人的责任是自我产生的责任意识，是由自己而不是因为其他主管或制裁机构强迫个人产生的责任意识。它要求自己对自己负责，能够对自己进行评判，是对自己行为的责任。奥地利作家卡夫卡曾经说过："人只因承担责任才是自由的，这是生活的真谛。"一个人首先要有自我责任意识，才能谈得上履行社会责任。深刻的自我责任意识是一切行为的根基，它凸显了人们生存的意义。

（2）对组织的责任。

对组织的责任是从业人员对自己供职单位所承担的职责和义务。职业责任与职业行为是相伴随的，它既包含了职业场所和职业行为本身的客观规定，也凝结了劳动者对工作的关注与参与。在不同职业和在同一职业的不同岗位工作的人，所承担的责任大小是有差别的，一名管理者的职业责任一般要大于一个员工的责任。然而，不论在职业行为中承担着怎样的责任，每位职业人都必须在职业行为之前就建立起明确的责任意识，在职业行为中都有同等的道德责任，对工作都应该尽心尽力。能否意识到自己职业行为中的责任，会直接影响职业人以怎样的态度和方式从事职业活动。在实际生活中，那些有职业责任感的人不仅在工作中严谨认真、一丝不苟，而且还会主动承担工作中的过失。

（3）对社会的责任和义务。

所有职业人都是社会的一分子，都承担着一定的社会责任，社会正是通过不同的分工把各种职业的社会责任和义务赋予每个职业人，因而每位从业者都须承担一定的社会任务，为社会做出应有的贡献。每一种职业的具体工作都要由从业人员来操作完成。从业人员必须明白自己所从事的职业与社会之间的关系，从而认清自身所肩负的社会责任。例如，企业家肩负着发展经济和促进社会进步的双重历史重任，应该牢记自己对社会的责任、对国家的义务，而不是只顾着挣钱就行了。因此每一名从业者都应该树立起强烈的社会责任意识，形成对自己所应承担的社会职责意识和对任务、使命的自觉意识。

2. 担责的形式

一般来说，职业责任包含两个方面的内容：一方面是从业者对自己从事的职业所肩负的职责和应尽的义务；另一方面也意味着从业者对自己从事的职业所应该承担的后果和责任。每一种职业都有相关的法律法规和职业道德规范来规定从业者的职业行为及其因此而承担的责任。职业责任的承担形式不一，主要有道德责任、纪律责任、行政责任、民事责任和刑事责任五种。

（1）道德责任。

道德责任是指从业人员在履行职业职责的过程中，由于违反职业道德而受到同行的批评、社会舆论的谴责或自我良心的谴责。这是从业人员承担职业责任的一种最基本的形式。

（2）纪律责任。

纪律责任是指从业者在履职的过程中，因违反职业规范、职业纪律而应当受到的纪律处分。一般有警告、记过、记大过、降级、降职、撤职、开除等。

（3）行政责任。

行政责任是指从业者在履职的过程中，因违反行政法规而依法应当承担的责任。如对律师的行政处罚就有警告、没收违法所得、停止营业、吊销执业证书等方式。

（4）民事责任。

民事责任是指从业者在履职的过程中，因故意或过失而违反了有关法律、法规或职业纪律，构成民事侵权、形成债权债务关系等依法应当承担的责任。

（5）刑事责任。

刑事责任是指从业人员在履行职业职责过程中，因个人行为给国家、集体或个人造成损失、伤害，并触犯了法律的有关规定依法应当承担的责任。

（三）职业与责任意识

责任意识是做好各项工作的前提，有句话说得好，在其位谋其政，任其职尽其责。具备良好的责任意识是工作避免差错的重要保证，也是强化自身工作能力的体现，是岗位工作执行力的必备条件，是深入工作的根本。

人有了责任意识才能敬业，自觉把岗位职责、分内之事铭记于心，该做什么、怎么去做都要及早谋划、未雨绸缪；有了责任意识才能尽职，一心扑在工作上，有没有人看到都一样，能做到不因事大而难为，不因事小而不为，不因事多而忘为，不因事杂而错为；有了责任意识方能进取，不因循守旧、墨守成规、原地踏步，而是能勇于创新、与时俱进、奋力拼搏。

三、增强责任意识

（一）明确责任，学习责任

树立正确的世界观、人生观和价值观，把个人的前途命运融入中国特色社会主义的伟大事业中；着眼于服务他人、奉献社会，在这过程中实现个人的正当利益；着眼于爱国主义和集体主义，把国家、集体、个人的利益有机结合起来，坚持国家利益、集体利益高于个人利益；着眼于职业道德和职业精神，把职业目标同远大理想结合起来，在自己的岗位上忠实地履行对社会、对国家、对人民的责任，自觉地把责任意识转化到"全心全意为人民服务"的行动中去。做好自己的本职工作，每个人的尽责是对集体的尽责，每个集体的尽责是对社会的尽责。明确自己的个人责任、社会责任和职业责任，积极学习强化责任意识。

（二）勇于承担责任

勇于承担责任是中华民族的优良传统。大禹治水"三过家门而不入"，诸葛亮治蜀"鞠躬尽瘁，死而后已"，范仲淹挥写"先天下之忧而忧，后天下之乐而乐"，文天祥高歌"人生自古谁无死，留取丹心照汗青"，林则徐铭志"苟利国家生死以，岂因祸福避趋之"。这些不怕牺牲、尽忠职守、利居众后、责在人先的优良品质，是志士仁人薪火相传的思想标杆，是后世子孙生生不息的精神动力。

（三）讲责任、立规矩、有奖惩

无论是管理个人还是管理集体，都应该做到讲规则、立规矩，对认真负责的，要给予奖励和表彰；失职渎职的，要予以追究和惩罚。讲责任，也要落实责任制，一在履责，二在问责。没有问责，责任制形同虚设。问责，要贯穿到履责的全过程。事前问责是提醒，事中问责是督促，事后问责是诫勉。只有把责任和责任制统一起来，把履责和问责结合起来，才能在全社会确立一种良性的责任导向，增强责任心、培育责任感、加强责任意识。

责任是一种发展自我的机遇、手段，听从责任的召唤，珍惜自己的每一份责任。

📖 **总 结 案 例**

从离职看人品

张伟在一家互联网公司任职项目经理，拥有非常强的个人能力和丰富的工作经验，团队内的小伙伴也都非常敬佩他的专业能力和人品。平时工作的时候，他追求细节，要求严格，对上对下也都有自己的专业态度并坚持己见，但是他的坚持也会通过不断地说服、讲解让大家听明白，所以他们所在的项目组业绩非常好，而且新员工成长得也非常快，很多人都愿意和他合作，甚至管他叫职业导师。

在张伟的领导下，项目组连续拿下了好几个大项目，在行业内一下子声名鹊起。随着张伟在业内的良好口碑和专业能力，他有了独自创业的想法，而且创业一直是他的梦想，这个想法在他的心中就好像有一团火焰在燃烧。如果不去尝试一下，这团火焰会越烧越旺，让他彻夜难眠。

唯一让张伟纠结的地方在于，如果自己现在决定创业，就和老东家成了竞争对手，公司对自己不错，老板也很赏识他的能力和人品，自己的离开也许还会带走同事、客户，给公司带来损害，这些让他有些难以抉择。最终他还是下定了决心，找老板提出了辞职，也声明了自己的立场，就是一年内不带走同事、不带走客户，自己的公司如果一年都生存不下去，也不值得老同事追随，老板最终同意了张伟的辞职，也在员工大会上感谢了张伟的多年付出。

张伟离职过程中，将自己的工作做了详细的备忘录交接给同事，从项目底稿到复稿，以及复核意见、项目进度和未尽事宜，客户关系清单，等等，还配合同组的同事开了多次的小组会议，给客户一一打电话确认工作的交接，让同事和客户都看到了张伟身上专业、敬业的精神，也看到了他强大的责任意识。

张伟走后半个月，他原来所在的项目组出了一个大的事故问题，给公司造成了巨大的危机，团队小伙伴面临集体被辞退，他知道这件事后，又停下自己的事情，回到公司一个月，和同组的小伙伴共同渡过了此次危机，把项目挽救了回来。临别之时，小伙伴和公司领导都非常感动，他只是说："我回来是因为我觉得我对我们组的小伙伴还有责任，以后就看你们的了。"

后来的张伟事业上也风生水起，几年的发展，还收购了他原来的公司业务，他对待团队、企业的责任意识，让他赢得了大家的信任，也赢得了更多的机会，关键的时刻不计个人利益、坚持原则、不忘责任，值得每个职场人学习。

【分析】离职和被离职是职场中非常常见的一件事了，很多职场人在处理这件事情的时候采用非常极端的方式，是职业意识的缺失，也是责任意识不健全。案例中的张伟为我们树立了一个榜样，从小事看人品，从小事看职业意识。

活动与训练

你是一个有责任感的人吗

一、活动目标

引导学生了解职业责任的内涵，找出自身可能存在的差距。

二、程序与规则

1. 教师出示以下问卷，并请同学们进行测评：请根据第一感觉作答（A.是　　B.否）。

（　　）1. 与人约会，你通常准时赴约吗？

（　　）2. 你认为自己可靠吗？

（　　）3. 你会未雨绸缪地储蓄吗？

（　　）4. 发现朋友犯法，你会报警吗？

（　　）5. 外出旅行，找不到垃圾桶时，你会把垃圾装好带走吗？

（　　）6. 你经常运动以保持健康吗？

（　　）7. 你忌吃脂肪含量过高或其他有害健康的食物吗？

（　　）8. 你永远先做正事，再做休闲活动吗？

（　　）9. 你从来没有放弃过任何选举权利吗？

（　　）10. 收到别人的来信后，你总会在一两天内就回信吗？

（　　）11. "既然决定做一件事情，那么就要把它做好。"你相信这句话，是吗？

（　　）12. 与人相约，你从来不会失约，即使自己生病也不例外。

（　　）13. 你从来没有犯过法吗？

（　　）14. 你经常拖延交作业的时间吗？

（　　）15. 小时候，你经常帮助家长做家务吗？

2. 请统计自己的得分。计分规则：回答"是"计1分，回答"否"计0分。参考计分标准如下。

0~2分：你是一个完全不负责任的人。你一次又一次的逃避属于自己的责任，最终你会连自己都不相信自己。长此以往的话，你的朋友都会离你而去，并且很少有人和你这类人来往，到时候你会很苦恼。

3~9分：在大多数情况下，你还是很负责任的，只是有时候会对事情考虑不周到，为人任性一些。不过没关系，不影响你的责任心。

10~15分：你是一个非常有责任感的人。你行事非常谨慎，而且很懂礼貌，你为人忠诚，是个老实人，值得人们信赖。当然，你会有很多朋友的。

（建议时间：10分钟）

探索与思考

1. 请选择一个与所学专业相关的职业，并列举该职业工作中的道德责任、纪律责任、行政责任、民事责任、刑事责任。

2. 如何增强自身的责任意识。

主题二　质量意识

学习目标

1.了解质量意识概念。

2.了解质量意识的内涵与关键。

3.了解质量意识的要素和提升措施。

 导入案例

"土坑"酸菜事件

央视3·15晚会曝光"土坑"酸菜生产内幕，其中，湖南插旗菜业被点名。

所谓的"土坑酸菜"，就是在土坑里加工，工人有的穿着拖鞋、有的光着脚踩在酸菜上。"土坑酸菜"如何腌制？据曝光的照片显示，工人将从地里拉来的芥末蔬菜倒入土坑中，未经清洗或挑拣，就开始与盐隔层铺放，然后用薄膜包盖，在地面上直接腌制。工人在处理的过程中，没有按照食品卫生标准进行操作。而这些酸菜被插旗蔬菜收购时，不检测相关的健康指标，并且隐藏了食品安全风险。

消息一出，多家电商平台第一时间下架老坛酸菜相关商品，不光是各大电商平台，线下商超也迅速进行了下架处理。此次事件后，相信老坛酸菜这个品牌也到头了。

【分析】一家企业的质量文化是否受重视，关键在于领导者。质量文化始于高层，并向下渗透，是自上而下建立的。许多人做事时常有"差不多"的心态，对于领导或是客户所提出的要求，即使是合理的，也会觉得对方吹毛求疵而心生不满！认为差不多就行，但就是这些差不多才导致了质量问题。

一、质量意识和质量管理

（一）质量意识的概念

一般来说，"质量"被理解为：一组固有特性满足明示的、通常隐含的或必须履行的需求或期望的程度。广义上，"质量"包括过程质量、产品质量、组织质量、体系质量及其组合的实体质量、人的质量等。

"质量意识"则是一个企业从领导决策层到每一个员工对质量和质量工作的认识和理

解，这对质量行为有着重要的影响和制约。质量意识应该体现在每一位员工的岗位工作中，也应该体现在企业最高决策层的岗位工作中。它是一种自觉地去保证企业所生产的、交付顾客需求的产品：硬件、软件与流程性材料质量、工作质量和服务质量的意志力。质量意识是企业生存和发展的思想基础。有质量意识的员工和领导层不仅仅限于被动地接受对产品质量的要求，而是不断地关注产品质量，且提出改善意见，促进质量的提高。

（二）质量意识的内涵

质量意识是质量理念在员工思想中的表现形式，包括对质量认知、质量态度和质量知识。

1. 质量认知

所谓对质量的认知，就是对事物质量属性的认识和了解。任何事物都有质量属性，这种属性只有通过接触事物的实践活动才能把握。对质量的认知更需要通过教育培训来强化。对员工来说，对他们认知产品质量特性、认知质量的重要性，仅仅通过他们自发的、盲目的、放任自流的实践过程可能是很不够的。因此，加强对员工的质量教育培训很有必要。

2. 质量态度

质量态度即在产品制造的过程中反映出的对质量的认知和理解程度，综合表现为质量诚信度、质量行为和质量责任，是员工对产品质量、工作质量、服务态度的稳定的心理倾向。这也是质量意识中最关键的。质量认知是形成质量态度的基础，但仅仅有质量认知往往并不一定就能形成较高的质量意志，也不一定就能产生对质量的情感。也就是说，质量认知还不能起到控制人的质量行为的作用。

举例来说，有些工厂在给国外客户或者重点客户生产产品时，所有的生产过程都精益求精，质量稳定，大家都在努力杜绝质量问题的出现；而给国内客户的产品就不一样，质量控制没有那么严格，小质量问题不少，大的质量问题也经常会出现，大家整体的感觉就比较松弛。这个例子究其根本原因就是企业员工从内心认为国外企业的质量要求严格因而不敢大意、工作认真、注意力集中，可见质量观念和态度的重要。

3. 质量知识

所谓质量知识，包括产品质量知识、质量管理知识、质量法制知识等。一般说来，质量知识越丰富，对质量的认知也就越高，对质量也越容易产生坚定的信念。质量知识丰富，也能够提升员工的质量能力，从而使其产生成就感，增强对质量的感情。可以说，质量知识是员工质量意识形成的基础和条件，但是，质量知识的多少、质量意识的强弱并不一定成正比。

经验表明，员工对产品质量的重要性，特别是与自己利益相关的产品质量的重要性有深刻的认识：对质量工作抱有肯定态度，就会乐意参加质量管理，重视工作质量；相反，质量意识淡薄，态度不端正，就会反感质量管理活动，忽视工作质量，工作中容易出现差错。

经验还表明，质量意识强的员工，学习积极性高，学得快，学得好；相反，质量意识差的员工，往往出现学习困难，学不好，记不牢。意识和态度对信息还具有"过滤"作用，这种作用甚至会反映到实际操作中。

因此，在质量意识中，人才是质量管理的第一要素，对质量管理的开展起到决定性的作用。20世纪60年代后，人们的质量意识更加提高了，尤其日本创造性地发展了全面质量管理理论和方法，先后提出了"品质圈"和"全社会质量管理"等新理论和新方法，还培养了一大批各种层次的质量人才。

（三）质量管理的要素

质量管理是指确定质量方针、目标和职责，并通过质量体系中的质量策划、控制，保证和改进来使其实现的全部功能。目前，人们对质量管理有"三大要素"与"五大要素"之说。

1. 三大要素

"三大要素"是指质量管理的要素：人、技术和管理。在这三大要素中，最重要的是"人"。

2. 五大要素

"五大要素"是说质量管理由人、机器、材料、方法与环境构成，在这五个要素中，"人"也是处于中心位置的。俗话说："谋事在人""事在人为"。谋质量这事也在人，要把质量这事做好更在于人，所以说人必须有质量意识，这也是对"人"的质量的要求。

有关全面质量管理的知识与方法将在模块八中介绍。

二、提升质量意识的举措

质量意识对行为的方向性和对象的选择具有调节作用。

（一）上行下效

在一个企业中，只有当领导层开始重视质量时，员工才有可能重视质量。卓越企业的领导者在质量方面都有如下职责：建立质量管理委员会，进行质量战略规划，参与质量改进活动，向员工表达质量的重要性等。质量管理大师朱兰博士提出，21世纪是质量的世纪。我们看到，质量确实改变了人们的工作方式，它和公司的经营绩效息息相关。在大质量概念的指导下，质量目标不仅仅是产品的质量目标，也包括公司的经营绩效。近些年来，企业高层管理者真正开始关心质量，用质量管理的理论方法来管理和经营企业。

（二）质量教育

质量改进会减少返工，提高效率，在一个组织推进持续改进活动时，很多员工了解这样确实会增加企业收入，使企业做大做强，从而创造更多的工作岗位，但同时他们也担心，减少错误或其他形式的浪费可能会减少工作职位。企业管理者在了解员工的想法后，可通过质量教育改变质量观念。当人们认为某件事情重要时，一定会尽全力把这件事做好。

（三）量化管理

对质量的测量不仅能为员工完成工作提供一些重要的信息，还能让员工始终保持敏锐的质量管理意识。例如，某企业的插件工段会统计员工的插件错误率数据，当发现某位员工操作出现失误时，会立即反馈给他，并且把实际的不合格品拿给他看，如果条件允许，甚至会让他自己动手修理，通过此种方式，使得员工能够随时知道他们工作失误的情况，并立即纠正，达到提高质量的目的。

（四）工作设计

工作设计可以使员工喜欢自己所从事的工作，从而愿意投入精力来改进工作质量。工作设计的另外一个主要目的是形成能自我管理团队，是针对团队的一种特殊的工作扩大化方式。这种团队有两个特点：每个工人都经过了严格的训练，具有多样的技能，能够进行工作互换；小组具有一定的作业自主权，具有安排生产计划和监督工作完成的权利。

（五）激励措施

激励，就是激发人的内在潜力，使人感到力有所用、才有所展、劳有所得、功有所奖，从而增强自觉努力工作的责任感。奖励表彰是对员工出色工作表现的认可，通过这些手段，会极大地提高员工对质量工作的热情。

（六）弘扬工匠精神

工匠精神是一种职业精神，它表现为从业者在设计上追求独具匠心、质量上追求精益求精、技艺上追求尽善尽美、服务上追求用户至上的精神。弘扬工匠精神，有助于提升质量意识，追求卓越品质。

（七）推行标准

推行质量管理标准化，可以促使企业自觉贯彻工程质量有关法律、法规和标准、规范、建立健全包括企业日常质量管理、生产现场质量过程控制等在内的每个环节、每个流程、每道工序的责任制度、工作标准和操作规程，实现企业的质量行为规范化、质量管理程序化和质量控制标准化，促进企业质量管理体系运转有效，工程质量均衡发展，建立完善自我约束、持续改进的工程质量管理长效机制。

质量管理标准化工作应覆盖企业生产、经营、管理全过程，其核心内容是质量行为标准化和工程实体质量控制标准化。

📖 总结案例

品质海尔

海尔集团从一家资不抵债、濒临倒闭的集体小厂，发展成为全球知名的家用电器制造商之一，产品覆盖冰箱、洗衣机、空调、热水器、彩电等全系列家用电器，用户遍布世界100多个国家和地区。世界权威调研机构欧睿国际公布的最新数据显示：海尔位列2023年全球大型家用电器品牌零售量第一，这是海尔连续15年蝉联全球冠军。

以"砸冰箱"为开端，海尔集团长期重视质量管理与创新，坚持在实践中探索质量管理新理念、新模式与新方法，提出了"日清日高，日事日毕"管理法（OEC管理法）等一系列创新性管理方法，形成了特色鲜明的海尔质量文化。其探索建立的"人单合一双赢"管理模式，是海尔集团独创的、具有中国特色的质量管理理论和模式，是对传统质量管理模式的突破和创新，实践方法具有很强的竞争力，得到国内外理论界的认可。坚持"零缺陷、差异化、强黏度、双赢"的质量发展战略，实施共创共赢的部件质量管理模式，开展零缺陷质量保证模式下的智能制造，形成引领行业发展的服务质量创新体系。海尔集团是国内企业实现"质量兴企"的典型代表，在国内国际具有广泛的影响力，在国际上树立了"中国制造""中国质量"的良好形象。

【分析】质量就是企业的生命，无论是企业的领导决策者，还是每一位员工都应当具有质量意识，并自觉地体现在各自的工作岗位中，才能促进企业的高质量发展，使企业立于不败之地。

活动与训练

日资企业的五星级厕所

一、活动目标

引导学生理解现场管理的重要性。

二、程序与规则

1. 教师出示以下阅读材料，并提问：为什么日资企业如此重视厕所的现场管理？

阅读材料：日资企业的五星级厕所

在日本企业，从总经理到各级干部，都会深入现场。日本人一到公司，就会去现场，最喜欢看现场"7S"搞得怎么样，而且到现场必定进厕所查看。日本人有一种意识，认为厕所的"7S"搞不好，生产现场的5S也无法搞好。

在日本企业曾经开展过一项"7S"管理活动，最后延伸到要改变员工的好的行为习惯——创建五星级厕所。通过调查，在中国的很多日资公司，它的厕所确实可以堪称五星级，美国安利公司在广州的工厂，也可以称得上五星级厕所。

深入现场是非常重要的方法，如上班第一时间去现场，发现问题就能及时指出，需要协调的及时协调，回到办公室可以更好地准备。总之，通过"七项主义"，能够更好地发现问题，推动问题的解决，培养员工的质量意识。

2. 将学生每5个人分成一个小组，通过小组内部讨论形成小组观点。

3. 每个小组选出一组代表陈述本组观点，其他小组可以对其进行提问，小组内其他成员也可以回答提出的问题；通过问题交流，将每一个需要研讨的问题都弄清楚。

三、总结

1. 教师进行分析、归纳、总结。

2. 教师根据各组在研讨过程中的表现，进行点评赋分。

（建议时间：10分钟）

探索与思考

1. 你认为质量意识对于企业运营的好处在哪里。

2. 结合所学专业的实训场所，按照质量意识的基本理论，请你指出哪里还需要进行完善。

主题三　团队意识

学习目标

1. 了解什么是团队意识。
2. 了解沟通能力，掌握与同事、领导以及客户的沟通方式。
3. 通过学习提升团队沟通与合作的能力。

导入案例

单丝不线　孤掌难鸣

　　小王毕业后进入一家公司做技术员。他的学历和能力都很出色，可是小王干了三年了，那些比他来得晚、学历和能力都不如他的人都升职了，而他一直原地踏步。小王不忍老板的冷落，提出了辞职，他认为老板会因为他出色的能力而挽留他，可没想到的是，老板很快就批准了。小王不明白老板为什么这么做。原来，每次执行团队的重要任务，都会因为小王的一意孤行出现问题。同时，他也不能与其他成员很好地相处。这不仅影响团队的成绩，也影响公司的效益。公司更希望的是一个团队能团结合作，表现出更高的战斗力。小王终于明白了自己的问题出在哪里，但是也为时已晚。

　　【分析】个人的力量是有限的。在职场中，离不开团队合作，青少年学生应该树立并努力培养团队合作的意识。

一、团队意识

（一）团队意识的概念

　　团队意识指整体配合意识，包括团队的目标、团队的角色、团队的关系、团队的运作过程四个方面。团队是拥有不同技能的人员的组合，他们致力于共同的目的、共同的工作目标和共同的相互负责的处事方法，通过协作的决策，组成战术小组达到共同目的，我们每个人的相互关系，都要对他人起到重要作用。

　　团队意识是一种主动性的意识，将自己融入整个团体对问题进行思考，想团队之所需，从而最大程度地发挥自己的作用。服从命令只是被动的、消极的。前者可以促进团队的发展，而后者只是机械的执行。

（二）团队意识的作用

团队意识在团队合作和企业当中具有以下几种作用。

1. 呈现系统效应

系统效应可以理解为团队意识在企业当中表现出的一种集体力，也就是大家团结在一起共同完成一件事 1+1>2 的结合力。

2. 塑造企业凝聚力

在大家共同完成某一目标的时候，团队意识可以让团队成员心往一处想，劲往一处使。提高团队成员的凝聚力与向心力。

3. 制造员工归属感

在团队合作当中，团队成员之间进行沟通协作，既可以增强团队意识，也可以提高员工对于企业的归属感，为自己作为企业的一员而感到自豪，并以此为自己全部生活、价值的依托和归宿。

4. 给予员工安全感

当每个员工都深深体会到所在的企业是其获得基本生活保障和立命安身之所时，这种团队意识将会变成一种安全感意识。

（三）团队意识的意义

从古至今，从一个国家、民族和社会的存在、发展和繁荣昌盛，到一个地方、单位和家庭的兴衰，都是与集体、团队的努力密不可分的。"团结就是力量""众人拾柴火焰高"等生活语言的产生已充分说明了人民大众对团队意识的认可和肯定。团队意识的主要作用表现在以下几个方面，如图 3-1 所示。

图 3-1　团队意识的意义

1. 推动团队发展

在团队精神的作用下，团队成员产生了互相关心、互相帮助的交互行为，显示出关心团队的主人翁责任感，并努力自觉地维护团队的集体荣誉，自觉地以团队的整体声誉为重来约束自己的行为，从而使团队精神成为公司自由而全面发展的动力通道。

2. 培养成员亲和力

一个具有团队精神的团队，能使每个团队成员显示高涨的士气，有利于激发成员工作的主动性，由此而形成的集体意识和共同的价值观。只有高涨的士气、团结友爱的精神，团队成员才会自愿地将自己的聪明才智贡献给团队，同时也使自己得到更全面的发展。

3. 提高企业整体效能

通过发扬团队精神，加强团队建设能进一步节省内耗。如果总是把时间花在怎样界定责任，应该找谁处理，让客户、员工团团转，则会减弱企业成员的亲和力，损伤企业的凝聚力。

二、企业文化对团队意识的影响

企业的成功与发展取决于员工的共同努力。同时，企业存在着各种规章制度，应依靠明确的规章制度对员工进行管理。但在管理的同时，最重要的是营造一种健康向上的文化氛围，对员工进行影响，使员工更加自愿地为企业奉献，把企业的目标当作自己的目标，增强使命感。

（一）企业文化的概念

企业文化指的是所有企业员工在实际生产和工作中所创作出来的精神财富和物质财富的总和，它涵盖了企业内部全体员工所创造的一切价值、企业精神、企业发展目标、企业发展思想、企业管理方法、企业道德行为规范等方方面面。良好的企业文化不仅能够促进企业的良性循环发展，还会为企业培养出一支高素质、专业化的人才队伍，从而为企业带来丰富的经济效益。企业文化还有助于化解企业发展过程中遇到的一系列问题和不足，从而加强企业员工的凝聚力、向心力，为员工营造一种健康、和谐的工作环境。由此可见，企业文化在整个企业发展中占有十分重要的地位，发挥了不可替代的作用。

（二）企业文化与团队意识的关系

企业文化是团队建设当中不可分割的一部分，良好的企业文化可以起到凝聚人心的作用。在当今时代，企业要想获得持续的发展，仅仅依靠其体制的科学性是不够的，还需要建设一种全新的企业文化，并努力使这种文化得到大多数员工的认可。否则，企业团队意识的形成是根本不可能的。任何成功的企业，文化建设是企业成功的一个必要的前提条件。企业文化建设是知识经济时代企业发展壮大和提高管理水平的一种必然趋势。

（三）企业文化对团队意识的影响

企业文化对团队意识有以下几方面影响（图3-2）。

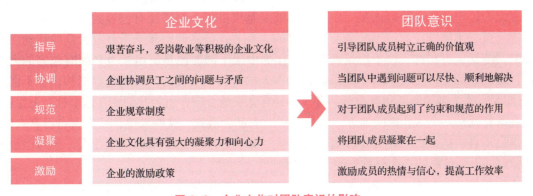

图3-2 企业文化对团队意识的影响

1. 指导

企业文化对于团队建设起到了指导的作用。例如，一个企业经过多年的沉淀，形成了艰苦奋斗、爱岗敬业等积极的企业文化，而这些企业文化又能够反过来引导团队成员树立正确的价值观，调动企业员工的积极性。

2. 协调

企业文化可以协调团队员工之间出现的各种问题与矛盾。企业内良好的机制可以让团队成员之间不会有压抑的感觉，这样当工作中遇到问题的时候，就可以尽快地解决，顺利地完成目标。

3. 规范

企业的规章制度对于团队成员起到了约束和规范的作用。良好完善的规章制度可以表现出一个企业的风格与准则，在团队成员进行合作时，良好的规章制度也可以帮助团队成员朝着一个明确的目标前进，以免走岔路。

4. 凝聚

企业文化具有强大的凝聚力和向心力。同样的价值观让团队成员与企业融为一体。当团队成员被企业认同的时候，团队成员之间各方面就会凝聚在一起。企业文化可以使企业员工在企业发展目标、企业运营手段、企业发展战略、企业对外交流等方方面面都形成共识，从而协调员工之间的关系，为员工提供必要的保障，推动企业又好又快发展。

5. 激励

优秀的企业文化可以起到激励团队成员的作用，能够激励成员的热情与信心，提高工作效率，使成员形成爱岗敬业的价值观。只有团队成员抱着乐观向上的心态，才能够在工作中发挥艰苦奋斗的精神。

三、学会包容

林则徐曾说过："海纳百川，有容乃大"。这里的"容"，说的就是"包容"。包容是一种修养，也是一种境界，更是一种美德。包容是原谅可容之言、饶恕可容之事、包涵可容之人的胸怀。度量大，就能得人心、纳众谋，就能成其强。正所谓海洋纳百川，终成就其浩瀚；森林容百木，终成就其广袤。任何成就大事者，必须具备海纳百川的包容大胸怀。

无论是企业高层管理人员、中层干部或是基层员工，都需要有包容的意识。企业高层管理人员必须能够包容，因为他所要完成的大事业，是靠调动起千千万万大众的行动而实现的，若无包容精神，便不能成就梦想；作为中层干部即便是班组长也必须有包容的大胸怀，因为他的存在价值和水平是靠调动众多人的行动而实现的，若无包容精神，也不能做到；同时，作为基层员工和普通劳动者，也要有宽宏的心胸，因为我们要在这个社会上生存，社会本身就是一个人扎堆的地方，各色各样的人都会遇到。这些人里，一定有自己喜欢的，有自己不喜欢的，也一定有得罪过自己的人。如何以包容之心来面对这些人，实际上也是考验我们人际关系的一个很重要的关键因素。

包容是一种大度，是高尚情操的表现。包容之中蕴含着一份做人的谦虚和真诚，蕴含着一种对他人的容纳与尊重。学会包容，心灵上就会获得宁静和安详；学会包容，就能心胸开阔地生活。很多时候，包容会给人带来一种良好的人生感觉，让我们感到生活的愉悦和人情的温暖。包容，是一种高尚的美德。"相逢一笑泯恩仇"是包容的最高境界。雨果说："最高贵的复仇是宽容。"所以，当你包容了别人，包容了别人的过失或错误的时候，也往往能化干戈为玉帛，化仇恨为友谊。

包容是一种积极的生活态度，包容是一种君子之风。学会了包容，就会营造和谐的环境；学会了包容，就会感受到人情的温暖；学会了包容，就会感悟到生活的美好。

要记住：包容了别人，就等于善待了自己。友谊因包容而天长地久，爱情因包容而幸福美满，工作因包容而和谐高效。一个人只有有了宽大的胸怀，有了可以容纳万物的心，才能够成就一番事业，才能够过上快乐而幸福的生活。

四、培养团队意识

一个具有团队意识的团体，能使每个团队成员提高士气，有利于激发成员的主动性并努力自觉维护团体的集体荣誉，自觉以团队的整体声誉来约束自己的行为。培养团队意识才能够在团队合作当中更好地施展自己的团队合作能力。

（一）团队中容易遇到的问题

在团队合作当中，若是掌握不好团队合作的方式很容易变成"1+1<2"的局面。影响团队合作的原因有以下几点。

1. 绩效

在企业当中经常会采用绩效评估的方式来考核一个团队，此时绩效的评估方式就会受到团队成员的影响。如果绩效不够公平、透明，就会出现个别成员滥竽充数，不为团队做出努力的情况，这样会影响到整个团队成员的积极性。

2. 人际关系

团队是由人组成的，各种各样的人聚在一起就会产生错综复杂的人际关系，而这非常不利于团队的协作。同时，人的精力是有限的，当把过多的精力放在处理人际关系上的时候，用于工作上的精力就会被分散。所以团队人多不一定力量大，工作的氛围是很重要的，在和谐的关系当中，人们才可以轻松地进行工作。

3. 公平

公平对于团队中的每一个成员都非常重要。公平分为过程当中的公平与结果的公平。如果在过程当中所有的规则都是公平的，团队成员在面对不乐观的结果时，只会抱怨自己不够努力，而不会去怪罪其他人；结果的公平是指给予这件事公平的结果。只有先保证在程序上的公平之后，再确保结果的公平，这样才能保证团队成员的积极性。

4. 观点冲突

不同的人对待同一件事会有不同的想法，这时如果处理的方式不恰当就会引发冲突，所以在与别人想法不同的时候应该遵循以下几点。

（1）解释：首先应该先向对方解释你的想法，你为什么想要这样做。

（2）询问：在对方听了你的解释之后，询问对方的想法。

（3）讨论：要与对方进行互相谈论，找到解决问题的最佳想法。

（4）包容：在团队工作、客户沟通等职业活动中，理解文化差异，尊重个体需求，做到求同存异、协同共进、合作共赢。

（二）提升团队协作能力的途径

1. 增强合作意识

团队成员间取长补短、协同合作，就能获得"1+1>2"的效果，帮助团队达到最大工作效率。自然界的狼群是这方面的典范。攻击目标既定，群狼起而攻之，头狼号令之前，群狼各就其位、各司其职，嚎声起伏而互为呼应，默契配合，井然有序。在狼成功捕猎过程的众多因素中，严密有序的集体组织和高效的团队协作是其中最重要的因素。

2. 树立大局观念

大局观念是团队协作顺利进行的保障，需要着眼全局，主动了解团队需要自己做什么，犯错应主动承认自己的错误。只有树立大局观念才能够帮助团队更快地向前发展，从而更好、更快地达到既定目标。

3. 提升沟通能力

沟通能力是衡量团队协作能力的重要指标，所以应多换位思考，少以自我为中心，主动与别人交流自己的看法，以提升团队合作能力。同时应学会正确地表述自己所做的工作，以获得团队成员的理解与支持。

4. 处理好人际关系

和谐的人际关系是实现团队目标的重要因素。要学会尊重团队成员，尊重别人的生活习惯、兴趣爱好、人格。要平等友善地对待对方，让对方感到安全、放松、有尊严。要真诚待人，只有真诚才能产生感情的共鸣，才能收获真正的友谊。要宽容，对非原则性的问题不斤斤计较，宽容大度；要诚信，信守承诺，一旦许诺，要想办法实现，以免失信于人。

5. 善于处理冲突

团队成员之间出现冲突是不可避免的，妥协、合作、回避是常用的化解冲突的技巧。妥协策略是冲突双方都愿意放弃部分观点和利益，并且共同分享冲突解决带来的收益或成果的解决方式，是化解冲突常用的方法。合作策略是寻找互惠互利的解决方案，尽可能使双方的利益都达到最大化，而不需要任何人做出让步的解决方式。合作策略虽然能"双赢"，但要达成协议需要一个漫长的谈判过程。回避策略是当对方过于冲动时不妨暂时回避，待对方冷静下来后再创造解决冲突的条件。

📖 总结案例

"神十五"成功重返地球 从太空安全"下班回家"

2023年6月4日6时33分，圆满完成神舟十五号载人飞行任务的中国航天员费俊龙、邓清明、张陆安全返回，在东风着陆场成功着陆。神舟十五号载人飞船是东风着陆场执行的第四次载人飞船搜索和航天员救援任务，也是我国空间站应用与发展阶段东风着陆场迎接的首艘载人飞船和首个航天员乘组。此次任务是跨凌晨搜救行动，安全管控安全防范是这次任务的一个最大的特点，一是要关注航天员的安全，二是要高度关注飞行的安全，三是要高度关注夜间车辆行驶的安全。东风着陆场开展了大量针对性准备工作，如岗位人员昼夜适应性训练，完善阵地保障条件建设，新研制了轻型材料返回舱操作平台，并开设了通信专业训练营，重点对通信链路建立岗位进行针对性训练。

同时，酒泉卫星发射中心医院航天员医疗救护队根据任务特点制定了各种应急处置预案。针对不同的任务节点，针对性地实施卫勤保障工作，除配备常规医疗急救药品、设备外，还备有推进剂中毒专用解毒药物。三名航天员出舱后，很快被送进医监医保医疗救护车，由于在空间站里，神舟十五号航天员在微重力环境中生活6个月之久，身体上会发生很大的变化，临近返回地球，为了重新适应重力环境，航天员必须要做好身体上的准备，地面搜救人员也为他们提供了最舒适的医监医保环境。

【分析】此次出舱活动，体现了一个高效团队的良好沟通能力和协作能力，"东风明白""北京明白"正是良好沟通与反馈的体现，正是由于相关人员和系统都能按照程序，密切协同开展工作，才能使这次出舱活动取得圆满成功。职场中，我们应认真倾听对方的需求，并具备良好的沟通能力，能够很好地融入团队并发挥好自己的作用，只有这样，才能决胜于职场。

活动与训练

团队讲故事

一、活动目标

练习培养团队意识。

二、规则与程序

采取接龙互动游戏形式。

1. 将学生分成两组或多组，每组成员10人左右，每小组围坐在一起，选出一名记录员，负责记录故事的进展。

2. 随机选择一名组员开始，一人一句话，开始编故事，记录员记录每人的一句话，以接龙循环的方式，一组一个循环结束，讲完一个故事。例如：A同学说"很久以前有一个高手"，B同学可以说："高手突然隐居到了深山里"，接着C、D……往后排列，所有组员共同完成一个故事的编写。

3. 对两组完成后的故事进行比较，分析哪个环节让故事更精彩或者更难继续下去，之后可以开始第二轮团队讲故事游戏。

（建议时间：15分钟）

探索与思考

1. 你认为团队意识对于自身发展有哪些帮助。
2. 根据你的职业思考，谈谈应该如何养成自己的团队意识。

模块四

职业形象

哲人隽语

不学礼，无以立。

——孔子

模块导读

礼仪对人们立身处世有着非常重要的影响。礼仪作为人们的一种社会行为标准，能够在诸多场合中通过外在表现和行为细节，反映出一个人的文化程度和精神内涵。

在职场中，礼仪更是起着至关重要的作用。懂礼仪的人不仅能得到他人的喜爱，散发出自信的魅力，还会让人际交往变得更加轻松；而不懂礼仪的人，则容易遭遇失败，失去事业发展的机会。对于职场新人来说，礼仪课就是入职的必修课。

在本模块中，我们通过职业形象与职业礼仪两个方面帮助你塑造适合自己的职业形象。

主题一　塑造职业形象

学习目标

1. 理解职业形象的内涵。
2. 了解职业仪容的基本要求。
3. 掌握职场着装的基本要求。
4. 使用规范的站姿、坐姿、走姿、蹲姿。

导入案例

小李与小白

小李与小白是同一所大学的同学，俩人一同应聘到一家公司。上班报到的第一天，小李化了精致的妆容，身着一套深色职业套装，看起来十分职业。而小白还是原有学生打扮，身穿一套休闲服，脚踏运动鞋。第一天入职新员工都要参加培训，数十名新员工里却只有小李穿了正装。培训经理把大家打量一番后，指派小李作为班长代表新员工发言。小李精彩的发言得到了领导的赏识，并指派她到公司的重要部门报到。小白很是想不通，在学校时，无论能力还是形象她都超过小李，为什么上班后，她却落到了小李的后面呢。

【分析】第一印象也称首因效应，对一名职场新人来说非常重要。整洁适宜的职业着装是事业成功的助推器，每一位职场人都应当认真对待与把握，它关系到大家未来职场的走向，对于完善个人职业形象，提升个人职业素养大有裨益。

一、职业形象

职业形象是指个人在职场中公众面前树立的印象，具体包括外在形象、内在修养、专业能力和社交礼仪这四个方面。在很多时候，个人的职业形象代表的就是公司形象，这也是为什么公司都非常重视员工职业形象的原因。

（一）职业形象的内涵

1. 外在形象

经常有人说第一印象的重要性，心理学家们认为，第一印象主要是以外表、年龄、性别、穿着打扮、面部表情和行为姿势等"外部的表现特征"作为判断标准。这些我们统称为外在形象，在一定程度上我们可以通过刻意练习迅速地改善外在形象以提高在别人心中的印象。但是一个人的体态风度、言谈举止、衣着打扮在某种程度上也代表了这个人的内在修养和独特个性，这些是很难长期伪装出来的。这就需要我们在提高外在形象的过程中一定要内外兼修。

2. 内在修养

内在修养作为一种无形的力量，约束着我们的行为，也是我们赢得他人尊重的重要力量，内在修养的提高会和外在形象的提升有相辅相成的作用，而且往往是内在先提高，外在才会有所体现。所以如果想从根本上提高我们的职业形象，长期来看，还是要着力提高内在修养。

3. 专业能力

职业形象的第三个方面就是我们的专业能力，这点可能会引起一些同学的不解，专业能力不应该属于技术活儿吗？和形象有什么关系？在职场中，我们经常听到领导对一个新人的评价，说："你太不专业了"，其实这不是说他技术水平不行，可能是表达他技术水平的方式出了问题。例如：在职场中给客户发邮件是最常规的一件事情了，但是在给客户发的内容或者文本相同的情况下，专业和不专业的区别是什么呢？其实都是细节。两封核心内容一样的邮件，专业的做法一般会交代一下这几个附件都是什么，这些都是站在客户角度去思考问题的，这两封邮件发给客户，如果是井井有条的这一封，客户会很自然地说，这家公司很专业。相反地，客户心里可能会想，这是不是一个皮包公司啊，他们的人一点也不专业。其实，这个例子就是告诉大家，我们的职业形象有时候是通过我们职场中的很多行为甚至是物件去体现的。

4. 社交礼仪

社交礼仪是指人们在人际交往过程中所具备的基本素质和交际能力等。社交在当今社会人际交往中发挥的作用愈显重要。通过社交，人们可以沟通心灵，建立深厚友谊，获得支持与帮助；通过社交，人们可以互通信息，共享资源，对取得事业成功大有裨益。

（二）职业形象对职业发展的意义

每个职业都有其特定的职业形象。高雅的职业形象不但能够展示个体的能力、专业水平和社会地位，还可以使人在求职、社交活动中彰显自信与尊严，对职业成功具有比较重要的意义。职业形象和个人的职业发展有着密切的关系。

1. 展现员工性格特征

企业在招聘员工时对应聘者职业形象的关注程度远远超过我们的想象。他们觉得那些职业形象不合格、职业气质差的员工不容易在众人面前获得较高认可度，不容易在与人合作过程中产生较好的工作效果。

2. 影响职业工作业绩

沟通所产生的影响力和信任度是来自语言、语调和形象三个方面，其中形象所占的比例最大，影响最深。塑造和维护高雅文明的个人形象就成为当今即将步入职场的职业院校学生的必修课程。

3. 助推职业生涯发展

职场员工的职业形象在很大程度上影响着企业的发展和进步。只有真正意识到了个人形象与修养的重要性，才能体会到高雅文明的个人形象在职业中所带来的美好精神风貌和现实意义。

二、职业仪容

仪容是指一个人的外貌。虽然我们无法选择长相，但是我们可以努力让自己变得有魅力，让别人感觉舒服。在工作中，注重自身的仪容非常重要，如果不修边幅、蓬头垢面，就会给领导、同事、客户留下不良印象。因此，注重自身的仪容非常重要。

（一）发式

发式最基本的要求是头发整洁、发型大方。干净、清爽、卫生、整齐的发式能给人留下生机勃勃、神清气爽的良好印象。发式应与个人身份、工作性质、工作场合相适应，具体要求如图4-1所示。男士的发式要求:前不覆额，侧不遮耳，后不及领。女士的发式要求:梳理整齐，前发不过眉，侧发不盖耳，后发不披肩，常见的是盘发。一线岗位服务人员最好使用统一发式。

图4-1 发式要求

1. 头发整洁

头发要常梳、常洗和常理，以保持头发整洁光亮有弹性。切忌使用异味洗发护发用品。当头皮出汗、出油、蓬垢时，一定要选择适合的洗护用品及时打理。

2. 长短适中

在塑造职业形象时，头发的长短和发型要符合职业、身份、个人条件、工作环境等因素，不同职业按照不同的标准和要求，以端庄、典雅为宜。男士头发的标准是前不覆额，侧不掩耳，后不及领；女士头发长度不宜超过肩部，必要时盘发、束发，不宜披散。

3. 适度美化

头发要勤于梳洗，可根据自己的发质和工作环境以及气候决定。中性头发每周洗两三次，干性头发每周洗一两次，油性头发最好每天洗一次。清洗头发的时候要注意洗发用品的选择，宜选用高品质的弱碱性洗发用品，避免使用碱性过大的洗发用品。

61

（二）面容

面容是仪容之首。面容作为最令人注目的地方，其美化修饰是非常重要的，必须予以重视。干净整洁的面部辅之以适当的修饰，通常会给人清爽宜人、淡雅美丽之感。

男士应养成每天修面剃须的良好习惯；女士应注意面部清洁和美化面容，如需要可适当化妆。面容修饰要求详见表 4-1。

表 4-1　面容修饰的要求

面容部位	要求
面部	要时刻保持面部干净、清爽，无汗渍和油污等不洁之物 清洁是修饰面部最基本的要求，勤洗脸是清洁面部最简单的方式 女员工可根据时间、场合、地点的不同来选择适当妆造，但切不可浓妆艳抹
眼睛	修饰眼部要注意清洁眼睛。及时清除眼部分泌物，注意用眼卫生，预防眼部疾患。选择与佩戴眼镜时，应注意保持眼镜的清洁
眉毛	眉毛应以自然美为主，依据脸型修理不同样式的眉形能使人的脸部显得轮廓分明。个别眉毛较粗浓的女生，或者眉毛较淡形状不太理想者，可以请专业修眉师帮助美化修饰
鼻腔	随时保持鼻腔干净，平时要注意经常修剪鼻毛
胡须	在正式场合，如果没有特殊的职业需要、宗教信仰或民族习惯，男士留胡须一般会被认为是很失礼的表现 男士应该把每天刮胡须作为自己的一个生活习惯。个别女士如因内分泌失调而长出类似胡须的汗毛，应及时清除并治疗
口腔	应注意口腔卫生，坚持每天早晚刷牙，饭后漱口，保持牙齿洁白、口腔无异味。在重要应酬之前，要忌食会使口腔发出刺鼻气味的食物

（三）肢体修饰

1. 修饰手部

在日常生活中，手部是需要经常触碰物品或与人接触的重要部位。因此，从清洁、卫生、健康的角度讲，餐前便后、外出回来及接触各样物品后，都应及时洗手。手指甲应定期修剪，指甲缝中不能留污垢，长度以不能从手心的正面看见为宜。

2. 修饰腿部及脚部

腿部的曲线美会在近距离之内为他人所注视，因此在修饰仪容时自然不能偏废。修饰腿部，应当注意细节的重要性。工作场所忌光腿和穿搭破损的丝袜，不宜暴露腿部。

修饰脚部应注意：不裸露脚部；勤洗脚，勤洗鞋，勤洗袜，勤剪脚趾甲。

（四）化妆修饰

化妆是生活中的一门艺术。进入职场，适度而得体的化妆，可以更好地展现职业人员的风采，特别是对于女职员，化妆更是尊重别人的礼貌行为。职业妆需要塑造的是淡雅、自然、优雅、知性、颇具亲和力的整体造型，切忌过于前卫另类。面部化妆以眼部化妆为重点和关键。

1.职业妆的基本要求

（1）修饰得体。在化妆时要注意适度矫正，以使自己化妆后能够恰当得体地提升美感，扬长避短。

（2）真实自然。化妆要求美化、生动，更要求真实、自然，淡妆为主，少化浓妆。化妆的最高境界，是没有明显人工修饰的痕迹，显得自然得体。

（3）整体协调。高水平的化妆，强调的是整体效果，充分考虑到光线对化妆的影响力，使妆面、全身、场合、身份均较为协调，以体现出自己的不俗品位。

（4）修饰避人。化妆应在无人之处，可在化妆间或洗手间进行。勿当众化妆，勿在异性面前化妆，勿残妆露面。

（5）饰物适宜。遵守以少为佳、同质同色、符合身份的原则。佩戴饰物要考虑人、环境、心情、服饰风格、妆容等诸多因素，力求整体搭配协调。

2.化妆的原则

（1）符合美化的原则。化妆意在使人变得更加美丽，因此在化妆时要注意适度修饰，扬长避短。在化妆时不要自行其是、任意发挥、寻求新奇。

（2）符合自然的原则。自然是化妆的生命，化妆的最高境界是"妆成有却无"。要井井有条；讲究过渡，体现层次。

（3）符合协调的原则。高水平的化妆，强调的是整体效果。第一，妆面协调；第二，全身协调；第三，身份协调。

三、职业仪表

仪表主要指服饰打扮，包括衣服、帽子、鞋袜以及男士的领带、女士的首饰等。服饰是一种无声的语言，体现了一个人的社会地位、文化品位、艺术修养，以及为人处世的态度。良好职业形象的树立与正确着装有着密切的联系。

"TPO"原则是世界通行的着装原则，又称"魔力原则"。"T"指 Time，代表时间、季节、时令、时代等；"P"指 Place，代表地方、场合、位置；"O"指 Object，代表目的、目标、对象。"TPO"原则追求"和谐为美"，即服饰要强调应己、应时、应景、应事、应制等。

着装没有绝对的对错，只有场合的对错。职业交际中所涉及的场合有三种：公务场合、社交场合、休闲场合。因每个人在年龄、性别、形体、职业等方面都有所不同，着装时必须考虑根据自己的个性选择最适合的服饰。不同的场合对服饰的要求有所不同，应视具体情况而定。

（一）公务场合

公务场合是指工作时涉及的场合，一般包括在办公室、会议厅及外出执行公务等情况。工作场合着装宜选择套装、套裙、工装、制服，也可以选择长裤、长裙、长袖衫。公务场合着装的基本要求是：端庄大方，得体保守。

（二）社交场合

社交场合是指在工作之余和共事伙伴或商务伙伴进行交往应酬的场合。社交场合着装的基本要求是：时尚得体，个性鲜明。宜穿礼服、时装、民族服装。这种社交场合所选择的服饰最好能衬托周围的环境，不宜过分庄重保守。

（三）休闲场合

休闲场合是指工作之余的活动场合，如健身运动、观光游览、购物休闲等场合。休闲场合着装的基本要求是舒适自然。适合选择的服装有运动装、牛仔装、沙滩装及各种非正式便装，如 T 恤、短裤、凉鞋、拖鞋等。

四、职业仪态

仪态是对人举止行为的统称，是人内在气质的外在表现，基本的举止仪态包括坐姿、站姿、走姿等。

（一）站姿

站立是职业交往中一种最基本的仪态，最基本也最常见。优美的站姿是保持良好体型的秘诀，也是训练优美体态的基础。男士站姿的要求是姿势挺拔，刚毅洒脱；女士则应秀雅优美，亭亭玉立（图 4-2）。

良好的站姿能衬托出美好的气质和风度，具体要求见表 4-2。

图 4-2 标准站姿

表 4-2 良好站姿的具体要求

要求	具体做法
头正	两眼平视前方，嘴微闭，收颌梗颈，精神饱满，面带微笑
肩平	两肩平正，微微放松，稍向后下沉
臂垂	两臂自然下垂，手指自然弯曲 两手可在体前交叉，一般右手放在左手上，肘部应略向外张 男性在必要时可单手或双手背于背后，也可两肩平整，两臂自然下垂，中指对准裤缝
直立	挺胸，抬头，收腹，略收臀
躯挺	胸部挺起，腹部往里收，腰部正直，臀部向内向上收紧
腿并	两腿要直，膝盖放松，大腿稍收紧上提，身体重心落于前脚掌，两脚成 60 度 男士站立时，双脚可微微张开，但不能超过肩宽 女士站立时，双脚应成 "V" 形，膝和脚后跟应靠紧，身体重心应尽量提高

1. 正规式站姿

正规式站姿是抬头挺胸、立腰收腹、目视前方、双臂自然下垂、双腿并拢直立、两脚尖张开 60 度，身体重心落于两腿正中；男性也可两脚分开，比肩略窄，将双手合起，放在腹前或背后。

2. 工作场合站姿

常用工作场合站姿包括：垂直站姿、前交手站姿、后交手站姿、单背手站姿、单前手站姿。

知识链接

站姿训练要领

1. 九点靠墙，即后脑、双肩、臀部、小腿、脚跟靠墙壁，由下往上逐步确认姿势要领。

2. 女士脚跟并拢，脚尖分开不超过 60 度，两膝并拢；男士双脚分开站立，与肩同宽。

3. 立腰、收腹，使腹部肌肉有紧绷感；收紧臀肌，使背部肌肉紧压脊椎骨，感觉整个身体向上延伸。

4. 挺胸，双肩放松、打开，双臂自然下垂于身体两侧。

5. 脖子向上延伸，双眼平视前方，脸部肌肉自然放松。

注意：在站姿训练过程中，如女士的双膝无法并拢，可继续努力收紧臀肌，强化训练会使两腿间的缝隙逐渐减小，从而达到拥有笔直双腿的效果。

每天训练 20 分钟，以 21 天为一个周期，坚持若干个周期后，就会获得健康、自信、挺拔的站姿。

（二）坐姿

对大多数人而言，不论是工作还是休息，坐姿都是经常采用的姿势之一。坐姿的基本要求是身体直立端正，神态从容自如，全身自然放松。

1. 常态坐姿

入座时，轻而缓，走到座位前面转身。右脚后退半步，左脚跟上，然后平稳地坐下；坐下后，上身正直，头正目平，嘴巴微闭，面带微笑；腰背稍靠椅背；两手相交放在两腿上；两腿自然弯曲，小腿与地面基本垂直，两脚平落地面，两膝间的距离，男士以松开一拳为宜，女士则以不分开为好。女士入座时，要用手把裙子后摆向前拢一下。至少要坐满椅子的三分之二，脊背轻靠椅背。

2. 工作场合坐姿

常用工作场合坐姿包括：标准式［图 4-3（a）］、屈直式［图 4-3（b）］、侧点式［图 4-3（c）］、交叉式［图 4-3（d）］、重叠式［图 4-3（e）］，具体说明如表 4-3 所示。

坐姿文雅端庄可以传递给对方自信、友好、热情的信息，同时也显示出高雅端庄的良好风范。无论采用哪种坐姿，都不要弯腰驼背，女士坐下时不要叉开双腿，起立时可一只脚向后收半步，然后站起。

坐立时要避免出现下情况：一是双手置于膝上或椅腿上；二是把脚藏在座椅下，或伸得很远；三是勾住椅腿或双腿分开；四是采取"4"字形叠腿并用双手扣腿，晃脚尖；五是猛坐猛起，弄得座椅乱响，或坐立时上体不直，左右晃动。

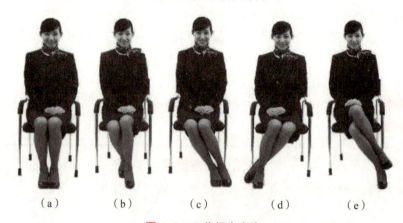

（a） （b） （c） （d） （e）

图 4-3　工作场合坐姿

（a）标准式；（b）屈直式；（c）侧点式；（d）交叉式；（e）重叠式

表 4-3　常用的五种坐姿

坐姿	具体做法
标准式	两腿并拢，上身挺直坐正，小腿与地面垂直，两脚保持小丁字步，两手放在双膝上（男女通用）
屈直式	坐正，女士双膝并紧，两小腿前后分开，两脚前后在一条线上。男士既可两小腿前后分开，也可左右分开，两膝并紧，双手交叉于双膝上（男女通用）
侧点式	两小腿向左斜出，两膝并拢，右脚跟靠拢左脚内侧，右脚掌着地，左脚尖着地，头和身躯向左斜。注意大腿、小腿之间要成90度，小腿要充分伸直，尽量显示小腿长度（女士专用）
交叉式	两腿前伸，一脚置于另一脚上，在踝关节处交叉成前交叉坐式，也可小腿后屈，前脚掌着地，在踝关节处交叉或采用一脚挂于另一脚踝关节处成后交叉式坐姿（女士专用）
重叠式	在标准式坐姿的基础上，两腿向前，一腿提起，腿窝落在另一腿的膝关节上。要注意上边的腿向里收，贴住另一腿，脚尖向下。重叠式还有正身、侧身之分，手部也可交叉、托肋、扶把手等多种变化（女士专用）

（三）走姿

走姿可以体现一个人的精神面貌。在职业交往过程中，端庄文雅的走姿是最引人注目的身体语言，也最能展示一个人的气质与修养。女性的走姿以脚步轻快，优美为适，双臂摆动不宜过大；男性的走姿应保持身姿挺拔、步伐稳健为宜。

1. 基本要求

优雅、稳健、敏捷的走姿可以给对方以美的感受，产生感染力，反映出积极向上的精神状态，具体要求如下。

（1）目光平视，挺胸收腹，表情自然平和，精神饱满，面带微笑。

（2）两肩平稳，防止上下前后摇摆。双臂前后自然摆动，前后摆幅为30~40度，两手自然弯曲，在摆动中离开双腿不超过一拳的距离。

（3）步伐稳健，步履自然，要有节奏感。

（4）两臂自然下垂，前后自然协调摆动，前摆稍向里折，手臂与身体的夹角一般成10~15度。

（5）步幅适当，两脚之间相距约一只脚到一只半脚。

（6）步速平稳。行进的速度应当保持均匀、平稳，自然舒缓，显得成熟、自信。

（7）迈步时，脚尖可微微分开，但脚尖、脚跟应与前进方向近乎一条直线，避免"外八字"或"内八字"迈步。

（8）上下楼梯时，上体要直，脚步要轻，要平稳，一般情况下不要手扶栏杆。若遇尊者，应主动将栏杆一边让给尊者。

（9）遇尊者时，应主动礼让，站立一旁，以手示意请其先走。男女一起走时，男士一般走在外侧。

2. 规范标准

头正收颌，双目平视，表情自然。两肩平稳，双臂前后自然摆动。上身挺直，收腹立腰，重心稍前倾。两脚尖略开，脚跟先着地，两脚内侧落地。行走中两脚落地的距离大约为一个脚长，即前脚的脚跟距后脚的脚尖一个脚的长度为宜。步速平稳。行进的速度应保持均匀、平衡，不要忽快忽慢。

当走在前面引导客人时，应尽量走在客人的左前方。髋部朝向前行的方向，上身稍向右转体，左肩稍前，右肩稍后，侧身向着客人，与客人保持两三步的距离。整个行进过程中应让客人或职务高的人走在中间或内侧。当空间较狭窄需与客人前后行时，一般应让客人走在前面。

（四）蹲姿

蹲姿是人们在较特殊场合下所采用的一种暂时性体态。虽然是暂时性的体态，仍需特别注意，因为正确的蹲姿能够体现一个人的修养，不当的蹲姿有损形象。

1. 正确的蹲姿

（1）高低式蹲姿（图4-4）。男士选用这一方式时较为方便。其要求是：下蹲时，左脚在前，右脚在后。左脚应完全着地，右脚则应脚掌着地，脚跟提起。此刻右膝低于左膝，右膝内侧可靠于左小腿的内侧，形成左膝高右膝低的姿态。臀部向下，基本上用右腿支撑身体。

（2）交叉式蹲姿（图4-5）。交叉式蹲姿通常适用于女性，尤其是穿短裙的女士，它的特点是造型优美典雅。其特征是蹲下后两腿交叉在一起，其要求是：下蹲时，右脚在前，左脚在后，右脚全脚着地，右腿在上，左腿在下，二者交叉重叠；左膝由后下方伸向右侧，左脚跟抬起，并且脚掌着地；两脚前后靠近，合力支撑身体；上身略向前倾，臀部朝下。

2. 女士蹲姿的注意事项

女士还应注意：无论是采用哪种蹲姿，都要切记将双腿靠紧，臀部向下，上身挺直，使重心下移；绝对不可以双腿分开而蹲；速度不可以过快或过猛。在公共场所下蹲，应尽量避开他人的视线，尽可能避免后背或正面向人。同时，女士着裙装下蹲时，应收拢裙摆，并按住领口部位。

图4-4　高低式蹲姿

图4-5　交叉式蹲姿

总结案例

松下的转变

　　日本的著名企业家松下幸之助从前不修边幅，也不注重企业形象。一天理发时，理发师不客气地批评他不注重仪表，说："你是公司的代表，却这样不注重衣冠，别人会怎么想？连人都这样邋遢，他的公司会好吗？"从此松下幸之助一改过去不修边幅的习惯，开始注意自己在公众面前的仪表仪态，生意也随之兴旺起来。现在，松下电器的产品享誉天下，而这与松下幸之助长期以身作则、要求员工懂礼貌、讲礼节是分不开的。

　　【分析】在现代社会，每个人都是自己社交活动中的主角，个人形象的好坏对自我在社交活动中的成败有很大的影响。不但知名的企业家需要良好的自我形象，每个普通人也都需要一个与自己身份地位相符合的外在形象，同时好的个人形象在人际交往中可起到事半功倍的效果。员工干净整洁、彬彬有礼的形象会给人留下良好的形象，从而吸引客户，赢得良好的企业口碑，从而建立起相互尊重、彼此信任、友好合作的关系，有利于企业各项事业的发展。

活动与训练

模拟职场握手导练

一、活动目标
掌握握手的使用场景及方法，提高人际交往的能力，塑造职场良好形象。
1. 男女同事初次见面握手
2. 受到上级领导接见时握手
3. 与多位客户见面时握手

二、程序和规则

1.每小组从三种任务中选取一种任务，开展握手模拟演练。

2.在小组长组织下，小组成员仔细阅读握手评价内容，进行握手练习。

3.每小组选出两名同学，代表本小组上台展示，小组之间根据评价内容进行自评和互评。

4.教师对每小组的展示进行总结点评。

三、评价

1.评价时要注意的关键点

（1）握手时，双方距离一米左右，上身略微前倾，右手手臂前伸，手掌与地面垂直，拇指张开，四指并拢微向下倾，稍用力握对方手掌，上下抖动约三下。

（2）握手时，面带微笑，双目注视对方。

（3）握手时，力度适中，热情又有礼。

（4）握手时长控制在3秒左右。

（5）握手顺序正确，男女之间握手，女士先伸手，轻握女士手指部位，上、下级之间握手上级先伸手。

（6）握手时脱帽，与人握手之后不能当面擦手。

（7）多人同时握手时应按顺序进行。

2.评价表

评价内容	个人自评	小组互评	教师点评
男女同事初次见面时握手			
受到上级领导接见时握手			
与多位客户见面时握手			

（建议时间：60分钟）

探索与思考

1.在职场中如何规范运用站姿、坐姿、走姿、蹲姿，各种仪态礼仪中有哪些需要特别注意的地方。

2.简述如何正确使用手势礼仪。

主题二　展现职业礼仪

学习目标

1. 理解职业礼仪的概念及作用。
2. 掌握称呼、会面、介绍、问候、拜访的社交礼仪。
3. 掌握常用的办公礼仪和通讯礼仪。

导入案例

失败的业务拜访

某瓷器公司的业务员小李来到一家公司洽谈业务，他兴冲冲地爬上六楼，脸上的汗珠都未及擦一下，便直接走进了业务部王经理的办公室。

"您好，这是我们企业设计的新产品，请您过目。"小李说。

王经理停下手中的工作，接过小李递过的瓷器，随口赞道："好漂亮啊！"并请小李坐下，倒上一杯茶递给他，然后拿起瓷器仔细钻研起来。

小李看到王经理对新产品如此感兴趣，如释重负，便往沙发上一靠，跷起二郎腿，一边吸烟一边安闲地环视着王经理的办公室。

当王经理问他瓷器的成分的时候，小李习惯性地用手搔了搔头皮。

虽然小李作了较详尽的解释，可王经理还是有点半信半疑。谈到价格时，王经理强调："这个价格比我们预算高出较多，能否再降低一些？"

小李回答："我们经理说了，这是最低价格，一分也不能再降了。"

王经理默然了半天没有开口。

小李却有点沉不住气，不由自主地拉松领带，眼睛盯着王经理，王经理皱了皱眉，问："这种瓷器比市场上的瓷器有什么特点吗？"小李又搔了搔头皮，反反复复地说："材质好，制作工艺烦琐。"

王经理托辞离开了办公室，只剩下小李一个人。小李等了一会，感觉无聊，便非常随便地抄起办公桌上的电话，同一个朋友闲谈起来。这时，门被推开，进来的却不是王经理，而是王经理的秘书。

【分析】在这次拜访中，小李没有注意自己职业形象。他坐在沙发上，跷二郎腿，并且随便抽烟，四处张望，未经他人同意便使用桌上的办公电话，还时不时抓头皮。这些不礼貌的行为导致丢失了合作机会。

一、职业礼仪概述

礼仪是人们在社会交往活动中，为了相互尊重，在仪容、仪表、仪态、仪式、言谈举止等方面约定俗成的、共同认可的行为道德规范，包括礼节、礼貌、仪态和仪式。从整体来说，礼仪是社会风貌、道德水准、文明程度、公民素质的综合标志；从个体而言，礼仪是一个人思想觉悟、道德修养、精神面貌和文化教养的外化表现。

职场礼仪，是指人们在职业场所中应当遵循的一系列礼仪规范。掌握并恰当运用职场礼仪规范，将有助于完善和维护从业者的职业形象。职场礼仪不仅可以有效展现一个人的教养、风度、气质和魅力，还能体现一个人对社会的认知水平、个人的学识、修养和价值。规范职场礼仪能够使人们在复杂的人际关系中保持冷静，在多变的职场环境中约束行为，并可通过礼仪细节在漫长的职业成长中完善自我，从而推动个人事业不断前进。

二、社交礼仪

社交礼仪是人们进行社会交往活动的重要指导，是社会道德文化的外在表现。

（一）社交礼仪的原则

各种社会交际往来活动自始至终都有一些普遍性、共同性、指导性的规律可循，这就是礼仪的原则。遵守现代礼仪是现代人实现自身价值的重要手段和途径，是人类精神文明的重要体现。在现代社会人们只有讲究礼仪，才能建立起良好的合作关系，能得到帮助并被群体接纳，并能得到社会的认可和好评。

1. 平等原则

礼仪所涉及的平等，主要是指道德和人格的平等。平等是人与人之间建立良好关系的前提和必要条件，是现代礼仪的首要原则。每个人的人格都是平等的，应该受到尊重，任何人都没有凌驾于他人之上的特权。在与人交往时要做到：不傲慢骄狂，不自以为是，不目空无人，不以貌取人，不以势压人；待人应彬彬有礼、热情大方、平等谦虚，对任何交往对象都一视同仁，给予同等程度的礼遇，不看客施礼、厚此薄彼；不低三下四、曲意逢迎、轻浮诌谀；要不卑不亢，既表现出对对方的尊重，又不卑躬屈膝。

2. 尊重原则

相互尊重是礼仪的基本原则，是礼仪的灵魂，是礼仪的重点和核心。在社会交往中，尊重是相互的。人与人之间的和谐关系，只有在相互尊重的过程中才能逐步建立起来。在交际活动中，要与交往对象互谦互让，互尊互敬，友好相待；对交往对象要重视、恭敬。要常存敬人之心，处处不可失敬于人，不可伤害他人的个人尊严，更不能侮辱对方的人格。尊重原则还包括尊重习俗禁忌。

3. 诚信原则

在社交中要赢得对方的信任、尊重，必须真诚、讲信用。真诚是对人对事的一种实事求是的态度，是待人真心真意的友善表现，要求人们在交往中应该发自内心地尊重别人，表里如一。不对别人说谎，不虚伪，不侮辱他人。

孔子说："民无信不立，与朋友交，言而有信。"在社交场合，尤其要讲究信用，要守时守约。与人约定好时间的约会、会见、会谈、会议等，绝不应拖延迟到；与人签订的协议、约定和口头答应的事，要说到做到，言必信，行必果。所以在社交场合，如果没有十分的把握就不要轻易许诺他人，许诺做不到，反而会失信于人，落个不守信的名声。

4. 宽容原则

宽容就是宽宏大量，能容忍他人的个性、行为，甚至原谅他人的过失。不处处苛求别人，在与人交往时严于律己、宽以待人，对别人的困难和要求要多体谅、多理解，不要责备、斤斤计较。在与人相处时，要学会为他人着想，善解人意，同时要心胸开阔、光明磊落、宽宏大量，不能小肚鸡肠、咄咄逼人。语言要平和，态度要亲切，待人要真诚，要允许他人有自由的空间、独立的人格或观点，对于不合自己心意的行为要能够耐心容忍，同时也能接纳别人的不同见解，不苛求别人与自己的意见完全保持一致。

5. 自律原则

自律是对待自己的要求，是礼仪的基础和出发点。其中最重要的就是要自我要求、自我约束、自我控制、自我对照、自我反省、自我检验。礼仪规范是为了维护社会生活的稳定而形成的。社会上的每个成员不论身份高低、职位大小、财富多寡，都有自觉遵守礼仪的义务，都要用礼仪去规范自己的一言一行、一举一动，都必须无条件地遵守礼仪。如果违背了礼仪规范，会受到社会舆论的谴责，交际也就难以成功。

6. 适度原则

适度原则是指人们在运用礼仪时，要具体情况具体分析，因人、因事、因时、因地、恰如其分。遵循适度的原则主要有以下方面的要求。

（1）感情适度。与人交往要不卑不亢，彬彬有礼，热情大方，不要轻浮。

（2）谈吐适度。与人交往要热忱友好，不要虚伪客套；要坦率真诚，不要言过其实。

（3）举止适度。与人交往要优雅得体，不要矫揉造作；要尊重习俗，不要粗俗无理。

（4）装扮适度。衣着打扮要与本人身份、地位、条件、所处环境、时节相适应。

（5）距离适度。与人交往时，要保持适度的距离，不要过于亲近。

（二）称呼礼仪

称呼是指人们在交往过程中彼此使用的称谓语。称呼不仅仅体现了双方的角色和关系，同时也反映出了人与人的亲疏远近。恰当的称呼是沟通得以顺利进行的重要条件，能使交往对象感到被承认、尊重和信任，不仅反映自身的文化素质和对交往对象的尊重程度，甚至还影响双方关系的发展程度。不当的称呼则会造成阻碍，给人留下不愉快的印象，为以后的交往带来不良的影响。

1. 称呼的原则

一般来说，称呼要遵循以下原则。

（1）符合身份。当清楚对方身份时，可以以对方的职务或身份相称；如不清楚对方身份时，可以以性别相称，如"×先生""×女士"。

（2）符合年龄。称呼长者时，务必尊敬，不可直呼其名；称呼同辈人时，可称呼其姓名，熟识后也可去掉姓称其名；称呼晚辈时，可在其姓前加"小"字，或直呼其名。

（3）顺序原则。多人打招呼时，应遵循长幼有序、先上后下、先近后远、先女后男、先疏后近的原则。

2. 正确的称呼

朋友或熟人间的称呼，既要亲切友好，又要不失敬意，一般可通称为"你"或"您"，或视年龄大小在姓氏前加"老"或"小"相称，如"老王"或"小李"。

对有身份者或长者，可用"先生"相称，也可在"先生"前冠以姓氏。对德高望重的长者，可在其姓氏后加"老"或"公"，如"张老"或"范公"，以示尊敬。

在工作岗位上，为了表示庄重、尊敬，可按职业相称，如"老师""师傅"等；也可按职务、职称、学位相称，如"周处长""赵主任""宋博士"等。

在社交场合称呼陌生人时，男子不论婚否，可统称为"先生"。女子则需根据婚姻状况而定，对已婚的女子称"夫人"等；对未婚的女子称"小姐"等；如不明其婚姻状况，则通称"女士"为宜。对科技、教育、卫生、文化领域新相识的人都可敬称"老师"。

（三）会面礼仪

1. 点头礼

与交往不深的相识者碰面，或在同一场合碰上已多次见面者，或遇到多人而又无法一一问候时，点头致意即可。

2. 举手礼

举手礼适用于向距离较远的熟人打招呼。具体做法：右臂向前方伸直，右手掌心向着对方，拇指与其他四指叉开，其他四指并齐，轻轻向左右摆动。行举手礼时应注意：手不要上下摆动，也不要在手部摆动时用手背朝向对方（图4-6）。

3. 拱手礼

拱手礼主要用于过年时企业举行团拜活动、向长辈祝寿、向对方表示祝贺、向亲朋好友表示无比感谢等场合。拱手礼的具体做法：起身站立，上身挺直，两臂前伸，双手在胸前高举抱拳，自上而下或自内而外、有节奏地晃动（图4-7）。

图4-6　举手礼

男子右手握实拳，左手包于右手上。

女子左手空心拳，右手包于左手上。

图4-7　拱手礼

4. 鞠躬礼

鞠躬礼意思是弯腰行礼，是表示对他人敬重的一种郑重礼节。这种礼节一般用于下级向上级或同级之间、学生向老师、晚辈向长辈、服务人员向宾客表达由衷的敬意。

社交场合的鞠躬一般为一鞠躬，具体做法：面向受礼者，距离为两三步远，立正站好，保持身体端正，以腰部为轴，整个肩部向前倾15度以上（一般是60度，具体视行礼者对受礼者的尊敬程度而定，弯曲角度越大，礼节越重），如图4-8所示。

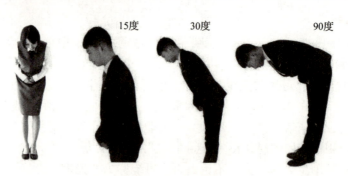

15度　　30度　　90度

图 4-8　鞠躬礼

5. 握手礼

握手是目前最为常用的一种见面礼。无论双方是第一次见面，还是已经熟识，一个得体的握手，致意、祝贺、慰问、鼓励、感谢等尽在不言中。

握手持续时间以 2~4 秒为宜，太长会让人觉得不舒服，太短则显得没有诚意。但熟人在一起或满含感激之情时，握手时间可以长一点，也可以双手相握，用左手盖在对方右手上，以示亲切（图 4-9）。

握手时眼睛要注视对方，不能东张西望，还要微笑致意，握手力度要适中。握手时可上下抖动，不可左右摆动。

握手的原则是"尊者为先"，由尊贵一方先伸手，握手顺序如图 4-10 所示。

图 4-9　握手礼

男女之间	长晚辈见面	上下级之间	宾主之间
女士先伸手，男士再与其握手	长辈先伸手，晚辈再与其握手	上级先伸手，下级再与其握手	主人先伸手，客人再相迎握手

图 4-10　握手顺序

（四）介绍礼仪

介绍作为日常交流与社交活动的重要方式，是人与人沟通的第一步环节。正确利用介绍礼仪，可扩大朋友圈、交际圈范围，更有助于进行自我展示和自我宣传。

1. 介绍他人

应遵循男性介绍给女性，把后来者介绍给先到者的原则；应遵循晚辈介绍给长辈，把职务低者介绍给职务高者的原则；介绍双方时，应提前和双方做好意图说明，给予双方思想准备。姿态要举止文雅，介绍一方的同时，目光要照顾到另一方（具体顺序如图 4-11 所示）。

1. 先介绍身份较低的一方，再介绍身份较高的一方

4. 先介绍主人，再介绍客户

2. 先介绍男士，再介绍女士

3. 先介绍晚辈，再介绍长辈

图4-11　介绍的顺序

介绍的内容通常包括双方的姓名、工作单位，双方的共同爱好、共同经历或其他方面的相似之处。

2. 自我介绍

在社交场合要寻找适当时机进行自我介绍，应突出自己的优点和特点；自我介绍时，语言应简单流畅，切勿自吹自擂，保持谦逊有礼；应以站立姿态为佳，举止端庄大方，表情友好亲切，要点如表4-4所示。

表4-4　自我介绍的内容要求

序号	内容	介绍要求
1	姓名	自我介绍时，应当一口报出，不可有姓无名或有名无姓
2	单位	有时可以暂不报出具体工作部门
3	职务	有职务的最好报出职务；职务较低或无职务的，则可不报

（五）问候礼仪

问候，也称问好、打招呼。一般而言，问候是人们与他人相见时以语言向对方致意的一种方式。问候时，应注意问候的顺序、问候的态度和问候的形式等。

1. 问候的顺序

问候他人时，应遵循表4-5所示的顺序。

表4-5　问候他人应遵循的顺序

序号	问候对象	问候顺序
1	问候一人	应遵循"位低者先行"的问候顺序
2	问候多人	问候多人时，既可以笼统地加以问候，也可以逐个加以问候。当逐一问候多人时，既可以由"尊"而"卑"、由长而幼地依次进行，也可以由近而远地依次进行
3	问候客户	在与客户见面时，应先主动地问候客户

2. 问候的态度

问候他人时，在具体态度上应做到图4-12所示的四点。

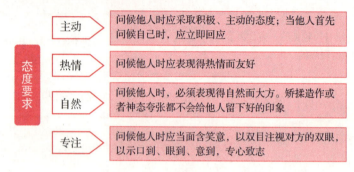

图 4-12　问候的态度要求

3. 问候的形式

（1）直接式问候。直接式问候就是直截了当地以问好作为问候的主要内容。这种方式适用于正式的人际交往，尤其是宾主双方初次相见。

（2）间接式问候。间接式问候就是以某些约定俗成的问候语，或者在当时条件下可以引起的话题，如"忙什么呢""您去哪里"，来替代直接式问候。这种方式主要适用于非正式交往，尤其是经常见面的熟人之间。

（3）问候语五忌。问候语五忌即忌问收入、忌问职业、忌问健康（有病没病）、忌问婚姻、忌问职业及学历。

（六）名片礼仪

名片是重要的交际工具，它已成为人们社交活动必不可少的联络工具。在社交场合，名片是自我介绍的简便方式。随着社会数字化的不断推进，纸质的名片已经越来越多地被电子化的名片所替代。人们越来越倾向于使用社交软件来交换自己的有关信息。但掌握名片礼仪仍有必要。

1. 递送名片

递送名片时，一般应由男性递给女性，职务低的人递给职务高的人；如多人在场，应按照顺时针方向依次递送，切勿越过他人；递送名片时，应保持微笑，上身前倾，注视对方，双手奉上。递送名片应把握好时机，初次见面时，边自我介绍边出示名片；双方交谈时，主动奉上名片表示希望日后联系；结束会面时，送上名片可加深对方印象。

递名片时要表现谦恭，郑重大方。应起身站立，走上前去，眼睛注视对方并面带微笑，上体前倾 15 度左右，双手或右手将名片正面递给对方，递时应将手指并拢，大拇指轻夹着名片的右下方，将名片正面面向对方，双手奉上。递送时，要有语言表示，例如："常联系""请多指教"之类的客气话。不要将名片举得高于胸部；不要以手指夹着名片递人（图 4-13）。

2. 接受名片

接受名片时，应起身相迎，双手接过，态度恭敬；接受名片后，仔细浏览一遍，表示对对方的尊重；浏览名片后，要在现场妥当收藏，切勿随手一放或随意把

图 4-13　递送名片

玩，并要回敬对方一张名片。如当时未携带名片，应在表示歉意后，及时做出解释，切莫没有反应。

3. 索取名片

向他人索取名片时，可主动提议交换名片，并先将自己的名片递出，态度要诚恳主动。可以采用如图 4-14 所示的两种方法。

互换法	以名片换名片。在主动递上自己的名片后，对方按常理会回给自己一张他的名片。如果担心对方不回送，可在递上名片时明示："能否有幸与您交换一下名片"
暗示法	用含蓄的语言暗示对方。例如，向尊者索要名片时可说"请问今后如何得到您的指教"等

图 4-14　索取名片的方法

面对他人索取名片时，一般原则不应拒绝，如确不方便给予，可委婉表达，同时需注意分寸。

4. 注意事项

要事先检查名片是否存在残缺褶皱；不宜涂改名片，印刷字迹清晰；不宜头衔过多，名片的内容要真实可靠。

（七）拜访礼仪

拜访是指亲自或派人到亲朋好友家或与业务有关系的单位去拜见访问某人的活动。人与人之间、社会组织之间、个人与企业之间都少不了拜访。通过拜访人们可以交流信息、统一意见、发展友情。拜访活动不论是主动提出的还是由对方邀请的都要遵守一定的礼仪。良好的拜访礼仪能够为企业树立良好形象，实现拜访目的。

1. 选择合适的拜访时间

（1）最好把拜访时间选在工作时间内，尽量避免占用对方休息、休假的时间；如果没有急事，应避免清晨或夜间拜访。拜访之前，最好以电话或通信方式与对方联系，尽可能事先告知，约定一个时间，以免扑空或打乱对方的日程安排，且要向对方讲明此次拜访需占用多长时间，以方便对方安排其他事情。

（2）拜访要准时要严格遵守约定的时间，最好提前 5 分钟到达，如果因特殊情况或有紧急事情不能前往或推迟时间，一定要提前通知对方并表示歉意。如果对方迟到，应耐心等待，也可以充分利用等待的时间做准备工作。

2. 在拜访中要充分尊重对方

（1）当到达拜访地点后，如果与接待者是第一次见面，应主动递上名片或做自我介绍；如果接待者是熟人，应互相问候并握手。

（2）如果接待者因故不能马上接待，应安静地等候。如果等待时间过久，可向有关人员说明并另定时间，不要流露出不耐烦的表情。

（3）当对方献茶时应起身或欠身说"谢谢"，并双手接过。在谈话过程中，要注意自己的坐姿、谈话的语气和用词等，要避免给人一种傲慢无礼、对谈话内容反应消极的印象。

（4）在拜访过程中，要留心对方的态度以及环境的变化，随机应变。遇到不愉快的事要尽力克制自己，温文尔雅的拜访礼仪会有助于实现拜访的目的。

（5）一般而言，拜访时间宜短不宜长，所以要尽可能快地将谈话引入正题，而不要闲扯其他内容。

3. 在友好的气氛中告辞

（1）在拜访目的基本实现或到预约的时间时，应先说一段有告别意义的话再起身告辞，切忌在对方说完一段话后立即起身告辞，这容易使人产生误解，也不要在另一位客户刚到时就告辞。

（2）一旦说出告辞，就要立即起身并婉言谢绝对方相送，但也不要过分客套，与对方你来我往地互推互让；切忌一边走，一边仍在喋喋不休地说，使对方无法回身。

（3）告辞时要同对方和其他客户一一告别，对方相送时，应说"请回""留步"等。

三、办公礼仪

（一）办公室基本礼仪

办公室既是办公的公共场所，又是展示企业文化与综合软实力的良好途径。从业者严格遵守办公室礼仪，规范从事职业活动，既能展示职业形象，同样还可以折射出自身良好职业品质。

1. 办公室礼仪要求

办公室陈设应以整洁、便捷、高效为标准原则；保持办公桌上物品摆放有序，不摆放无关物品；保持办公室、办公桌每日擦拭，废物及时清理；文件按时分类归档，做好个人电脑的保密工作。

2. 办公室言谈举止

姿态端庄优雅，精神积极向上；遵守规章制度，注重文明礼貌；讲话音量适中，严禁嬉笑打闹；区分私事公事，恪守职业道德。

（二）办公区域内基本礼仪

相对从业者而言，办公环境较为固定。无论是在办公区域还是使用办公设备都应遵守礼仪规范，以便更好地展示个人素养与企业形象。

1. 电梯礼仪

遵循次序，切勿强挤；帮助他人，展现风度；侧身挪动，保持安静。

2. 会议室礼仪

提前预约，及时归还；保持整洁，恢复陈设；清理资料，关闭设备。

3. 使用办公设备礼仪

节约使用，杜绝浪费；先后有序，公私分明；避免遗失，严禁泄密。

4. 食堂用餐礼仪

按时就餐，选取适度；轻拿轻放，保持卫生；餐具归位，清理残食；相互礼让，及时离位。

（三）办公人际关系礼仪

办公室人际关系是指办公室内部工作人员之间的相互关系。良好的办公室交往关系有利于整体团队建设，同样也是从业者提升修养的有效手段。

1. 与上司相处的礼仪

尊重上级领导，不越权不越级；注重场合礼节，把握适度原则；汇报及时准确，内容条理清晰；及时完成任务，主动反馈信息。

2. 与同事的相处礼仪

尊重他人隐私，保持平等谦虚；注重交往分寸，避免谈论私事；尊重他人成果，借物及时归还。

3. 与下级的相处礼仪

尊重独立人格，听取意见建议；批评就事论事，帮助改正错误；宽容胸怀以待，切勿迁怒他人；勇于承担责任，培养提携下属。

4. 与宾客的相处礼仪

主动热情接待，谈吐大方有节；确认访者身份，明确来访意图；按照职责分配，协助办理事宜；拒绝收受礼赠，恪守保密原则。

知识链接

如何从言语上给上司留下干练的印象

职业化的言辞需要避免几个词语，例如：好像、大概、可能、或者、说不定等一系列不确定的话术，尤其是在汇报工作的时候。此时说话应该多些确定性，少些模棱两可的沟通。当被上司询问的时候要给出准确的回复，比如上司让你发一个文件的时候，你回复的是："好的，我等下就处理。"这是上司会觉得为什么是等下，而不是现在。这时，上司对你产生了怀疑，一旦他对你的态度与能力产生了怀疑，又得不到解释，他就会很难再信任你。因此给上司一个恳切、明确的回复是在证明你是一个靠谱的下级。

四、通讯礼仪

（一）电话通讯礼仪

1. 接听记录

电话铃响两遍就接，不要拖时间。拿起呼筒第一句话先说"您好"。如果电话铃响过四遍后，拿起听筒应向对方说："对不起，让您久等了"，这是礼貌的表示，可消除久等心情的不快。如果电话内容比较重要，应做好电话记录，包括单位名称、来电话人姓名、谈话内容，通话日期、时期和对方电话号码等。如对方要找的人不在时，不要随便传话以免不必要的误解，如必要，可记下其电话、姓名、以便回电话。

2. 态度礼貌

电话的问候语会直接影响对方对你的态度、看法。通电话时要使用礼貌用词，如"您好""请""谢谢""麻烦您"等。打电话时，说话态度要和蔼，语言要清晰，既不装腔作势，也不娇声娇气。这样说出的话哪怕只是简单的问候，也会给对方留下好印象。只要脸上带着微笑，自然会把这种美好的、明朗的表情传给对方。特别是早上第一次打电话，彼此亲切悦耳的招呼声，会使人心情开朗，也会给人留下有礼貌的印象。电话接通后，应主动问好，并问明对方单位或姓名，得到肯定答复后报上自己的单位、姓名。

3. 时间选择

打电话时，应礼貌地询问："现在说话方便吗？"，要考虑对方的时间。一般往家中打电话，以晚餐以后或休息日下午为好，往办公室打电话，以上午十点左右或下午上班以后为好，因为这些时间比较空闲，适宜交流。

4. 结束通话

挂电话前的礼貌也不应忽视。挂电话前，向对方说声："请您多多指教""抱歉，在百忙中打扰您"等，会给对方留下良好的印象。

注意：办公场合尽量不要接打私人电话，若在办公室里接到私人电话时，尽量缩短通话时间，以免影响其他人工作和损害自身的职业形象。

（二）邮件通讯礼仪

如今使用电子邮箱已经非常普遍了，特别是职业人士，还会使用带有公司域名的邮箱。使用公司邮箱发送邮件与使用私人邮箱发送私人信件有着很大区别，所以要遵循以下几点。

1. 主题简明

邮件主题不要含糊其辞，以简明扼要为好，一定要让对方通过主题对邮件一目了然。在内容方面，主题的字数不要超过 15 个字。

2. 内容得体

正文条理清晰明确，标点符号运用得当。除"您好"和"谢谢"要用感叹号以外，其他都不用感叹号，因为在书面语和电子邮件的沟通当中，感叹号代表情绪过于激动，不符合公务交流的用语规范。

3. 称呼准确

写称呼一定要把对方的职位和姓氏写出来，如果不清楚职位，可以用姓氏加先生或者小姐，如果是十分熟悉的情况下，可以用双方都习惯的称呼方式，但这种称呼方式仅限于非正式邮件。正式邮件必须要姓氏加职位，通常要用您好，而不是你好。

4. 结束落款

写完正文之后，落款一定要写上自己的部门和日期，该说的一些感谢的话也要说，加上落款，就是一个完整的邮件。

现在电子邮件已经成为商务交流无法替代的手段，与纸质信件有所不同，电子邮件在重视文章条理性的基础上，更应简洁明了，尤其不能出现错别字。

（三）短信/微信通讯礼仪

短信/微信是随着手机的出现而产生的一种交流方式。既然是人们生活交往的一部分，就应该讲究礼仪。因此，要遵守以下原则。

1. 称谓恰当

无论以何种形式与他人进行沟通和交流，正确的称谓都尤为重要，见字如面。

2. 首句映题

所发送内容信息一定要简明扼要，在首句中即反映出主题，帮助接收方及时高效地读取信息。

3. 内容简洁

短信贵在短而达意、短而不空，这就要求短信语言简洁明了，通过简短的文字把自己的意思表达清楚。尽可能用一条信息容纳全部信息，如有多项内容则需要按条列出。

4. 尾语设置

如果是比较重要的事情，可在结尾处注明"收到请回复，谢谢！"。如果没有收到回复，有必要打个电话确认对方是否收到信息。特殊的公务短信比如通知，应使用专用尾语"特此通知"，以示规范和严谨。

5. 署名规范

如所发送的内容属于工作事务的公务短信，结尾署名需要较为正式和规范，具体可参考公文写作格式。

6. 及时回复

回复短信要尽量及时。如果正在忙，那可以利用手机短信的快速回复功能说"正在忙"，如果实在空不出时间，过后回短信时应该加以说明并说声"抱歉"，以获得对方的理解。

注意：短信内容要健康文明，不要发低俗、消极内容，更不能传播谣言。发短信如拨打电话一样，应注意时间、场合，不在夜深时给别人发短信，不在开会等场合不停地收发短信。

（四）即时通讯工具礼仪

在日常工作中，网络聊天工具也扮演着越来越重要的角色，微信或 QQ 已经成为除了电话沟通外的必备工具。但是微信、QQ 聊天缺少了肢体语言、表情等信息，很容易造成不必要的误会，所以，要注意以下几点。

1. 注重形象，公私分明

在使用微信、QQ 之类的即时通讯工具作为办公交流工具前，应提前整理个人化信息，充分展示自身较高职业素养的一面，还可用一张职业感强的本人照片作为头像。

办公使用的微信、QQ 之类的即时通讯工具，只应从事办公交流事宜，不可发布与工作无关的个人信息。在日常私人沟通中使用的一些表情包，在工作场合不可滥用，尤其是在与客户进行谈判的时候。

2. 实名交流，切勿闲聊

使用即时通讯工具的工作群时，应按群名片要求填写，更改群昵称，一般格式为："单位（部门）＋真实姓名"。与其他群成员交流时，应文明礼貌，相互尊重。需添加他人为好友时，应备注好个人信息，以方便对方确认同意。

不要主动与他人闲聊，如因业务需要需与对方沟通，要先询问一下是否可以占用对方一点时间，尤其是在上班时间。

3. 及时回复，避免撤回

及时查看消息并给予回复。发送消息前应仔细检查无误后发出，尽量不要撤回。如发送文本出现错误，发现后应第一时间补发一条信息作为说明解释，以免造成不必要的误解。一般不宜使用"抖动"功能催促对方。

4. 慎发语音，通话简短

发送工作信息时，最好避免使用语音功能。如一定要使用，请选择安静的环境，并做到口齿清晰、语速得当。同样，在接受语音消息也应小心谨慎，尽量减少使用外放功能，以免泄露交谈信息。

和传统的电话一样，主动与对方发起对话时，应以"您好"或"请问"等礼貌用语作为开始，在简单做完自我介绍后，和盘托出要说的事情或问题，发送内容应简洁明了。对方回复后，应第一时间表示感谢。

虽然使用即时通讯软件沟通即时便捷，但在发送信息也应尊重对方作息时间，不要大半夜发信息；如有紧急问题需要及时处理，可改用电话沟通，切勿一味等待，以免耽误工作。

5. 提前确认，勿用截屏

发送文件时，需要提前告知对方，确认对方方便接收的情况下，再进行传输。若发送大文件时，应将文件压缩后传送，以便节省对方接收时间。

截屏功能与职场大多数礼仪背道而驰。两个人的聊天是非常私密的行为，发送出去与暴露他人和自己的隐私没有区别。在职场上使用微信截图要格外谨慎，不要随意截屏为证，更不可随意把截屏发送给第三者。

📖 总 结 案 例

比尔的成功

耶鲁大学一批应届毕业生共22人，在实习时被导师带到位于华盛顿的白宫某办公室里参观。

全体学生正坐在会议室里，等待该实验室主任胡里奥的到来。秘书给同学们倒水，同学们表情木然地看着她忙活，其中一个还问了句："有黑咖啡吗？天太热了。"秘书回答说："抱歉，刚刚用完了。"有一个名叫比尔的学生看着有点别扭，心里嘀咕："人家给你水还挑三拣四的。"轮到他时，他轻声说："谢谢，大热天的，辛苦您了！"秘书抬头看了他一眼，满含着惊奇。虽然这是很普通的客气话，却是她今天唯一一听到的一句。

胡里奥主任走进来和大家打招呼，不知怎么回事，静悄悄地，竟然没有一个人回应。比尔左右看了看，犹犹豫豫地鼓了几下掌，同学们这才稀稀落落地跟着拍手，由于不齐，越发显得凌乱起来。胡里奥主任挥了挥手："欢迎同学们到这里来参观。平时这些事一般都是由办公室负责接待，因为我和你们的导师是老同学，非常要好，所以这次我亲自来给大家讲一些有关情况。我看同学们好像都没有带笔记本，这样吧，王秘书，请你去拿一些我们办公室印的纪念手册送给同学们作为纪念。"接下来，更尴尬的事情发生了。大家都坐在那里，很随意地用一只手接过胡里奥主任双手递过来的手册。胡里奥主任的脸色越来越难看，走到比尔面前时已经快要没有耐心了。就在这时，比尔礼貌地站起来，身体微微前倾，双手握住胡里奥的手并恭敬地说了一声："谢谢您！"胡里奥听闻此言，不觉眼前一亮，伸手拍了拍比尔的肩膀："你叫什么名字？"比尔照实作答。胡里奥微笑点头回到自己的座位上。早已汗颜的导师看到此景，微微松了一口气。

两个月后，毕业去向表上，比尔的去向栏里赫然写着白宫。有几位颇感不满的同学找到导师："比尔的学习成绩最多算是中等的，凭什么选他而没选我们？"导师笑答道："是人家点名来要的。其实你们的机会是完全一样的，你们的成绩甚至比比尔还要好，但是除了学习之外，你们需要学的东西太多了，修养是第一课。"

【分析】俗话说，做事先做人。职业院校毕业生初入职场要有所成就，扎实的专业知识与技能固不可少，但良好的道德修养更是不可或缺的，甚至比成绩更重要！

活动与训练

介绍礼仪

一、活动目标

明确介绍礼仪的要求规范，为他人介绍时的先后顺序，熟练掌握正确的技能规范。

二、程序和规则

1. 全班以小组为单位，互换角色扮演。

2. 前期准备：5分钟，分配角色。

3. 介绍过程：15分钟，进行介绍。

4. 评价总结：10分钟，互评总结。

三、评价

具体评价标准如表4-6所示。

表4-6 介绍礼仪评价标准

实训内容		具体要求	评价
自我介绍	情景1：朋友聚会	端庄得体 仪态大方 目光亲切 顺序得当	
	情景2：公司年会		
为他人介绍	情景1：客户与领导		
	情景2：男性与女性		

通过课堂活动，小组之间互评，教师点评指导，加深学生对所学知识的掌握度，能将礼仪知识化为实际操作能力。

（建议时间：30分钟）

探索与思考

1. 握手时应注意哪些问题？

2. 在做介绍时应遵循什么顺序？

主题三　提升面试技能

学习目标

1. 掌握求职面试前需要做的准备。
2. 掌握面试的问答技巧与简历的制作。
3. 通过学习掌握面试表现与职业礼仪。

导入案例

莉莉的成功

莉莉是财会专业大专毕业生，毕业近一年了还没找到合适的工作。一天，她看到一份招聘广告，是一家报社招聘记者和编辑，顿时眼前一亮，虽然自己是学财会的，但是当一名编辑或记者一直是自己的梦想和追求。于是她精心制作了个人简历，撰写了求职信。面试那天，莉莉向招聘人员递上了简历和求职信。"你学什么专业的？"招聘人员随口问了一句。"财会专业。""我们只招新闻专业的。"对方的回答让莉莉感到有些失望。"我很喜欢这份工作，在校期间我一直担任校报的编辑，我已发表过三篇文章，只要能给我这次机会，我一定能让您满意。"在莉莉的要求下，对方留下了她的简历和求职信。

正是这份精致的简历和求职信圆了莉莉的梦。几天以后，她接到了报社的通知。报社决定开辟一个财经、投资方面的栏目让她来做。这也正是莉莉求职信中的设想和建议。两个月后，莉莉成功地开辟了财经投资专栏，向单位交上了一份满意的答卷。

【分析】莉莉的成功说明，做任何一件事、干任何一份工作，准备和失败是成反比的。你越是轻视准备，失败也就会越重视你，要抓住机遇，就要早日做好准备。莉莉的成功就在于她事先"精心制作了个人简历，撰写了求职信"，而且，在求职信中精心策划并提出了"设想和建议"，报社不仅看中而且接受了她的设想和建议。可见，机遇在很多情况下都是以偶然形式出现的，因而只有那些有充足准备的人才能及时抓住机遇。

一、求职和面试准备

正所谓"宜未雨而绸缪，毋临渴而掘井。"在走出学校步入社会的时候，想要取得面试的成功，需要做好充足而全面的准备。毕业生应该结合自己的知识结构，能力特征，择业方向和社会的人才需要等因素确定自己的职业目标。根据择业目标去求职、制作简历、面试、笔试等。下面将详细讲解求职前的准备。

（一）制作简历

很多用户人单位在面试之前只需要提交个人简历。个人简历是为了让用人单位更快速全面地了解自己，从而为自己创造面试的机会。最终达到就业的目的。可以在网站上选择合适的模板，根据自己的信息进行修改。下面介绍一下个人简历的内容要求和填写技巧。

1.简历必备要素

（1）个人基本情况。个人基本情况主要包括姓名，性别，年龄，籍贯，民族，政治面貌，通讯地址以及联系方式。如果应聘的是外企，政治面貌可以不用写。

（2）照片。一般为一寸证件照（白底、蓝底）

（3）教育背景。主要指大学的教育经历，包括毕业院校、学位、学历、主要学习科目和奖项等情况。

（4）求职意向。求职意向包括向往的职业、行业、岗位等。

（5）个人经历。个人经历主要是大学以来的简单经历，包括社会职务和活动、社会实践以及在工作中用到的工作技能等。

（6）获奖经历。获奖经历包括在学校期间各方面能力、素质和成绩的奖项。

（7）技能证书。技能证书是指外语、计算机和各类资格证等。

（8）自我评价。总结自己良好的个性品格，例如：学习能力、沟通能力、解决问题的能力、适应能力、好奇心或者创新能力、团队协作能力，以及积极主动的工作态度以及责任心等。

2.简历制作的制作与投递技巧

（1）简明扼要。简历不要过长，一般一页即可，最多两页。不要出现大段落文字，避免咬文嚼字以及令人难以理解的措辞。简历的版面设计要简洁干净、一目了然，确保建立阅读者看一眼就能看到她们所需要的信息。

（2）用词准确。简历中，错别字会很显眼，直接影响阅读者对你的印象。招聘者在考虑面试者的文字功底、细心程度，就是从简历开始的。表达清楚、准确、规范。精炼是简历的基本要求。

（3）保证真实。撰写简历的时候要做到不夸张也不消极地评价自己，更不能编造。审核简历者看过太多的简历，被人识破将大大影响自己的形象。

（4）有针对性。在制作简历时，要针对不同的公司不同的岗位制定不同的简历。在简历中，重点列举与所求职公司职位相关联的信息，弱化或删除对方并不重视的内容。

（5）简历投递。目前，简历主要通过线上平台投递。招聘官直接通过电子邮箱接受查看简历，并和符合要求的人选进行进一步地沟通。应聘者最好选择在面试官上班之前将自己的简历发送到用人单位的指定邮箱，部分职业需要将自己的作品和简历一同发送。在发送时要注意邮件名要包括你的名字，是在哪里看到招聘信息的，以及你所申请的职位是什么。

（二）面试前准备

在收到面试的通知后，我们就需要准备开始对这场面试进行准备，正所谓："凡事预则立，不预则废"。面试前的准备主要有以下几个方面。

1. 了解企业

俗话说："知己知彼，百战不殆。"在面试前，了解企业的情况就显得尤为重要。一般来说，毕业生可以通过用人单位的网站，线上招聘平台的信息来了解企业的性质、规模、组织机构、业务情况以及发展前景。若事先了解了这些情况可以避免在面试时处于被动的境地。也避免对面试者造成不在乎企业的印象，从而影响面试成绩。

2. 准备材料

参加面试时候，要带好简历，简历最好多打印几份，还应携带相关证书，包括学历证书、各个获奖证书，以及外语、计算机、职业技能证书等。

3. 心态调整

面对就业的严峻形势，许多学生充满了迷茫。其实每一个人都是从没有经验开始的，在人生历程中要面对诸多的第一次和不如意，要想成长必须经过磨炼。其实用人单位在招聘的时候并不是招最优秀的人，而是招最适合的人，并且可塑性、薪酬低、谦虚好学、有活力等都是毕业生的优点。所以毕业生应该积极调整自己的求职心态，尽早进入工作角色。那么毕业生应该如何调试自己的心理状态呢？

（1）避免心理冲突。有些人面对多个职业的时候，常常不知所措，甚至不知道自己能够干什么，以至于犹豫不决。要解决这样的心理冲突首先要有正确的择业动机，不要患得患失；其次要从实际出发，面对现实，分析自己的知识现状、身体素质、远近目标，果断选择。

（2）消除紧张。适度的紧张感可以激起成功的欲望。但是过度的紧张感则会导致你难以发挥出正常的水平。很多时候面试失败的人并不是能力不够，而是过度紧张。要消除紧张感，可以试着把注意力转移到面试的内容以及技巧上。其实即便面试失败也没关系，也许有更好的工作等着你。

（3）增加自信。自信心与成功密切相关，增强自信心也是消除紧张的最有效方式。求职者总是把招聘者看得过高，其实寸有所短，尺有所长，每个人都有自己的优势。

（4）避免羞涩。应聘者因为自身性格的关系，有的会有些内向。适当的害羞会显得谦卑礼貌，但是过度的害羞就会给人自卑、自我封闭、难以与人接触的形象。不能充分地表现自己就会丧失就业机会。

二、面试

面试也就是当面测试，是企业综合求职者的仪表、性格、知识、能力、经验等，对应聘者进行选拔而采取的一种方式，也是应聘者求职成功的关键所在，面试的目的是考虑求职者的动机与工作期望，也是考核笔试中难以获得的信息的过程。

（一）面试形象与礼仪

有时候，在拥有同等学历等条件的前提下，能否在面试中脱颖而出，面试中的出色表现非常重要。而面试礼仪是面试官考察你的主要原则之一。面试形象礼仪与职场形象礼仪有很多相同的地方，下文针对基本的礼仪以及面试当中几个比较特殊的礼仪展开讲解。

1. 面试仪表礼仪

（1）仪容整洁。首先要保持面部清洁，尤其是注意局部卫生。如眼角、耳后、脖子等容易被人忽略的地方。女生可适当地化些淡妆，修饰面部，做到清新淡雅，使人显得精神干练。妆造一定不能过于浓、过于夸张，以免给人留下招摇庸俗的印象。具体的化妆细节可以参考本模块的主题一。男生则要注意不要胡须杂乱，以免给人留下精神不振的印象。另外要注意身体的异味问题。面试前不抽烟，不吃有强烈异味的东西。

（2）发型适宜。发型既要与个人特点相符合，也要与衣着服饰相匹配。面试时很多人注意了着装，却忽视了发型设计。发型的设计除了要符合个人脸型与个性特征之外，还要注意面试的特殊要求：自然、沉稳，避免过于前卫另类。比如文秘、助理需要端庄文雅，营销人员要干练。长发披肩的女生应该注意面试时头发不要遮挡住脸部。男生的发型以短发为主，做到前不覆额、侧不遮耳、后不及领。

（3）着装得体。得体的着装对于面试者来说是非常重要的，求职时可以保持清新自然风格。很多人误以为求职的时候服装要高档华丽，其实学生的纯真自然也可以赢得面试官的青睐。但这并不是说面试就可以和平时穿得一样。首先，服装要整洁，整洁意味你重视这份工作；其次，简约大方，避免过短过露；再次，颜色要适宜，不要选择过鲜亮的颜色。一般柔和的颜色更有亲和力，深色则显得比较稳重；最后，要注意场合，避免穿着运动装等去参加面试。

2. 面试举止礼仪

（1）准时守信。守时是一种美德，也是良好素养的体现。因此，面试的时候一定要准时守信。迟到是一个人马马虎虎、缺乏责任心的表现，同时也是对面试官的不尊重。并且提前到几分钟可以先熟悉一下周围的环境，也有时间调整心态。

（2）注意面试礼仪。面试时，进门前应当先敲门，即使房门虚掩也要礼貌地敲击两三下，得到允许后再进入。进门后轻轻地将门关上，整个过程不要发出太大声音。进入面试房间后，主动向面试官问好。

（3）注意表情礼仪。面试的时候大多数人都会比较紧张，这会使应试者的表情不够自然。其实保持自信从容的微笑，才能让人产生好感。面试时的目光也很重要，应该大方地注视着对方，不可以左右打量，这是非常不礼貌的行为。

3. 面试言谈礼仪

（1）谈话内容。首先，应该注意使用礼貌用语，不应该用不文明用语；其次，在回答问题的时候要做到对方问什么答什么，切忌所答非所问；再次要注意把握谈话的重点，不要离题啰唆；最后，回答任何问题的时候要做到准确客观，不可编造谎言、夸夸其谈、吹嘘自己。

（2）谈话形式。首先，要用普通话与面试官进行交谈，要求说话清晰、语速适中，声音不要过大或者过小，要使面试官能够明晰地听清你说的话；其次，说话态度要诚恳谦逊，不要咄咄逼人；同时要注意聆听面试官所说的话，不要只顾着自己滔滔不绝；最后，在面试官说话的时候切忌打断面试官的话，不可喧宾夺主。

（二）常见的面试问答

求职肯定要过面试这一关，面试主要就是通过提问，了解求职者解决实际问题的能力，应变能力、逻辑思维以及语言表达能力。面试官通常会问："请你做一个自我介绍""说说你的优缺点""在团队项目中遇到冲突你是如何处理的""你对未来有什么规划"等一系列问题。这些问题看似很简单，但其实每个问题背后都有特定的目的，通过你的回答，面试官将对你作出判断。

1. 请做一下自我介绍

在面试官没有规定时间的情况下，要学会合理分配时间，通常安排在1~3分钟为宜，一次好的自我介绍能大大增加你的入职成功率。自我介绍主要突出以下三点。

（1）个人工作经验，也就是自己的背景介绍。

（2）公司为什么要选择你，证明过往经历适合该岗位。

（3）为什么要选择这家公司。

被叫停的自我介绍

刚毕业的小刘很健谈，口才甚佳。对自我介绍，他自认为不在话下，所以他从来不准备，看什么人说什么话。他的求职目标是地产策划。有一次，他应聘本地一家大型房地产公司，在自我介绍时，他大谈起了房地产行业的走向，由于跑题太远，面试官不得不把话题收回来，自我介绍也只能"半途而止"。

提示：如何把握好自我介绍的时间很重要，一般3分钟左右为宜，在时间的分配上，第一分钟可谈谈学历等个人基本情况；第二分钟可谈谈工作经历，对于应届毕业生而言可谈相关的社会实践；第三分钟可谈对本职位的理想和对于本行业的看法。如果自我介绍要求在1分钟内完成，自我介绍就要有所侧重，突出一点，舍去其余。

在实践中，有些应聘者不了解自我介绍的重要性，只是简短地介绍一下自己的姓名、身份，其后补充一些有关自己的学历、工作经历等情况，半分钟左右就结束了自我介绍，然后望着考官，等待下面的提问。这是相当不妥的表现，白白浪费了一次向面试官推荐自己的宝贵机会。而另一些应聘者则试图将自己的全部经历都压缩在这几分钟内，这也是不明智的做法。合理地安排自我介绍的时间，突出重点是首先要考虑的问题。

2. 说说你的优缺点

回答个人优点建议时，提取与应聘职位所需工作能力的契合点，比如应聘新媒体运营，那么可以突出有文字功底、追热点能力、思维活跃度等，给面试官一个直观感受。

在回答个人缺点的时候千万不要太过诚实，有不少人因此丢失即将到手的工作。建议还是从个人应聘岗位入手，说一些不影响工作的小缺点。比如应聘技术岗，那么则可以说自己不太喜欢热闹，平时比较宅等。

3. 处理团队项目冲突

面试官通过这个问题主要考查面试者处理冲突的能力以及处理人际关系的能力，因为不管做什么工作，都免不了要和不同类型的人来往。在回答时可以简要描述冲突发生的背景，同时谈谈自己是如何采取行动的，然后突出你的行动取得的积极成果。

4. 你对未来有什么规划

作为职场新人来说，其实在被问到这个问题时，我们首先需要回答的，那就是从对自己的认知当中来进行，当然你也要对未来有一个大概的规划和想法，哪怕是这种比较理想的状态，但是你一定要回答，这也是 HR 在考验我们的临场反应能力。

很多人对自己的职业规划一般都不是特别明确，也不知道自己具体该做什么，所以我们在进入职场时就应该要有一个明确的目标，希望自己在一年之内做到什么样，两年之内做到什么样，这个都是一个大方向的规划。

案　例

职业生涯规划缺失惹的祸

许诺信心十足地把自己的中英文简历递给一家外资企业。该企业负责人在看过许诺的简历后，不停地点头。接着提出了几个常见的问题，许诺都准确地一一予以回答，企业负责人再次点头称道。就在许诺满以为有望签约的时候，该负责人突然提出一个问题："如果你加入了我们企业，能描述一下五年后的你是什么样子吗？"许诺稍稍思考了一下，回答说："我想，我工作会很尽力，很勤奋。"企业负责人马上指："五年后的你难道只是尽力、勤奋？"随后，这位负责人把简历还给了许诺，并让他回去再仔细想一想这个问题。

提示： 这位同学，在开始时信心十足。但是一旦企业负责人问到他对自身职业规划这个问题时，却没了信心，没了底，这是为什么？原因可能是他对自己的职业生涯真的还从未认真考虑过；还有一种可能，他虽然对自己的职业生涯有过美好的憧憬，但对自己缺乏自信，导致心里没底。我们应当从自己进校的第一天起，就开始认真考虑自己毕业后的去向，考虑自己的职业生涯，考虑自己的人生，不能稀里糊涂地过日子，得过且过，"做一天和尚撞一天钟"。

（三）面试技巧

任何问题都有解决办法，对于求职者的面试而言，即使困难重重，只要掌握了基本的面试技巧，很多问题也就迎刃而解了。

1. 学会倾听

倾听对于面试者来说是交流的基础，没有专心致志地听，就很难把握问题的关键，并且倾听是对别人的尊重。在倾听面试官说话的时候要认真谦虚，和面试官有呼应。

2. 善于表达

面试的表达与平时的交谈有很大的区别，面试中需要更严谨。对于面试者来说，流利自如是关键，但是更要做到表达明确。面试当中的表达关键点在于：首先，要口齿清晰，语言流利，音量适中；其次，要做到文雅得体；最后，要注意关注面试官，注重交流。

3. 巧妙提问

面试官经常会问一句话："你还有其他问题要问吗？"这是测评面试者的依据，对于面试者来说，企业不喜欢说"没有问题"的人，因此他们想通过这个问题来对你作出判断。同时，在企业还没有表明会给你发邀约或暗示邀请你入职，不要问薪资、福利、加班等问题，这些等企业明确提出让你入职时才可以问清楚。

可以问：作为新员工，公司是否会先进行相关培训？或者公司的晋升机制是怎么样的？等等。企业都喜欢有上进心和学习热情的求职者。

知识链接

面试的模拟训练

面试要"试"。面试能力完全可以通过练习来提高，并且需要反复练习。关于面试的一些基本题目，大家都非常熟悉。参加过几次面试后，一定会发现话题大同小异。所以，你可以事先准备。有准备和无准备的效果是截然不同的，更何况面试需要即时反应，只有准备充分才能心里有底，临场不乱。

最基本的练习，就是自己对着镜子说。这样反复的练习，才能有真切体会，对面试肯定有帮助。每一次的面试机会都不要轻易放弃，都是积累实战经验的好机会。失败不要紧，关键是从失败中获得教训，在下一次提高。条件允许的话，可以找同行业的师兄师姐帮你模拟面试。没条件的话，可以同学间相互考问，模拟面试场景。你也可以做面试官，帮别人练习，这也是你体会面试官心情和想法的途径。

如果是第二天面试，头天晚上可适当模仿面试场景，但切忌硬背下来，那样到时发挥是不自然的。

（四）面试结束的礼仪

在经历了面试的准备、开始、进行，到结束时，如果能够再给面试官留下一个良好印象的话，就更会为你的面试添彩。所以越到快结束的关头，越应该加倍注意。那么，在面试即将结束的时候，还要注意一些什么样的礼节问题呢？

（1）把自己坐过的椅子轻轻地归到原位。

（2）查看桌子上是不是被你弄乱了。有时候面试官可能会把公司的手册或者其他的东西拿给你看，或者你的简历摊在桌子上了，在面试结束时一定要迅速地把桌上凌乱的东西收拾好再走。

（3）如果在面试时喝水，那么在离开的时候把你的水杯顺手扔到垃圾桶里。

（4）如果在面试即将结束时发现桌子上或者地上有很多纸团等凌乱的东西，要把它们清理好，因为很可能这也是一道考题。

（5）面试结束时，站起身与面试官握手，注意握手的力度要适中，同时要鞠躬，鞠躬要深一点。

（6）记得要说一句"感谢给予机会"。

（7）面试后走出门，转过身来面对着面试官，微笑着轻轻地把门关上。

（8）面试结束后，一定到公司的前台，对服务人员说一声"谢谢"。前台也是一个很重要的角色，不要以为走出面试官的门就没有人在看着你了。

📖 总 结 案 例

凭借小细节进大企业

在一次招聘会上，某外企人事经理说，他们本来想招一个经验丰富的资深会计人员，结果破例招了一位刚刚毕业的大学生，让他们改变主意的起因是一个小小的细节：这个学生当场拿出了一元钱。

当时，女大学生因为没有工作经验，在面试第一关便遭到了淘汰。但她并没有气馁，一再坚持，并对主考官说："请再给我一次机会，让我参加完笔试。"主管拗不过她，就答应了下来，结果她通过了笔试，由人事经理亲自复试。

人事经理对她颇有好感，因为她笔试成绩非常好。不过女孩的话让经理非常失望。她说自己没有工作过，唯一的经验是在学校的时候掌管过学生会财务。找一个没有经验的人做财务会计不是公司的预期。经理决定收兵："今天就到这里吧，如有消息我会打电话通知你。"女孩从位置上站起来，向经理点点头。从口袋里掏出了一元钱双手递给经理："不管是否录用，都请您给我打个电话。"

经理从未遇到过这种情况，问："你怎么知道我不会给没有录用的人打电话？"

女孩回答："您刚刚说有消息就打，那言下之意就是没有录用就不打了。"

经理对这个女孩产生了兴趣，问："如果你没有被录用，我打电话，你想知道些什么呢？""请告诉我，在什么地方我不能达到你们的要求，在哪方面不够好，而我今后改进。""那一元钱……"女孩微笑道："给没有被录用的人打电话不属于公司的正常开支，所以应该由我付电话费，请您一定要打给我。"经理也笑了："请把你的一块钱收回去，我不会打电话的，我现在通知你，你被录用了。"

记者问："全凭一元钱就招一个没有经验的人，是不是太感情用事了？"

经理说："不是，面试细节反映了她作为财务人员具有的良好的素质与品行。人品和素质有时候比资历和经验更为重要。第一，她一开始便被拒绝，但却一再争取，说明她有坚毅的品格。财务是十分繁杂的工作。没有足够的耐心和毅力是没有办法做好的。第二，她能坦言自己没有工作经验，这种诚信对财务尤为重要。第三，即使不被录用，也希望能得到别人的评价，说明她有直面不足的勇气和敢于承担责任的上进心。员工不可能把每项工作都做得非常完美，我们接受失误，却不能接受员工自满不前。第四，女孩自掏电话费，反映出她公私分明的良好品德，这更是财务工作不可缺少的。"

【分析】女孩的面试细节充分反映了她的品行与专业能力，说明她是一个有很强大的心理承受能力的人。这种人在职场中不会那么容易打退堂鼓，抗压能力比较强，并且是一个公私分明，又细心的人。这正是财务这个职业所需要的品质。

活动与训练

模拟面试

一、目标

1. 了解求职面试应答的基本策略。

2. 熟悉面试时常见问题的应答思路。

3. 掌握面试时应答和提问的技巧；学会应对面试中经常出现的一些问题。

二、过程和规则

1. 教师铺垫。选定一家公司作为模拟面试的目标，以便学生做面试的准备。提示学生在面试时候的相关礼仪与技巧。

2. 学生实际的操作和讨论展示过程中，可以互相打分评比。

（建议时间：30 分钟）

探索与思考

1. 在面试做自我介绍时应注意哪些问题。

2. 请简单叙述一下面试的基本礼仪有哪些。

模块五

核心能力

哲人隽语

图难于其易，为大于其细。

——老子

模块导读

在职场中生存与发展，总是充满各种未知的变数。有的人能在工作上发挥得淋漓尽致，晋升为高管，成为大家羡慕的职场达人，有的人终其一生都与升迁无缘，到底这些人的差别何在？俗话说"打铁还需自身硬"。一个人要想跻身于成功的职场达人之列，就得在掌握了日常工作的基本技能之后，努力培养一些其他的关键能力，这些关键能力是决定个人未来的职场状态和核心竞争力的主要因素。不论社会和岗位如何变化，关键能力是个人职业发展必备的能力之一。

国内外很多研究都表明，关键能力（又称为职业核心能力）是指劳动者工作和生活所必备的具有普遍适用性和跨职业可迁移的基础能力，是从业者适应社会发展变化和生涯发展取得成功的关键能力。职业核心能力主要包括数字技能、沟通技能、团队合作、自我提高、解决问题、创新创造等。

本模块将介绍沟通技能、自我提高、解决问题等方面的内容。

主题一　分析问题与解决问题

 导入案例

工作中推卸责任

　　一个公司招聘了一名员工，但是不到半个月就把她辞退了。那位员工是一位刚毕业于职业院校的女生，学识不错，形象也很好，但有一个明显的问题：做事不认真，遇到问题总是找借口搪塞，而不会主动分析和解决问题。

　　刚开始上班时大家对她印象还不错。但没过几天，她就开始迟到，上级几次提醒，但她总是找这样或那样的借口来解释。

　　一天，领导安排她到北京大学送材料，要跑三个地方，结果她仅仅送了一份就回来了。上级问她原因，她解释说："学校好大啊，我在传达室问了几次，才问到一个地方。"

　　上级生气了："这三个单位都是北京大学著名的单位，你跑了一下午，怎么会只找到这一个单位呢？"

　　她急着辩解："我真的去找了，不信你去问传达室的人！"

　　上级心里更有气了：我去问传达室干什么？你自己没有找到单位，还叫我去核实，这是什么话？

　　其他员工也好心地帮她出主意：

　　你可以找北京大学的总机问问三个单位的电话，然后分别联系，问好具体怎么走再去；

　　你不是找到了其中的一个单位吗？你可以向他们询问其他两家怎么走；

　　你还可以在进去之后，问老师和学生……

　　谁知她一点也不理会同事的好心，反而气鼓鼓地说："反正我已经尽力了……"

　　而就是这件事，老总下了辞退她的决心：既然这已经是你尽力之后达到的水平，想必你也不会有更高的水平了，那么只好请你离开公司了！

【分析】像这种遇到问题不是想办法解决而是找借口推诿的人，在职场中并不少见。但凡事找借口的员工，在单位绝对不会有任何市场。因为他不会主动想办法解决问题，哪怕有现成的办法摆在他面前，他也不会主动运用。

一、问题的本质与分类

问题是人们对现状、实践、知识背景的分析与思考而产生需要研究、讨论并加已解决的矛盾、疑点和难处。解决问题的能力是指一个职业人能成功地发现分析、解决实际问题，并最终实现预期目标的能力。

（一）问题的本质

问题的本质就是期望与现实的落差。举例来说，当一家公司希望一年营收为 2 亿元的时候，如果当年营收只达到了 5000 万元，这意味着公司期望的营收和实际营收之间有落差。

问题具有两面性。对于问题来说，除了期望与现实之间的落差之外，还有落差所延伸出来的课题。因此，解决问题的基本思路应该是分两步走：第一步先发现期望与现实之间的落差；第二步，对落差进行提问，并找到解决方案作为问题的答案。接着上面的例子来说，第一步先发现期望营收与现实营收之间差了 1.5 亿元；第二步，选择提问"如何提升收入以消除这 1.5 亿元的营收差距"，换言之，问题就是"如何提高 1.5 亿元的收入"，再为这个问题思考解决方案。

（二）问题的分类

问题的范围很广，因而分类方式也多种多样，例如，可将问题分为科学性问题、技术性问题、社会性问题。职场中遇到的问题基本上都是第三类问题，因此，第一、二种问题不在本书讨论的范畴，我们重点关注第三类问题，并着重从方法论角度去讨论如何解决。此类问题可以进一步细分为恢复原状型问题、防范潜在型问题和追求理想型问题。

1. 恢复原状型问题

恢复原状型问题是指恢复成原本的状态。遇到这类问题，要把原本的状态设为预期。思考方式为：现状与过去的状况之间出现落差，要从落差中找到问题。在这些问题里，人们把过去的状况设定为期待的状况，因此解决问题的办法就是恢复成以前的水平，所以叫恢复原状型问题。

2. 防范潜在型问题

潜在型问题是还未发生损害，但未来可能显化的问题。这类问题以及这类问题带来的损害不容易被直接观察到，但是如果不及时采取措施就会转化为显性问题。

3. 追求理想型问题

追求理想型问题是指现状还不能满足期待的问题。追求理想型的问题的思考方式是：因为现状与理想之间有差别，所以将现状视为问题。这个类型的问题困难之处在于如何设定理想状况的位置。有的人把理想状况设定的太高，努力几次达不到后就放弃了。而有的人定的理想太低，不能激发挑战的激情。

二、发现问题

（一）发现问题的重要性

在问题没有被发现前，当事者就不会采取行动，因此解决问题的原点就是发现问题。在问题的初期阶段，落差还不明显，不容易被观测到，而当落差明显到任何人都能看到的时候，往往很难收拾。所以，最好在问题的初期发现问题。

发现问题（或识别问题）时，最容易受到以下几个方面的影响：①自身知识结构缺陷或经验阅历不够丰富；②被事物表象所迷惑；③自身缺乏责任感和质疑精神；④被无紧要的信息干扰；⑤看问题没有选准着眼点和视角；⑥看问题过于感性、偏激；⑦受到某些权威人物或观点的影响，而不敢发表自己的见解。

（二）发现问题的方法

1. 问自己六个问题，识别问题类型

——"现状与期待的状况之间有无落差"

——"现状有没有发生什么变化"

——"是否觉得哪个部分进行的不顺利"

——"是否有些事情未达标准"

——"有没有哪些事情不是你原先期待的状态"

——"若置之不理，将来是否会发生重大的不良状态"

结合之前的内容，回答这六个问题可以帮你识别问题的类型属于恢复原状型、防范潜在型还是追求理想型。

2. SCQA 分析法设定课题

SCQA 分析法是指"状况—障碍—问题—答案"的分析方法，是一套麦肯锡顾问公司常用的方法，通过这个方法可以有效地持续掌握问题与设定课题的过程（图 5-1）。

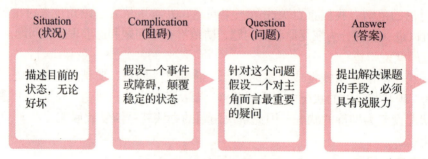

图 5-1　SCQA 分析法

第一步，描述当事人过去的经验，目前稳定的状态和未来的目标。这一步属于 SCQA 分析中的 S，也就是状况。

第二步，假设一个颠覆目前稳定状态的事件，也就是 SCQA 分析中的 C——阻碍。阻碍也可以被理解为问题，但它不一定是不良状态，只要是颠覆了目前稳定状态的事件都可以算作阻碍。

第三步，用自问自答的形式来假设各种课题，这是 SCQA 分析中的 Q，也就是问题，也

可以理解为疑问。疑问反映出对当事人来说的重要课题。

第四步，也是最后一步，就是思考出问题的答案。这一步是 SCQA 分析中的 A，也就是回答。这里的回答，指的是思考假设性的解决方案。

3. 接近问题的本质

课题的设定，决定了解答的范围，这也是为什么设定具体课题的步骤非常重要。例如，快要下雨了，小朱思考自己是否要带伞外出。其实"是否该带伞外出"并非这个问题的实质。因为这个问题一提出来，解决方案就聚焦在雨伞上，替代方案就成了："去商店买伞""找人借伞""搭乘出租车"。

对这个情景，更加接近本质的问题是"怎么做才能避免被淋湿"。"被雨淋湿"这个事件与小朱的预期不符，而雨伞本身并不是关注的焦点。因此，对小朱来说，最重要的是设定防止被雨淋湿的策略。

三、分析问题

（一）分析的本质

分析的基本概念是：将事物拆解，思考各个组成成分之间的相互关系。分析的本质是拆解。最能体现分析本质的思考方式是 MECE。MECE 是 "Mutually Exclusive, Collectively Exhaustive" 的缩写，意思是"相互独立，完全穷尽"，也就是拆解后的各个组成部分不重复也不遗漏。MECE 中体现了从结构中理解全体的思考方式。MECE 主要有两条原则：第一条是完整性，说的是分解问题的过程中不要漏掉某项，要保证完整性，第二条是独立性；强调了每个项之间要独立，每项之间不要有交叉重叠。

（二）用 MECE 架构进行分析

符合 MECE 的架构分为三种。第一种是将分析对象区分成符合 MECE 的项目，有助于当事者理解分析对象的结构。第二种是用"流程"的概念掌握 MECE 的项目，有助于理解分析的过程。第三种则是使用纵轴和横轴所构建的矩阵来整理事物。这个矩阵将 MECE 分类过的两个独立变量作为主轴，可帮助分析达成结构性的理解。

用 MECE 构架通常的做法分两种。

1. 鱼骨图法

鱼骨图（图 5-2）作为一种可视化的分析工具，已经被越来越多的人意识到它的重要性而使用起来。它看似简单，其实有很多操作要点，一张专业的鱼骨图，可以让我们把目光聚焦于问题的原因，而非问题的症状。在确立主要问题的基础上，再逐个往下层层分解，直至所有的疑问都找到。通过问题的层层分解，可以分析出关键问题和初步的解决问题的思路。

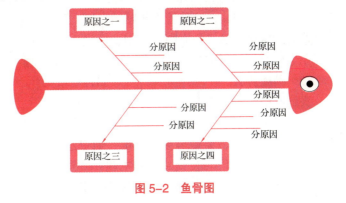

图 5-2 鱼骨图

绘制鱼骨图时，要把握以下原则。

（1）中心问题：位于图形的头部，用于描述要解决的问题或目标。

（2）鱼骨架：位于中心问题的下方，用于列出导致问题的主要因素。

（3）鱼骨架的分支：位于鱼骨架的每个分支上，用于列出导致该因素的具体原因。

（4）原因分类：位于每个分支的末端，用于将具体原因进行分类。

2. 头脑风暴法

头脑风暴法是在不考虑现有资源限制的基础上，考虑解决该问题的所有可能方法。在这个过程中，要特别注意多种方法的结合有可能是个新的解决方法。接着再往下分析每种解决方法所需要的各种资源，并通过分析比较，从上述多种方案中找到目前状况下最现实、最令人满意的答案。

（1）基本原则。

头脑风暴法被广泛地用于创造性思维活动中，它是一种能够在最短时间内获得最多观点和思想的方法，其基本原则如下。

一是不批评原则。在意见发表过程中，对于所有能解决问题的答案，应做到不自谦、不批判、不阻拦，师生及生生之间也互不点评，每个人的思维不可能完全一致，因此会出现完全相反的意见，在这种情况下不要急于否认别人的观点，而应虚心听取大家的想法，对他人观点直接否认和批评，可能会扼杀了很多好的主意和新的观点。

二是自由发言原则。在会议中，对于发表意见，参与者常常更愿意选择保持沉默，这样也限制了思维的发散，因此作为组织者的教师，应尽量鼓励参与者，给参与者发散思维的时间和空间，让他们敢于提出自己的见解，哪怕是不切实际的想法。

三是综合改善原则。在头脑风暴的过程中，参与者不仅可以提出自己的见解，也可以在他人想法的基础上，继续提出新的想法，在这个自我观点与他人观点不断碰撞的过程中，提出的观点可以不断综合、不断改善。

四是以量求质原则。以量求质原则具体体现了"质量递进效应"，它的目的就在于"以创造性设想的数量来保证创造性设想的质量"。这就好比捕鱼，要想收获更多更大的鱼，就要大面积撒网，多次撒网。长期以来，人们习惯性地对他人提出的一些看似无用的想法进行过早的批判，但这种做法往往使人们无法突破局限，无法创造性地解决问题。因此，头脑风暴法强调成员要在规定的时间内，加快思维的流畅性、灵活性和求异性，尽可能多地提出有一定水平的新设想，作为获得质量好、价值高的创造性设想的一个重要保证。

上述四项各有侧重，相辅相成，构成一个整体，从而保证了头脑风暴顺利进行。第一条原则突出求异创新，这是智力激励的目标；第二条原则要求思维轻松、气氛活跃，这是激发创造力的保证；第三条原则追求创造性设想的数量，这是获得高质量创造性设想的前提；第四条原则强调相互启发、相互激励、相互补充和相互完善，这是头脑风暴成功的关键。

（2）实施步骤。

头脑风暴法的实施大致可以分为三个步骤。

一是确定主题、引入讨论。一个高效的头脑风暴会议从对问题的准确阐述开始。在开始头脑风暴会议时，要使与会者明确，通过这次会议需要解决什么问题。主持人用语言或文字的形式明确告诉与会者讨论的主题和要达到的目的，使得后面的头脑风暴讨论的目标明确，有的放矢。讨论主题可以很具体，也可以较抽象。一般而言，比较具体的讨论主题能使与会者较快产生想法。在明确主题的基础上，主持人创造一种宽松自由的讨论氛围，通过一些激发性的问题将参加者的思绪引入对讨论主题的思考。

二是激发思维、产生想法。与会者在明确了讨论主题和目的的基础上，在主持人的引导下进入对问题的积极思考并踊跃发言，将自己的想法表达出来。记录员将个人的想法记录并展示出来，如写在黑板上或写在纸条上张贴出来。头脑风暴参与者一方面可以无拘无束地表达自己的想法，另一方面可以从他人的想法中得到启发、获得灵感，形成自己的想法并进一步表达出来，在相互启发和积极思考中产生脑力激荡。如同宁静的池塘中扔进一块石头，在平静的水面上激起一阵涟漪并不断扩散开来，在发散性思维过程中获得越来越多的解决问题的想法。

主持人注意把握会场气氛，力求会场处于思想碰撞和积极思考的氛围中，鼓励各种观点的充分表达，在会场讨论气氛低落时用激励性的话语或问题激发参与者的情绪，在讨论偏离主题时及时干涉。

三是处理想法、形成结果。在收集了一定数量的对问题的想法后，就可以对结果进行处理。这时可以对有关结果进行讨论分析、归类总结，形成结论性的成果，完成头脑风暴会议。

当然，通过分析、归纳、总结，形成逻辑性的合理的结论，这本身已经超出了头脑风暴的范畴，这个过程也可以放在头脑风暴会议后择时进行，并非一定要在头脑风暴会议中当场形成最后结论或确定的工作方案。

四、解决问题

（一）解决问题的五个步骤

1. 问题分类

上面提到过，问题基本可以分为恢复原状型、防范潜在型和追求理想型。此外，还可以按事情的重要性和紧急程度，将问题分为 4 种优先级。

（1）重要性弱，紧急性低。这种问题可延后处理，不过，可能为防范潜在型问题，必须注意。

（2）重要性强，紧急性低。目前不紧急，但如果不及时处理会转化为重要性大紧急性高的问题，这个类型的问题最容易被忽略。

（3）重要性弱，紧急性高。这是会占用时间但不重要的问题，很多是未解决的防范潜在型问题转化来的。

（4）重要性强，紧急性高。为最优先处理的问题。

2. 将问题转化为具体课题

利用 SCQA 分析法将问题转化为课题。这里再回顾一下，SCQA 分析是指"状况—障碍—问题—答案"的分析方法。

3. 找出解决课题的替代方案

在解决问题的过程中，会有"思考解决策略"这个程序。草率地认为"只有这个方法了"是很危险的。因此，当我们想解决某个问题时，要思考多种替代方案，从多种解决方法中选出最合适的。

4. 理性评估各种替代方案

评估各种方案的标准：第一，"能否解决问题"。如果花时间和精力选择的方案不能解决问题，那就毫无意义。第二，解决方案必须遵守伦理和合乎法律，我们需要时时自省提出的解决方案是否违反伦理。第三，考虑现实的制约条件。比如，当你考虑买一台洗衣机时，你的预算是 2000 元，那么 2000 元以上的洗衣机即使解决了问题，也符合你的期望，但是由于预算的制约，也不会进入到你的选择范围中。

5. 选出合适的策略并采取行动

选择了正确的解决策略，就要制订行动计划。行动计划必须涉及具体金额、日期、人员。例如"本公司计划派总经理下周一与 A 公司签订 1000 万元的合作协议"。拟定了执行计划以后，必须有足够的执行力去执行。如果执行力不足以支撑计划，可考虑缩减行动。

（二）解决恢复原状型问题

解决恢复原状型问题分为两步：第一步分析原因，第二步采取应对策略。

分析恢复原状型的问题也就是分析为什么现状和原状会产生落差。解决恢复原状型问题时，最重要的事情就是分析原因，因为只有确定了不良状态的原因，才能量身定做出解决方案并且防止复发。分析恢复原状型问题的原因要求做到基于事实、掌握情况。问题分析者必须缜密而冷静地掌握问题状况，因为确切掌握问题的现状有利于提高查出准确原因的概率。掌握现在的基础建立在对事实的掌握程度上。掌握问题的现状过程包含了问题发生在何时、何地以及为什么等。在大多数情况下，如果找不出发生不良状态的原因，那么任何应对策略都只是一种应急处理，真正的问题得不到彻底解决。这种情况可用下面 6W3H 基础框架进行思考。

What	是什么产生了不良状态？不良状态导致了什么
Where	不良状态发生在何处？发生对象在何处
Which	不良状态发生在哪个对象上
When	何时发生不良状态
Who	不良状态和谁有关
Why	为什么会发生损害
How	不良状态是怎样损害对象的
How much	损害的程度是什么
How many	损害的数量有多少

根据问题的不同，恢复原状型问题的应对策略又分为紧急处理、根本解决、防止复发等。例如，加入某个生产线的产品出现瑕疵，应急处理是立刻暂停这条生产线的运作，同时为了维持产量提高其他生产线的运转率。接着，深入分析产生瑕疵的原因，是因为机器故障还是工人情绪低落。从根本上解决了问题后再重开生产线。之后，还要防止复发，如果是工人情绪低落，要思考怎么样调动他们的积极性，怎么样适时地进行心理疏导。对于恢复原状型问题，最重要的是先找出原因，并酌情采取紧急处理、根本解决的两种思路。接下来要做适当的处理，以防止同样的不良状态再次发生，这就是防止复发策略。

（三）解决防范潜在型问题

解决防范潜在型问题也分为两步，第一步拟定防患于未然的预防策略，第二步应对不良状态发生时的应对策略。

解决防范潜在型问题有两种基本思路，一种是自下而上法：从个别的状况和现象思考可能发生的不良状态。另一种是自上而下法：先假设最后会发生某个不良状态，再思考可能引发这个状态的个别诱因。详细地说。

（1）自下而上法。从目前能观察到的一些特定的状况或现象开始着手，分为四步。

第一步：从现状中确定必须注意的特定因素。

第二步：假设不希望发生的不良状态。

第三步：拟定预防策略，排除可能的诱因。

第四步：预先拟妥发生不良状态时的应对策略。

（2）自上而下法。先假设不希望发生的结果，再查明诱因。分为以下四步。

第一步：假设不希望发生的不良状态。

第二步：确定引发不良状态的诱因。

第三步：拟定预防策略，排除可能的诱因。

第四步：预先拟妥发生不良状态时的应对策略。

（四）解决追求理想型问题

追求理想型问题也分为两步，第一步定位理想，第二步实践理想。其中，最重要的是定位理想。如果理想定得太高，可能还没努力就放弃了；如果理想定得太低又难以激发挑战的激情。所以，一旦下定决心要追求理想，最好设定一些具体且可能达成的阶段性目标。

1. 追求理想

追求理想型问题的出发点必须基于一种价值观，那就是追求理想是较佳的选择。如果在过程中被迫中止，也不一定要完全放弃，也可能借由调整理想的标准来减少成本。例如：原本希望成为工程师，当不上工程师，也可以改为工程师助理。

2. 实践理想

实践理想有四要素，分别是期限、必要条件、技术和知识、实施计划。具体来说，应设定合理的期限，最好是充裕又带一点紧迫感。

（1）列出实现理想的必要条件。实现理想有许多必要条件，如经费、机会成本、推荐信等，在这个阶段要把它们列出来。

（2）学习实现理想必备的技术和知识。在了解了实现理想的必要条件后，下一步就是学习技术和诀窍以达成这些条件。也可以向身边的人请教，或利用公开的信息资源。

（3）制定实现理想的实施计划。制订出留意细节的实施计划，安排出具体的顺序。一般可运用甘特图。甘特图的纵轴表示计划的必要实施项目，横轴显示日程，带状横线来表示各个实施项目的进度。

总结案例

职场就是一场填坑竞赛

昨天，和朋友吃饭，他跟我抱怨他最近一个月工作的血泪史，他们公司有个中层老干部最近辞职了，瞬间大家的职场生涯变得异常辛苦。过去开会，都是这个老干部传达领导指示，安排工作，细致周到，指挥团队，井井有条。可他这一走，公司立刻乱成一锅粥，朋友临危受命，填补老干部的空缺。

半个月不到，朋友就萌生了辞职的念头，说老板留下的坑实在填不动了。不是灵光一现开始瞎指挥，就是酒桌上多喝两杯开始忽悠客户。结果，第二天客户来找朋友兑现承诺，朋友气得一脸懵。可老板开口了，你只有两个选择，要么忍，要么滚。

他打算滚了。

我问他，那过去人家老干部怎么做的呢？他忍不住感叹起来，有些人，在的时候，你不珍惜；不在了，你才发现，原来人家牛到如此遥不可及。

想起刚刚卸任的某位 CEO 曾经说过的一句话，"无论老板的决定是什么，我的任务都只有一个——帮助这个决定成为最正确的决定。"听起来，就像是拍老板马屁，但工作久了，你就会发现，这就是真相。天马行空是老板本色，能不能让它落地是你的实力。

于是，我常想，如果遇上不靠谱的老板，在忍和走之间，或许还有第三条路可以选，就是把老板埋下的坑填上。这事儿很难，但如果能做好，真是一种了不起的才华。这些年，每个人都在说核心竞争力，但仔细想想，什么样的能力最不可或缺？

可能就是填坑力。所谓人生，其实就是一个坑接着另一个坑。填不上，可能就过不去。在职场，说白了，月薪五万和月薪五千，可能就是这点差别。

【分析】"填坑"的能力其实就是解决问题的能力，也是企业领导和老板最看重的能力，也是个人综合能力的集中体现，既包括专业能力，也包括我们本模块提到的关键能力。我们在职场中塑造的这种不可替代的能力正是关键时刻可以体现个人价值的因素。

活动与训练

应对职场突发事件

一、目标

通过开放性的问题，列出一些职场可能发生的突发事件，然后试着回答"你该怎么解决这个问题？"

二、过程和规则

1. 教师铺垫。老师先列出 1~2 个问题，例如：老板交给你一份纸质版文稿，让你 20 分钟内给他一份电子版的文件，发给客户，你怎么办？

2. 学生实际的操作和讨论展示过程中，可以互相打分评比。

（建议时间：30 分钟）

探索与思考

1. 如何准确地描述一个问题。

2. 查阅资料回答，如何准备好一次头脑风暴讨论会，其主要程序有哪些。

主题二　表达与沟通

学习目标

1. 掌握提升表达能力的基本技巧。
2. 在给定发言稿的情况下，能当众做演讲。
3. 了解常见的肢体语言及其所传递的信息。
4. 掌握与同事、上级、客户沟通的要领。

导入案例

企业更喜欢主动的求职者

在大中专毕业生就业双选会现场，记者发现，几乎每家单位的展位都被围得水泄不通，职业院校学生必须使出浑身解数挤进展位，否则想与用人单位"亲密"接触十分困难。一名文科毕业生刚刚开始介绍个人情况就被打断，三四份简历遮住了工作人员的视线，让工作人员哭笑不得。一般情况，双方沟通平均只有三四分钟，有的甚至只能递上简历，连自我介绍的机会都没有。一位递上简历的女生说："大家来去匆匆形同过场。"

"双选会"之后，记者在采访中了解到，大多学生采取了消极等待的态度。"什么时候能有通知我也不知道，还不是用人单位说了算呗！"大多数人对用人单位是否通知参加面试没有谱，即使是心仪的单位，自己又有一定优势，也是坐等对方电话通知。许多毕业生有这样一种认识：递交简历是用人单位对自己的一次面试，二次面试那就只能等对方挑挑拣拣了。

【分析】双选会只起到了搭建沟通桥梁的作用，除了现场签约以外，毕业生还可以通过电话、登门拜访等途径和用人单位进行接触，增进用人单位对自己的了解，以利于双方达成协议。毕业生个人主观能动性的表现能在很大程度上会影响和决定用人单位的择人态度，用人单位更喜欢信心十足的主动求职者。

一、表达

表达是指一个人把自己的思想、情感、想法和意图等，用语言、文字、图形、表情和动作等清晰明确地传达，并让他人理解、体会和掌握。良好的表达，有助于吸引对方的注意，更清晰准确地表明自己观点，并让对方接受自己的观点，从而获得对方的尊重和理解。

（一）提升表达能力的技巧

良好的表达要做到直接、及时、完整、准确，同时要做到方式得当，追求通俗易懂，避免陷入不良表达的误区。

1. 表达信息要直接

一个人不能想当然地认为别人了解他的所思和所想。有些人不清楚某些事情，而往往认为别人了解自己的心思，所以有必要直接沟通并表达自己的想法让人们抛弃任何想当然。

案 例

一通报警电话

某地着火了，当事人立即拨通了消防队的电话。

消防队："哪里着火了？"

当事人："我家。"

消防队："我是问在什么地方？"

当事人："在厨房。"

消防队："我是说我们怎么去？"

当事人："你们不是有消防车吗？"

【分析】消防队员和当事人都想当然地认为对方了解自己的心思，结果双方沟通了半天还是没有成功，如果消防队员直接说:"告诉我你们家的住址"就不会出现上面的情况了。

2. 表达信息要及时

及时表达信息的好处有：增加他人知道你的需求并相应地调整其行为的可能性，能够在最短的时间内解决问题；有利于增进与听者之间的关系，与听者一起分享所思所感，增进双方感情。

3. 表达信息要完整准确

在表达信息时要做到以下五点：一是需要陈述时不要提问；二是说话的内容、口气和身体语言应当相互配合；三是避免同时表达相互矛盾的信息；四是明显区分出所见与所思；五是一次最好只关注一个问题。

4. 选择恰当的表达方式

我们表达信息不仅有语言表达，也有非语言表达。在语言表达中，我们更要关注声音的魅力。说话时首先要保证声音足够大而且清楚，在有些情况下还可以靠改变音量来集中听者的注意力；其次，说话要抑扬顿挫，饱含感情；再次，在言语表达的同时，还应学会用眼睛说话，保持身体稍微向前倾，手势与面部表情相协调。最后，我们在表达时，应该站在对方的角度上考虑问题，巧妙地表达自己的意思，使用恰当的语言，最终达到说话的目的。

5. 应避免的表达误区

（1）避免说话没逻辑。

在沟通中有的人说话有理有据，条理清晰，让人不自觉地顺着思路往下走。而有的人说话，让人听完一头雾水，不知道他想要表达什么，其实问题就在于这个人说话没有逻辑。通常一个逻辑表达能力强的人能够把自己所思所想清楚地传递给别人；而逻辑表达能力弱的人，即使心中有万千想法，也很难用语言表达清楚，这就十分可惜。所以，我们应该注重提升逻辑表达能力，以下是提升逻辑表达能力必备的几大要素。

第一，明确自己想要说什么。确定自己谈话的主旨，是让你的话语符合逻辑，彰显魅力的必备因素。

第二，说话要言之有序。首先与别人沟通时，要按照事情的发展顺序来说，比如可以根据时间、地点、人物、起因、经过、结果的顺序进行叙述。其次可以按照主次序来说，最后遇到紧急事件时应该先说结果。目的是开门见山，让对方有一个心理准备。

第三，使对方充分理解你的意思。逻辑表达的目的就是让对方理解你的意思，从而使沟通更加高效，用词不当或是意思表达不明确等原因均易导致产生误会。

（2）避免表达不清晰。

在任何场合，说话重复啰唆、含含糊糊、表达没重点、不清晰都会引起对方的反感。那么如何避免这些问题呢？

第一，避免啰唆重复。主题是一个人说话的基本核心，任何表达都是围绕这个核心展开的。不能没有主题盲目谈话，这样就会变得啰唆。并且有的时候滔滔不绝不一定就是好事，相反，独占时间会引起他人的反感。恰当的沉默更能引起他人对你的好感，在嘴巴休息的时候正好可以给你察言观色的时间。在表达中也要做到轻重有别。不要什么事情都一股脑地说出来，应该考虑到对方的情况，并且找到与主题相关的思路，阐述清楚即可。最后要改掉自己的口头禅，学会概括抽取主要内容和强调重点以突出主题。

第二，清楚表达，不说模棱两可的话。在表达中我们要避免使用存在歧义的句子，也就是一句话有多种理解方式。比如"开刀的是他父亲"可以理解为他父亲是主刀医生，也可以理解为他父亲是病人，这样的表达很容易令对方产生误解。当你的表述不清晰的时候，对方就会对你进行过滤式解读。只有完全清晰，对方才会成功接受你的意思。也有一些方法可以让对方更清楚明白你的意思，例如：对比说明、肢体语言、利用数据。这些都可以加重对方对谈话的理解与记忆。

第三，做到有逻辑地回答。首先不要答非所问。先明确真正的问题，在回答时要与问题相关。即使你正面回答了问题，也要切记理由是否与结论相关。其次当别人提问时要做到正确回答，回答要简短有力，真诚恳切，不要长篇大论。最后说话要因人而异，对待不同的人应该用不同的方式，例如看性格、看身份。性子慢的人回话后应留出一定的考虑时间，而不是对方一说完就马上回答，这样会给人压迫感。对严谨的人说话应该注意态度，不能巧舌如簧，应该做到话语虽然简单，但是言之有理，给人老实的印象。从身份的角度出发，在职场中面对自己的上级或者前辈要谦逊，面对下属要稳重、亲和。

（3）避免内容片面无说服力。

第一，全面思考，避免片面的表达方式。不要将主观看法当作客观事实，表达时人们总是喜欢作出主观评价，将自己的内心想法当作客观存在的事实，这样说出的话对方是不容易信服的，你需要在作出评价时说出理由。

第二，论证充分，更具说服力。从对方的角度思考说出的话更具有说服力。当然，在谈话时要论证充分，如果没有明确的论点，经不起推敲的结论是没有说服力的。

（二）自上而下和自下而上的归组分类方式

最有效的表达方式是先提出总的概念并列出具体项目，即自上而下地表达思想。自上而下法是将所有的信息进行归类分组、抽象概括，并以自上而下的方式表达出来，表达结构如图5-3所示。

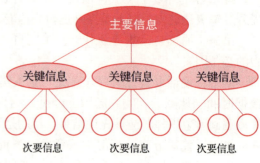

自下而上法的思维从最底部的层次开始，将句子按照某种逻辑顺序组成段落，然后将段落组成章节，最后将章节组成完整的文章，而代表整篇文章的则是金字塔最顶端的一个中心思想或核心观点。文章中的思想必须符合以下规则。

图5-3　自上而下的信息归类

1. 纵向：上层的意思必须是下一层次意思的概括

在思维和写作中的主要活动，就是将较具体的思想概括抽象为新的思想。段落的主题就是对段落中各个句子的概括，章节的主题也是对章节中各个段落的概括。

2. 横向：同层次的每组中的意思表达必须属于同一逻辑范畴

如果要把某一组意思的抽象程度提高一个层次，那么这一组的意思必须在逻辑上具有共同点。例如：苹果和梨可以归类概括为水果，桌子和椅子归类概括为家具。

3. 横向：每组中的意思必须按逻辑顺序组织

逻辑顺序可以分为时间顺序、结构顺序、程度顺序三种。

（1）时间（步骤）顺序：第一、第二、第三。

（2）结构（空间）顺序：北京、上海、天津、重庆。

（3）程度（重要性）顺序：首先、其次、再次、最后。

知识链接

归组分类的重要性

受众的大脑只能逐句理解表达者表达的思想。他们会假定一同出现的思想在逻辑上存在某种联系。如果表达者不预先告知这种逻辑关系，只是一句一句地表达思想，听众就会自动从中寻找共同点，然后将你所表达的思想归类组合，以便了解各个组合的意义。由于受众的知识背景和理解力千差万别，他们很难对你所表达的思想作出与你一样的解读。因此，通过有效的方法表达思想，可以减少受众用在解读词语和找出思想之间的关系上的精力，从而能用最少的脑力理解你所表达的思想。

（三）演讲

演讲又叫讲演或演说，它是指在公众场合，以有声语言为主要手段，以体态语言为辅助手段，针对某个具体问题，鲜明、完整地发表自己的见解和主张，阐明事理或抒发情感，从而进行宣传鼓动的一种语言交际活动。演讲的技巧如下。

第一，演讲的时候应有一个良好的精神状态，展示出良好的精神面貌，不能表现出萎靡不振的样子。

第二，要穿着得体，如果是非常正规的场合，一般都是穿正装，或者穿整洁干净的衣服，切记不要穿花哨的服装。

第三，在讲台上，要轻松自在，不要拘束，不要整场下来都站在同一个位置一动不动，表现得呆板僵硬。

第四，适度使用一些肢体语言，借此帮助你吸引听众的注意。

第五，做到语言流畅，不要有过多的卡壳，不要有过多的嗯嗯啊啊等语气词，语言流畅听众听起来才会舒服。

第六，演讲时的脸部表情很重要，要表现得十分自信，听众才会信服你，说话速度可稍慢一些，这样脸部表情也能得到放松。

二、沟通

（一）沟通的概念与必要性

沟通是人与人之间的交流活动，是为了一个预先设定的目标，借助语言、文字、图像、符号、手势等表现形式，将思想、观念、情感、态度等信息在个体或群体之间传递交流，以达成共识的行为和过程。有效沟通就是经过交流快速而准确地达成一致的过程。只有在沟通中的双方都能准确理解并与对方达成一致时，沟通才是有效的，才能实现共赢。

沟通的目标、达成的共同协议和沟通的内容（信息、思想和情感）是沟通的三大要素。沟通要有一个明确的目标，这是沟通最重要的前提。沟通结束以后一定要形成一个双方或者多方的共识，只有达成了共识才叫完成了一次沟通。沟通的内容不仅有信息，还包括更加重要的内容——思想和情感，其中信息是非常容易沟通的，而思想和情感是不太容易沟通的。

善于和他人进行积极主动的交流与沟通的人，获得的机会也更多。在现代社会中，沟通是人与人之间相互联系的最主要形式。通过沟通可以获取必要的信息，建立良好的人际关系，有助于客观地认识自我，疏解自身的精神压力，并有助于人们的心理健康。同时，人际沟通又是管理沟通、组织沟通的基础。良好的管理沟通不仅便于上下级之间相互了解，减少隔阂，有利于赢得部门之间的合作，增强组织凝聚力，还可以赢得客户的惠顾。良好的组织沟通利于建立内部学习与信息传播机制，保证组织目标顺利实现，能提高组织决策水平；能增强组织的创造力；能加速问题的解决。另外，必要的沟通有助于人们消除误解，增进理解，避免损失。很多事情不要等着忍不住了才去解决，先从自身找问题，自己主动迈出第一步，这样有助于打破尴尬。

（二）有效沟通的6C原则

有效沟通，就是我们在沟通时，需要达到信息被接收（被听到或被读到）、信息被理解、信息被接受、使对方采取行动（改变行为或态度），四个目标的层次是依次递增的，越往后难度越大，得到的反馈越少。因此达到有效沟通需要遵循6C原则：清晰（clear）、积极（constructive）、简洁（concise）、准确（correct）、礼貌（courteous）、完整（complete）。

原则1：清晰：表达的信息需逻辑清晰，能被对方理解。

原则2：积极：要主动沟通，主动的态度能为自己赢得机会，也能有效化解沟通冲突。

原则3：简洁：要尽可能用简洁明了的文字表达信息，10秒之内说清观点最好。

原则4：准确：不同的用词会带来不同的理解和沟通结果，因此信息传递一定要准确。

原则5：礼貌：礼貌是影响沟通的重要因素，所以，从言语到行为要遵守基本的职场礼仪。

原则6：完整：表达的信息没有遗漏，描述完整，防止出现"盲人摸象"的现象。

知识链接

造成沟通障碍的原因

沟通障碍主要是指信息在传递和交换的过程中，由于信息意图受到干扰或误解，而导致沟通失真的现象，如沟通被延迟，信息被过滤，信息被扭曲等。究其原因，有以下几个方面。

1. 语言障碍与文化差异

语言障碍是指言语表达不清、使用不当，造成理解上的困难或产生歧义。有时即使是同样的字眼，对不同的人而言，也有不同的含义。文化差异会导致双方在思维模式、认识及行为习惯等方面产生差异，进而产生沟通障碍。

2. 心理障碍

现实生活中的沟通活动常为人的认知、情感、态度等心理因素左右，有些心理状态会对沟通造成障碍。

人们的认知如第一印象、近因效应、晕轮效应、定势效应、社会刻板效应等都会影响人际交往。人总是带着某种情感状态参加沟通活动的。在某些情感状态下，人们容易接收外界的信息。而在另一些情感状态下，信息就很难被接收。如果不能有效驾驭情感，就会有碍正常的沟通。

态度是人对某种对象的相对稳定的心理倾向，如沟通双方对某一事物的态度不同，就很难达成一致的沟通。

3. 条件障碍

条件障碍主要是指沟通现场的环境、气氛等方面的某些要素可能会减弱或隔断信息的发送或接收，如传递的空间距离、沟通媒体的运行故障等。例如：口头沟通过程中，主要是声音会受到干扰，如线路中断、杂音、扩音不够等；又如，媒介选择不当，技术条件无法实现（比如向一位在偏远地区无法上网的朋友发电子邮件），也会造成沟通失败。

4. 过滤障碍

人们在信息交流过程中，有时会按照自己的主观意愿，对信息进行过滤和加工。如人们通常只关心与自身物质利益有关的信息，而忽视认为对自己不重要的信息，不关心组织目标、管理决策等信息且"过滤"掉这部分信息。

5. 信息量

每次沟通时传递的信息量多少会直接影响沟通的质量与效果，无论信息量过少还是过多，都是不利的。沟通中的信息以适度为宜。

6. 反馈不足

造成反馈不足的要素主要是双方的态度。一方面，如果一方不给另一方机会表明他们对所接收信息的理解，这就排除了反馈的机会，降低了沟通的有效性；另一方面，若一方为了不在另一方心中形成不良印象，隐瞒对自己不利的信息，或不能向另一方提出自己的需要，都会造成双方之间沟通的困难。

（三）如何做到有效沟通

沟通是一项十分重要的工作，也可以说是一门艺术。在生活和工作中，我们需要思考沟通不畅的原因，遵循有效沟通的原则，讲求沟通的艺术。

1. 把握重点问题

一是必须要知道说什么，即明确沟通的目的和意图。在和他人进行沟通和交流时，一定要问清楚自己：要达到的最主要目的是什么。

二是必须要知道对谁说，就是要明确沟通的对象，如果有时间做准备，应事先了解沟通对象的需求、个性特点等。虽然说得很好，如果选错了对象，自然也达不到沟通的目的，就成了"对牛弹琴"。

三是必须要知道怎么说，就是要掌握沟通的方式和方法。沟通是要用对方听得懂的语言——包括文字、语调及肢体语言传递信息。我们都知道语言表达的重要性，却常常忽视非语言的沟通。实际上，研究显示，语言对他人情感的影响只占7%，音调占38%，面部表情占55%，因此，非语言沟通对情感含义的表达占了93%。

四是必须要知道什么时候说，就是要掌握好沟通的时机。例如，在沟通对象正忙作时，你要求他与你商量下次聚会的事情，显然是不合时宜的。

2. 做到用心倾听

沟通（图5-4）是一种双向的行为，倾听是成功沟通的关键，它的功能不仅仅在于你听到别人所说的话，真正的倾听意味着全神贯注地听对方说话，并尽量理解其意图。具体来说，倾听的技巧有以下四个方面。

（1）消除内外干扰。

内在和外在的干扰是妨碍倾听的主要因素。一方面，内在干扰主要是指倾听者的主观障碍，

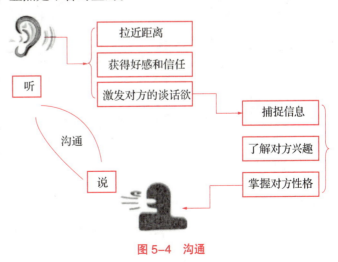

图5-4　沟通

存在自身偏见。改进的方法是秉持中立立场，把注意力完全放在对方的身上，注意观察对方的肢体语言，明白对方说了什么、没说什么，以及对方的话所代表的感觉与意义。另一方面，外在干扰来自周围环境。消除外在干扰的最好方法是双方尽量选择安静、平和的环境，营造一个良好的沟通氛围。

一个非语言的表现倾听的技巧就是随着说话人的姿势而不断调整自己的姿势。同时，保持目光交流。

知识链接

了解我们的身体语言

身体语言也叫人体语言，一个无心的眼神、一个不经意的微笑、一个细腻的小动作，就可能决定我们的成败。我们的身体语言可以告诉他人我们在想什么，因此我们有必要解读身体语言所传递的信息。这个活动就是让学生理解和学习身体语言所传递的信息，使得沟通更加灵活而顺畅。

训练过程如下。

（1）所有同学每两名分为一组。

（2）先让所有学生学习并模仿表5-1中的身体语言动作和了解所传递的信息，然后，小组中一位同学充当表演者，模仿下面的身体语言动作，过程中不能讲话，另一名同学要说出对方动作所传达的信息，直到说出准确答案。

表 5-1　身体语言与传递的信息

身体部位	身体语言	传递信息
嘴巴	抿住嘴巴，并且避免接触他人的目光	心中有某种秘密，不想暴露
	撅嘴巴	不满意和准备攻击对方
	咬嘴唇	自我惩罚或自我解嘲
手	搓手	美好的期待
	双手攥在一起	失望、消极
	双手交叉放在脑后	自信和优越感
	用手拍头	遗憾、自责
臂和腿	双臂交叉着横抱在胸前或交叉手臂（一只胳膊从身体前面伸过去握住另一只胳膊）	掩盖自己的紧张情绪
	交叉腿	心中不安、保护自身
	交叠脚裸	紧张或压抑
	双手叉腰	信心、能力和决心

（2）移情地倾听。

听话不仅是听"话"，而且要听话中之"音"，即听出说话者的忧、喜、哀等各种感觉并对此做出相应的反应。移情倾听要求听者设身处地地设想：如果我自己处于那种环境会有什么感想。

（3）避免打断他人的谈话。

善于倾听他人说话的人不会因为自己想强调一些细枝末节，想修正对方话中一些无关紧要的部分，想突然转变话题，或者想说完一句刚刚没说完的话，就随便打断对方的话。经常打断他人说话的人就表示他不善于听他人说话，个性激进、礼貌不周，很难与他人沟通。

（4）适度回应。

倾听时，要适时适度地回应对方，尤其是在没有听清楚、没有理解、想确认或者想获得更多的信息时。这样做一方面会使对方感到你的确在听他的谈话，另一方面也有利于你有效地进行倾听。具体的技巧有：第一，身体上，与说话者保持同盟者的姿态，说话者站你则站，说话者坐你则坐；第二，复述说话者的话，这样你会看上去和他们更亲近；第三，学会提问，让说话者感受到你很关注他所说的话。

（5）听取关键词。

关键词指的是描绘具体事实的字眼，这些字眼透露出某些信息，同时也显示出对方的兴趣和情绪。通过关键词，可以看出对方喜欢的话题以及说话者对他人的信任。

（6）控制自己的感情。

保持客观理智的感情，有助于你正确理解信息。尤其是当你听到涉及感情的令人不愉快的消息时，更要先独立于信息之外，来仔细检查事实。因为当我们把听到的话加上自己的感情色彩时，我们就失去了正确理解别人话语的能力了。

3. 运用最优方式

沟通的形式可以多种多样，科技的发展更为我们提供了很多便利条件，例如可以通过互联网、语音信箱、传真等沟通。但是，我们必须清楚，人与人之间信任感的建立是没有速效方法的，科技的高速发展并不能保证信任也能快速被建立。信任需要面对面的交流，而用肢体语言会更有力地佐证所说的话。

在职场工作的人可能深有体会，对于你的一些同事，虽然工作上接触颇多，可能每天都在通过开会、电子邮件和电话沟通，这样几年下来，你也不敢说你对他了解得多。但当你有机会和他一起用餐，参加一些集体活动时，你会对他有很多新的认识，因为面对面的交流提供了很多有关他的性格、习惯、爱好的信息。

4. 不要吝啬赞扬

要建立良好的人际关系，恰当地赞美他人必不可少。赞美的方法可以是通过美好的语言、深切的眼神、点头、拥抱、翘大拇指、微笑等。在生活中，赞美他人并不难，关键是态度一定要真诚、亲切，内容要具体，时机要恰当。

总之，倾听时要端正态度、去除偏见、保持客观、具备耐心、适度回应，方能取得良好效果。

案 例

有效的沟通与无效的沟通

情境描述

妻子：今天真是倒霉死了！

丈夫：发生什么事了？

妻子：早晨上班去，因为我骑车太快导致和另一辆车相撞，幸好人没什么事。到了公司，主任说因为迟到要扣奖金，虽然钱不多，但我心里就是不舒服。中午排队买羊排，快轮到我时卖完了，我最喜欢吃的就是羊排，白白排了10分钟的队。气得我差点中饭都没吃……好事没我份，坏事尽让我碰上了，别人怎么都没这么倒霉。

无效沟通示例

1. 丈夫：这有什么好烦的啊，谁都会碰到这些事，难道碰到这些事都不用活了？怎么就你抱怨多。你撞车是因为你自己骑得太快了，以后小心点不就行了。

2. 丈夫：有没有撞伤？没撞伤就说明你运气很好了，下次骑车小心点，别骑那么快。迟到了当然要扣奖金，主任也是按规章制度办事。羊排没买到也犯不着不吃饭啊，下次早点去排队就好了。

有效沟通示例

1. 丈夫：哦，老婆你今天真是辛苦啦。

2. 丈夫：碰到这么多事儿，难怪你心情不好，需要我为你做点什么吗？

3. 丈夫：一天碰到这么多不开心的事情，真是难为你了，还好没有出什么意外，你毫发无伤地回来了，感谢上天。

（四）职场沟通

职场上，大家都知道同事之间的配合非常重要。而要密切配合，沟通就非常关键。沟通效率的高低决定了执行力的好坏。沟通得好，就执行得好；沟通得不好，执行力就会降低。但在实际工作中，沟通并不是一件容易的事情。那么如何进行有效沟通，下面从与同事沟通、与上级沟通以及与客户沟通三个方面进行详细的讲解。

1. 与同事沟通

要建立融洽的同事关系，必须要互相交流，在交流当中得体的语言是非常重要的。那么如何和同事进行交流才是最合适的呢？

（1）尊重。与同事沟通要建立在互相尊重的基础之上，可以多使用"您""请""谢谢""辛苦了"等文明用语。在谈话当中要避免涉及一些同事的隐私等。

（2）体谅。在与同事建立良好关系的时候，可以用心去帮助他们。其实无论是职场当中还是生活当中，你帮助了别人，有一天别人也会帮助你。

（3）耐心倾听。耐心地倾听，当同事在和你说话的时候应该注意认真倾听，如果一个人说个没完，会引起别人的反感。往往礼貌地微微一笑、赞同地点头等，都会使谈话更加融洽。切忌左顾右盼、心不在焉，或不时地看手表，伸懒腰等。

（4）禁止批评责怪。批评指责对方会伤害对方的自尊心，令人生厌，甚至会使对方以牙还牙，造成不欢而散的局面。在一个公司的同事抬头不见低头见，如果产生了矛盾，对今后的工作将会造成很大的负面影响。

知识链接

坚持"四互""五不"原则与同事融洽相处

1."四互"原则

（1）互相尊重。只有尊重别人才能获得别人的尊重，所以与同事沟通避免侵略性的语言，更要注意尊重各自的文化差异，如"那是你的事，自己看着办吧""你们那里怎么还会有这样的习俗"，同事之间的关系是以工作为纽带的，一旦失礼，创伤难以愈合。

（2）互相支持。在你遇到难题时希望得到怎样的支持，你就怎样去支持别人，相互补台，才能双赢。另外对同事的困难表示关心，对力所能及的事应尽力帮忙，这样，会增进双方之间的感情，使关系更加融洽。

（3）互相体谅。同事之间难免会因为性格、看法等不同存在差异、分歧甚至产生误解和冲突，要学会换位思考去理解对方，求同存异，互相体谅。

（4）互相赞美。同事之间沟通要学会适度的赞美，既能拉近关系，也能提升沟通效果。

2."五不"原则

（1）不谈论私事。在同事的沟通中不要过多谈论私人生活，更不要倾诉失恋、婚变等危机事件，友善不同于友谊。

（2）不自我炫耀。不要炫耀自己的地位或者财富、容貌或者才华，如"这事也就我能干成"，这在无形之中等于在贬低别人、凸显自己，容易引起别人的反感和排斥。

（3）不威胁别人。不要拿领导压人，如"这事领导很重视，你看着办吧"。

（4）不口无遮拦。与同事沟通切忌口无遮拦，直来直去，想到什么就说什么，自己的一时之快容易伤害别人，进而给自己带来困扰。

（5）不谈论是非。与同事沟通时不谈论是非，谈论别人是非者往往自己也可能成为是非的中心。

2.与上级沟通

在职场当中不会与领导沟通，不仅仅影响工作的进度，还会影响你在领导心里的印象，从而导致你的职业生涯受到阻碍。与领导进行沟通时，要注意以下几点。

（1）复述领导的任务。在领导给自己布置任务之后应该向领导再复述一遍任务的内容，以便双方对于事情的理解与表述是一样的，避免造成偏差，导致最终白费力，还引起领导的不满意。

（2）大胆请教，不懂就问。对于很多刚进入职场的来说，对于不懂的问题往往会自己去琢磨，不敢去问领导，怕给对方添麻烦。其实从领导的角度来看，请教是一种信任与尊重，领导往往更喜欢主动请教的下属。当然请教也要分场合，如果领导有事在忙，要等他忙完之后再请教。对于我们来说，遇到不会的问题及时请教可以及时止损，避免根据自己的猜测做出决定造成严重后果。

（3）主动汇报。主动向领导汇报你的工作进度与遇到的困难。因为领导心中通常有一个疑问就是：自己的下属，每天都在忙什么。主动汇报工作可以让领导心里有数，并且认为你是一个对待工作积极的人。

（4）领导吩咐的任务要及时处理。领导交付你的任务，若没及时处理，领导就会认为你没有能力胜任工作，执行力也不强。领导如果分配工作给你，最好能第一时间回应。但是如果是一项你没有接触过或是不了解的工作时，一定要给自己留出缓冲时间，可以向领导申请晚几天完成，利用这个时间尽快找到解决方案，最终拿出领导满意的任务结果。

3. 与客户沟通

作为一名职场人员，与客户谈判是必备的能力之一，那么在与客户进行沟通的时候怎么样才能达到双赢的结果呢？

（1）第一印象。一个好的第一印象包括得体的衣着打扮以及形象礼仪。在与客户进行商务谈判时候的你代表的不再是你自己而是你公司的形象，所以你的一举一动在客户心里都会有一个印象，这个印象会影响最终客户对你所在企业以及产品的看法。所以在进行对外的商务谈判之前要注意自己的仪容仪表以及职场礼仪。

（2）充分了解客户的诉求。在谈判开始之前就应该了解客户，包括客户的需求，也包括客户的喜好，这样才可以对症下药，为客户提供满意的服务。

（3）尊重客户。尊重不仅仅是与客户有效沟通的必备要素，在生活以及工作当中尊重他人都是至关重要的。当你给予客户一种被尊重的感觉的时候，客户就会对你的印象加分。

（4）全方面掌握产品信息。作为一个职场人，熟悉本公司的产品是最基本的要求，只有对公司的产品有了充分的了解，才能够向客户提出的问题进行解答，这样可以获得客户的认可。如果一个人连自己想要介绍的产品都不清楚，就无法向别人介绍。

（5）清晰表达自己的观点。在与客户沟通的时候，要清晰地表达自己的观点，向客户传输正确的信息。

（6）注意察言观色。要关注客户的反应，若发现你的方案和产品对方不感兴趣的时候，应该及时停止。当客户指出不同的观点时不要否定，可以说："您的观点也有道理。"你可以先肯定客户的意见，之后再说出自己产品的其他优势。

📖 总 结 案 例

面对矛盾说软话

一次，张老板在当地一家有名的酒楼宴请从外地来的几位大客户。酒席非常丰盛，客户也很满意，尤其是对当地的特色菜很感兴趣，纷纷赞不绝口。张老板笑着说道："大家慢慢吃，还有一道大菜'锅包肉'。大家一定要尝尝，这可是这里的特色菜。"

一会儿"锅包肉"端了上来，客户们纷纷拿起筷子品尝，都竖起了大拇指："嗯，不错，不愧是这里的特色。"张老板带着几分得意的口吻说："是吧，我选的一定不错。"随后他夹起一块品尝。突然，张老板的脸色一变，他扔下筷子大喊服务员："把你们经理叫过来。"服务员不知道出了什么事，吓得赶紧去请经理过来。经理见到张老板很生气，便轻言轻语地问："张老板，请问您对我们酒楼的服务有什么不满意的地方吗？"

"不是服务的问题，是你们的菜有问题！"张老板恼怒地指着锅包肉说："这道菜我吃了很多回了，从来没有这么难吃。你给我解释解释，到底是怎么回事？"

经理看了看这道菜，并没有发现哪里不妥，于是赔笑说："张老板，您是行家，我们平时哪有这口福，吃得起这么名贵的菜，所以还请张老板赐教，是哪里不对。"

"这菜怎么样，我尝尝就知道，你们竟然这样糊弄我？"

"张老板，您是我们酒楼的常客，我们这的VIP，我们哪个不认识您呀，又怎么敢糊弄您呢，肯定是厨师没把这道菜做好，这样，我扣他奖金。"

张老板听后有些不好意思地说："算了算了，厨师也不容易，你和他说一声下次注意。"经理对张老板竖起了大拇指："还是张老板大人有大量，宰相肚里能撑船。我一定叮嘱他们，谢谢您的体量。"接着，经理抱歉地对张老板说："今天这桌的菜品全部打八折，就当是给张老板和各位贵客赔不是了，您看行吗？"

张老板的脸上这才露出了满意的笑容，这场矛盾就这样化解了。

【分析】经理面对满脸愤怒的张老板先是好言安抚，然后又抬高张老板的身份，给足了张老板面子。最后利用好"以柔克刚"的软话策略成功地说服了对方。假如一开始经理为酒楼开脱，寻找其他的借口，那只会增加张老板的怒气，使矛盾升级。

活动与训练

让我轻轻地告诉你

一、活动目的

让学生理解沟通中的过滤障碍。

二、规则与过程

1. 教师把全班分成若干小组，每组6个人，每组学生从前向后纵向排列。

2. 教师准备50字左右的一段话，写在纸条上。

3. 教师把纸条上的话语分别发给每一组，从前面第一个同学开始，一对一用说悄悄话的方式（特别注意：前面同学对后面同学说话时，不能让其他同学听到），依次向后传话。

4. 每组最后一个同学将自己听到的那句话写在黑板上，所有小组进行比拼，看看哪一组完成任务又快又准确。

讨论：

1. 为什么会产生前后不一致的现象？

2. 如何避免沟通中的过滤障碍？

（建议时间：20分钟）

探索与思考

1. 常见的沟通障碍有哪些？如何消除？

2. 在职场中如何顺畅地与领导、同事、客户沟通？

3. 提升表达能力的要点有哪些？

主题三　压力与情绪管理

学习目标

1. 了解压力的影响和应对途径，自己进行心理放松的自我训练。
2. 掌握有助于强化心理韧性的思维方式。
3. 认识情绪的作用，掌握情绪管理的方法和技巧。

 导入案例

林肯的压力管理

　　1832年，林肯失业了，这显然使他很伤心，但他下定决心要当政治家，当州议员。糟糕的是，他竞选失败了。在一年里遭受两次打击，这对他来说无疑是痛苦的。接着，林肯着手自己开办企业，可一年不到，这家企业又倒闭了。随后，林肯再一次决定参加竞选州议员，这次他成功了。他内心萌发了一丝希望，认为自己的生活有了转机："可能我可以成功了！"

　　1835年，他订婚了。但离结婚的日子还差几个月的时候，未婚妻不幸去世。这对他精神上的打击实在太大了，他心力交瘁，数月卧床不起。1836年，他得了神经衰弱症。1838年，林肯觉得身体良好，于是决定竞选州议会议长，可他又失败了。1843年，他又参加竞选美国国会议员，但这次仍然没有成功。

　　林肯虽然一次次地尝试，但却是一次次地遭受失败：企业倒闭、爱人去世，竞选败北。要是你碰到这一切，你会不会放弃？放弃这些对你来说是重要的事情？林肯没有放弃，他也没有说，要是失败会怎样。1846年，他又一次参加竞选国会议员，最后终于当选了。两年任期很快过去了，他决定要争取连任。他认为自己作为国会议员表现是出色的，相信选民会继续选举他。但结果很遗憾，他落选了。因为这次竞选他赔了一大笔钱，林肯申请当本州的土地官员。但州政府把他的申请退了回来，上面指出："做本州的土地官员要求有卓越的才能和超常的智力，你的申请未能满足这些要求。"

　　接连又是两次失败。在这种情况下你会坚持继续努力吗？你会不会说"我失败了"？然而，林肯没有服输。1854年，他竞选参议员，但失败了；两年后他竞选美国副总统提名，结果被对手击败；又过了两年，他再一次竞选参议员，还是失败了。

　　林肯一直没有放弃自己的追求，他一直在做自己生活的主宰。

1860 年，他终于当选为美国总统。

【分析】我们在生活中和工作中都会遇到很多挫折和逆境，面对各种各样的困难以及负面情绪，如何运用自我调节和管理的方法从逆境中走出来并走向成功，美国总统林肯的故事揭示的不仅仅是不放弃的精神，也是如何管理情绪与压力的最好例证。

一、认识压力

（一）压力的定义

心理学意义上的压力，是心理压力源超过自我处理能力时带来的心理压力反应，并引起生理变化，进而影响人的行为的一种感觉和行为过程。压力源是引起压力的反应的根源，分为内在压力源和外在压力源。内在的压力源是指性格压力、选择压力、情绪压力和改变压力。外在的压力源是指环境压力、社会压力、工作压力、生活压力、经济压力、情感压力、健康压力。

（二）在校学生常见的心理压力

学生的心理压力主要表现在以下几个方面。

一是学习方面。进入职业院校学习的学生学习目标不够明确，不能适应新的学习方式和学习方法，因而产生心理压力。也有因同学之间的比较、选拔、竞争而产生的压力。

二是有的学生对专业产生失望情绪，情感、恋爱等问题也接踵而来。学生有强烈的交往动机，渴望良好的人际关系，但由于缺乏社交能力和自身的一些性格弱点，常常为处理不好人际关系而苦恼，使学生产生了人际关系上的压力感。

三是面临就业、升学压力，学生产生明显的两极分化。一部分学生产生自我怀疑，甚至自暴自弃；一部分学生期望值过高且带有功利的色彩，希望自己能找到待遇好或者有发展前景的工作，但自身能力又有限，往往眼高手低，就业路上屡屡失败，这种挫折也会使其就业压力增大。

关于职业压力，详见本书模块八。

（三）压力的影响

压力的影响分为积极影响和消极影响。压力的积极影响有：增加人生的驱动力，增加平衡生活的技巧，增加抗压能力。而压力的消极影响有：身心健康受损，工作、学习效率下降，人际关系退步，适应力下降；免疫系统减弱。

（四）应对压力的有效途径

应对压力是指个体面对压力挑战时采取的一种有意识、有目的的调节行为。在日常生活和学习中，压力是时时处处存在的。我们应该学习并掌握一些应对压力的策略和措施，变压力为动力。

1. 预防策略

在压力到来之前可以采取预防策略。这类策略包括两个方面：一方面是防止或减少压力的出现，即尽可能地少惹麻烦；另一方面是积蓄自我与社会的资源，增强抵抗压力的能力，做到防患于未然。具体来说有以下几点。

（1）认清心理压力的普遍性。要认清现实生活中充满竞争，同时，心理压力是无处不在的。因此要采取理性的应对态度，对已经出现或将要出现的压力有一定的思想准备。

（2）调整个人的期望水平。期望越高，失望越大。对自己的期望水平应该与自身能力水平和资源条件相符合，否则就有可能遭受失败的挫折和压力。

（3）改变易增加压力的行为方式。生活中的一些压力是可以通过改变自身的行为方式来避免的。那些喜欢赶时间、没有耐心、不安于现状、特别爱与人竞争的人体验到的压力更大，也更易于受挫。因此，改变自己的行为方式，可以使感受到的压力较以前轻。

（4）扩展应对资源。在生活中，可以不断扩展自己的各种资源，如身体健康，充分的自尊、自信和自控能力，坚强的信念与乐观的态度，丰富的知识与娴熟的专业技能，自主安排时间与生活的技巧，良好的人际关系，强大的社会支持网络等。也可向同学、老师倾诉，或向学校心理咨询室寻求心理支持。

2. 疏导策略

当压力来临时，可以通过自我疏导和调控来降低自己的心理压力，主要方法有以下几种。

（1）以辩证的观点看待压力。发生在自己周围的事情都具有两面性。压力对自己来说，会给自己带来紧张、不愉快。但压力也会产生积极的一面，能给自己带来惊讶和启迪，关键在于自己要对压力有积极的认知。面对压力，应该做一个积极的思考者，寻找压力中的积极因素，以积极的方式缓解压力，使自己走出压力的困扰。

（2）运用格言改变自己对压力的主观感受。在遭遇压力时，可以用格言来激励自己。例如，某大学生连续两次都没有通过大学英语四级考试，于是他开始加倍努力，并在自己的床头上贴满了各种格言警句，如"宝剑锋从磨砺出，梅花香自苦寒来""天将降大任于斯人也，必先苦其心志，劳其筋骨，饿其体肤，空乏其身，行拂乱其所为……""不鸣则已，一鸣惊人"……从而减缓自己的心理压力。

（3）改变目标本身或降低要求。在理想目标与现实相差太远的情况下，应该意识到不能用过高的目标来苛求自己、限制自己，应当对目标作出相应的调整。可以根据社会现实和自己的能力、专业，设置合理的目标，逐个实现。为自己设定一个合理的目标，可以减轻由于目标得不到实现而产生的压力，使自己不至于因为压力过大而迷失方向。

3. 斗争策略

在压力降临时，还可以采取斗争策略。这类策略包括以下方法。

（1）监视压力。对引起压力的事件给予积极关注，有助于冷静地分析事态的发展，客观地认识事件的前因后果，从而选取更为有效的应对措施。

（2）集中资源。当压力降临时，尽可能多地集中一切可以利用的资源，以提高应对的成效。如果你想参加学校的某项竞赛，但是时间对你来说非常紧迫，这时你可以充分利用现有的人力、物力与财力，最大限度地调动各方面资源来做好准备。

（3）搜寻解决问题的途径。有些事情之所以会给人带来压力，是因为我们一时找不到解决问题的方法。面对引起压力的问题，我们应分析问题的实质，评估可以利用的资源，寻找切实可行的解决途径，这样或许能减少压力。例如，当自己的学习成绩不理想时，不要急于给自己施加压力，而是要分析一下这次考试失利的原因是上课没有认真听讲、课后没有好好复习，还是内容掌握得不够透彻等，然后根据原因调整自己的目标，压力也就在自己重新调整的目标中释放了。

4. 实施心理放松自我训练

放松训练是行为治疗方法的一种，其特点是通过训练有意识地控制自身的生理、心理活动，循序交替地收缩或放松骨骼肌群，使个体在内心自觉体验个人肌肉的松紧程度，以调节自主神经系统的兴奋性，改善机体紊乱功能的心理治疗方法。在放松训练的理论中，一个人的心情反应包含"情绪"和"躯体"两部分。如果能够改变躯体的反应，"情绪"也会随之改变。

人的意识能够操纵"随意肌肉"，间接地达到松弛"情绪"，建立轻松的心理状态的目的。"静"是指环境要安静，心境要平静；"松"是指在意念的支配下使肌肉放松、情绪放松。个体的自我调节、自我教育、自我完善在缓解心理压力中起决定作用。

知识链接

渐进式放松法

雅各布森提出渐进式放松法，教导人们遵循下列步骤放松肌肉：①增进对肌肉的收紧和放松的感知；②区别肌肉紧张与放松的情况；③依次从一组肌肉进到另一组肌肉。这个练习需要15分钟，最好每天做2次，每次练习后，你都能发现自己的放松程度逐渐加强。渐进式放松法的具体操作如下。

（1）找一间安静的房间，舒适地坐在带靠背的椅子上，双脚平放在地板上，闭上双眼。

（2）倾听自己的呼吸，体会空气进出自己身体的感觉。做几次深呼吸，每次呼吸要缓慢，心里默念"放松"。

（3）集中注意力在脸上，感觉你的脸或眼睛、下巴或舌头很紧张。心里描绘出紧张的样子，然后再想象紧张消失，一切都变得松弛柔软。

（4）感觉你的脸、下巴、眼睛，然后是你的舌头变得松弛，同时感到一股松弛感传遍全身。

（5）使劲绷紧脸部和眼部的肌肉，然后感到全身都在慢慢放松。

（6）全身各部分做同样的练习：头、颈、肩、手臂、手、腹部、大腿、小腿、脚踝、脚、脚趾。

（7）全身练习完毕，静坐5分钟。

（8）感觉眼皮轻了，再闭眼1分钟，睁开双眼。

二、强化心理韧性的思考方式

有压力时，人会受到愤怒、不安、低落等负面情绪的影响，这个时候就需要提高心理韧性。心理韧性就是在压力下提升抗打击能力，能胜任工作所需的科学思维和良好情绪。心理韧性是可以学习和掌握的技能，现代职场人士最需要掌握的业务技能就是心理韧性。

（一）辨识错误的思考方式

1. 常见的错误思维方式

（1）"必须"型思维。"必须"型思维是一种绝对化的思维方式。例如：我必须在班上考第一名；我必须每门课都是90分以上；我必须拿到优秀员工奖。

这种思维的负面影响在于，一旦达不到要求，会让人产生巨大的心理纠葛。如果拿驾驶汽车来比喻，使用"必须"型思维就像同时将油门和刹车踩到底的自我毁灭型思维方式。

"必须"型思维的另一个负面影响是，它可能造成心理衰竭。"必须"型思维是抱着饱尝辛酸的方式去追求结果，所以会伴随着巨大的精神压力和痛苦，一边对达到目标感到压力，一边对可能的失败感到不安。这样，即使"必须"型思维的人实现了目标，也很难获得快感。

（2）"无所谓"型思维。"无所谓"型思维是将事情描述成无所谓的思维方式，其带来的负面影响是对积极性的打击。因为积极性下降，不愿付出努力，所以将不努力合理化。"无所谓"型思维方式和"必须"型思维方式同样属于自我毁灭的思维方式。

（3）"糟糕透了""受不了了"和"无法原谅"型思维。

"糟糕透了"型思维是对一切事物持有悲观绝望态度的错误思考方式，这种思维常常会认为情况很糟，即使采取措施也于事无补。这种思维让人陷入巨大情绪失落中，让当事人放弃努力。陷入"糟糕透了"思考方式常常让当事人走入恶性循环，因为觉得糟糕透了，所以放弃努力，因为放弃努力，所以事情更加糟糕了。

"受不了了"型思维是一种缺乏耐性的思维方式。出现"受不了了"型思维方式时，当事人往往一边说"受不了了"，一边继续在承受。这是当事人单方面认为事情已经让自己"受不了了"，然而事实上并非如此，因为如果真的无法忍受，早就被压力压垮了。

"无法原谅"型思维是一种自卑的、指责型的思考方式。持有这种思维方式的人，无法原谅自己的过错，或者将过错归咎给别人。

2. 错误思维的危害及批驳

上述错误的思考方式会诱发愤怒、情绪低落、罪恶感等坏的负面情绪。认识到上述错误的思考方式后，对其加以驳斥就显得很有必要。驳斥是在彻底进行反驳的同时加以否定。错误的思维方式一般具有以下四个特征。一是缺乏证据，不合逻辑：用来得出结论的论据不明确或者不充分，逻辑存在跳跃。二是凭经验无法证实：从论据推导出结论的可能性很低，无法从经验上进行验证。三是不实用：妨碍目标的达成，起到负面作用，不实用。四是不灵活：绝对化地一厢情愿，只顽固地相信自己。

（二）采用正确的思考方式

1. 构建"最好"型思维

与"绝对"型思维相反，"最好"型思维是指持有相对愿望的一种正确思维方式，例如：最好能考第一，今年最好能存下20%的收入，这个月最好能把管理费用降下来。

2. 肯定重要的价值

"最好"型思维肯定目标和价值，只是不把实现目标作为绝对要求，而是把它当成相对愿望，这样一来在追求目标的过程中，既不会给自己过大的压力，也不会陷入"无所谓"型思维方式。回顾一下前面的知识，"必须"型思维方式有以下陈述：我必须在下周三以前写出报告；我必须在下次考试中拿到全班第一；我绝对不能让身边的人对我失望，我必须带领团队实现销售额翻番。

而"最好"型思维肯定了这些陈述中的目标部分，将绝对化的要求改为相对化的愿望。运用"最好"型思维，上面的陈述将被改为：我最好在下周三以前写出报告；我最好在下次考试中拿到全班第一；我最好不要让身边的人对我失望；我最好带领团队实现销售额翻番。

3. 否定绝对化的要求

在目标得以被肯定，绝对化的要求被相对化的愿望替代后，要进一步地否定绝对化的要求。上面提到的例子又可以进一步被改写。

- 作为一个有上进心的员工，我最好在下周三以前写出报告，但是最近的工作很满，非要在下周三拿出来报告的理由并不现实。
- 作为一个自尊心很强的学生，我最好在下次考试中拿到全班第一，但我非要考第一的理由并不存在。
- 我最好不让身边的人对我失望，但是去满足每个人对我的期待的理由并不存在。
- 作为一个爱岗敬业的团队领导，我最好带领团队实现销售额翻番，但是一定能让销售额翻番的理由并不存在。

4. 认识到坏的结果可能发生

即使是相对愿望，也有不会实现的可能。认识到相对愿望也许无法实现这件事非常重要。也就是说，要认识到坏的结果可能发生。世界上无法被个人意志左右的事情有很多，有些事无论多努力都无法如愿以偿。在上面的陈述中，挑选出下面的句子来举例子。

- 我最好不让身边的人对我失望，但是去满足每个人对我的期待的理由并不存在。

在这个陈述里，"不让身边的人对我失望"这个目标得以被肯定，而绝对化的要求已经被去掉，同时进一步用"去满足每个人对我的期待的理由并不存在"否定了绝对化的要求。在加上对愿望可能无法实现的认识后，这个陈述又可以被改写为：

- 我最好不能让身边的人对我失望，但是去满足每个人对我的期待的理由并不存在。事实上，我也有可能做不到让每个人都满意。

5. 现实地评价坏的结果

正确的思考方式的另一个重要方面是——正确的评价坏的结果。再拿出上面的例子。

- 我最好不能让身边的人对我失望，但是去满足每个人对我的期待的理由并不存在。事实上，我也有可能做不到让每个人都满意。

错误的思考方式会这样下定论：

- 我最好不能让身边的人对我失望，但是去满足每个人对我的期待的理由并不存在。事实上，我也有可能做不到让每个人都满意。如果我让一个人失望了，那我一定是个糟糕透了的人，我会变成不受欢迎的人。

而现实是，如果能让人人都满意固然很好，但是跟很多人相处却让一个人失望的情况是可能发生的。即使让一个人失望，我跟那个人的关系会受到影响，但这并不会说明我是一个糟糕透了的人，也不会导致我变成不受欢迎的人。就算因为让别人失望影响了人际关系，但这并不是什么不能承受的损失。

这样深入思考下去，就能把错误的思维转换为正确的思维。总的来说，"最好"型的思维方式是一种高效的思考方式。采用这一方式思考，即使期待的目标没有达成，心情也不会受到大的打击，也不会因为目标没有达成就否定目标的价值和努力的价值。

（三）采取正面行动

对于以下这个陈述："如果能让人人都满意固然很好，但是跟很多人相处却让一个人失望的情况是可能发生的。即使让一个人失望，我跟那个人的关系会受到影响，但这并不会说明我是一个糟糕透了的人，也不会导致我变成不受欢迎的人。就算因为让别人失望影响了人际关系，但这并不是什么不能承受的损失。"

认识到了"可能会影响人际关系"带来的负面情绪，下一步就是采取正面的行动了。因为让别人失望可能会影响人际关系，那么我积极地采取措施去避免让别人失望，我最好多留意多倾听别人的诉求，我最好在做事情的时候照顾到别人的需求。或者，采取积极的挑战心态去应对这种可能的负面结果——我接受我的人际关系可能会受影响这个事实，这并不是什么大不了的事情。

三、情绪管理

情绪是一种心理状态，是一种复杂的心理活动。人生在世有生老病死、荣辱得失，会产生喜怒哀乐，可以说人皆有情，这里的"情"，就是我们所说的情绪。

人们每时每刻都处在一定的情绪状态下。经常可以听到一些青少年学生这样谈论他们的情绪体验：当热情高涨时，满怀自信，似乎世界上没有攻不下的难题，觉得干什么都得心应手，看什么都赏心悦目。当情绪低落时，似乎任何东西都在和自己作对，觉得自己无能笨拙，干什么都不顺手。这就是不同的情绪在起作用。情绪渗透在一切活动中，并显著地影响我们的学习、生活和健康，影响对自己、对他人、对人生、对社会的看法和态度。

（一）情绪的概念

情绪是人对客观事物是否符合人的需要、满足人的愿望时产生的一种体验。当客观事物符合人的需要、满足人的愿望时，就会产生积极的情绪体验，我们称之为良好的情绪，如满意、愉快、喜悦等；反之，当客观事物不符合人的需要、不能满足人的愿望时，就会产生消极的情绪体验，我们称之为不良的情绪，如焦虑、悲哀、愤怒等。

在现实生活中，我们的需要是多种多样的，从衣食住行到友谊爱情，从基本的生理需要到自我价值的实现等，这些需要中既有物质方面的需要，也有精神方面的需要；既有生理方面的需要，也有社会方面的需要。同时，这些需要中既有合理的，也有不合理的。有的能够得到满足，有的由于受到各种因素的制约而不能得到满足。无论需要能否得到满足，都会引起情绪反应，这就造成了情绪的广泛性、复杂性和多样性。

（二）情绪的要素

1. 情绪的主观体验

情绪的主观体验是指大脑的一种感受状态，是心理活动中一种带有独特色彩的知觉和意识。比如，在受到伤害时，会感到痛苦；好友来访时，会由衷地快乐；面临危险时，会产生恐惧；受到伤害时，会感到愤怒；失去亲人时，会感到悲伤。同样一件事情，不同的人，情绪体验也不完全一样。例如，排队时被人踩了脚，有的人根本不放在心上；有的人可能勃然大怒，挥拳相向；有的人可能心生闷气，一声不吭，自认倒霉。

2. 情绪的生理基础

在不同的情绪状态下，人生理上的心律、血压、呼吸乃至人的内分泌系统、消化系统、呼吸系统、神经系统、循环系统等，都会发生相应的变化。例如，人在焦虑状态下，会感到呼吸急促、心跳加快；人在恐惧状态下，会出现身体战栗，瞳孔放大；人在愤怒状态下，会出现血压升高，心跳加速。这些变化都受人的自主神经支配，是人的意识所不能控制的。比如，当你听到自己失去了一次本该晋升的机会时，你的大脑神经就会立刻刺激身体产生大量起兴奋作用的去甲肾上腺素，其结果是使你怒气冲冲，随时准备找人评评理，或者"讨个说法"。

3. 情绪的外部表现形式

情绪也会直接反映到人的表情、语态和行为动作中。情绪的表现形式分为面部表情、动作表情和言语表情。面部表情是情绪表现的主要形式。中国有很多的成语都是描述不同的情绪状态的，比如眉开眼笑、愁眉苦脸、目瞪口呆、面红耳赤等。体态表情也是情绪的一种常见表现形式，如快乐时手舞足蹈，悔恨时顿足捶胸，失望时垂头丧气，惧怕时手足无措，烦躁时坐立不安等。还有言语表情，就是言语的声调、音色、节奏速度等方面的变化。例如，在悲哀时语调低沉、言语缓慢；喜悦时语调高昂、语速较快。甚至有研究表明，言语表情所传达的情绪信息比言语本身更多。情绪的外在表现是我们识别他人情绪的重要线索，也是我们建立良好人际关系的条件。

（三）情绪对身心健康的影响

情绪渗透到人们的一切活动之中，对人们的心理活动起到组织与协调的作用。任何一种情绪的产生都是个体对内、外刺激的反应，都有其生理、心理价值。只要我们的反应处于正常状态，我们就可以很好地利用它有利的一面。

现代心理学、生理学和医学的研究成果表明，情绪对人的身心健康具有直接作用，可以说是情绪主宰健康。情绪的影响，不仅取决于情绪本身的好坏优劣，还取决于情绪表现的"度"。所谓情绪的"度"，是指情绪的目的性是否恰当，反应是否适时、适度。

从心理卫生学的角度看，任何一种情绪的产生都是个体对内、外刺激的一种反应，都有其生理、心理的价值。即使像焦虑、恐惧、抑郁、愤怒等不良情绪，只要是由适当的原因引起的，就有其存在的价值和意义，这类情绪对于人的生理、心理功能是一种信号、一种自我防御和自我调整，是一种个体自我保护的机制。问题在于，此类情绪反应必须适时、适度。如果作用时间过长或作用强度过大，就会对身心造成危害。即使通常被认为是良好的情绪，同样也存在着目的性是否恰当、反应是否适时适度的问题；否则，也不利于身心健康。

稳定、愉快等积极的情绪有利于机体的内脏器官和腺体的正常活动，增强身体的抵抗力，还有利于提高记忆力、注意力及建立良好的人际关系。而烦躁、愤怒等大起大落的不良情绪则会引起机体的生理功能紊乱，导致免疫系统的功能障碍。

那么，什么是不良情绪呢？不良情绪有两种：过度的情绪反应和持久性的消极情绪。过度的情绪反应包括因为一些重大的生活事件而情绪反应过于强烈，如狂喜、暴怒、悲痛欲绝等；也包括为一些小事而有过分的情绪反应，如怒不可遏或激动不已；还包括情绪反应过于迟钝，无动于衷、冷漠无情。持久性的消极情绪是指在引起忧、悲、恐、怒等消极情绪的因素消失后，仍数日、数周甚至数月沉溺在消极状态中不能自拔。

目前，大量的实验研究和临床观察都已证明：不良情绪会危害人的身心健康。

（四）情绪管理的方法和技巧

1. 合理宣泄法

合理宣泄法就是通过一定的方法，合理、有节、适当地将个体的不良情绪充分地表达出来的一种方法。比如：找朋友倾诉、大哭、打沙袋、运动等。做到有压力的时候说出来，有委屈的时候哭出来，在适当的时候动起来。过度地压抑情绪不利于身心健康。该哭的时候就哭，该笑的时候就笑。

2. 认知疗法

每件事物都有它的两面性，关键在于你如何认识它。同样一杯水，有人想到的是"天哪，只剩半杯水了"，而有人则会想"真好，还有半杯水呢"。当你在认识、思考和评价客观事物时，要注意从多方面看问题。如果从负面的角度来看，可能会引起消极的情绪体验，产生心理压力，这时只要能转换积极的视角，改变自己的认知，就会看到另一番景象，心理压力也将迎刃而解。古诗云："横看成岭侧成峰"，用积极的心态看问题，就会发现快乐。要学会运用积极心理认知的方法打破原有的思维定势，转变思维方式，从其他角度来看待问题。认识到生活中的快乐无处不在，善于寻找有利因素，化解不利因素。

3. 深呼吸放松疗法

深呼吸是最快、最简单的调节情绪的方法。"心浮气躁""心神不宁""心乱如麻""心焦如焚"，都是指心情紊乱和情绪及精神状态的关系。遇到这种情况时，最简单的做法就是深呼吸，吸气时采用鼻子吸气，腹部微微隆起，双肩自然下垂，慢慢闭上双眼，然后慢慢地深深地吸气，吸到足够多时，憋气2秒钟，再把吸进去的气缓缓地从嘴巴呼出，重复这样的呼吸20遍。这种方法虽然很简单，却常常起到一定的作用。如果你遇到紧张的场合，或是不知道自己该怎么办、手足无措之时，不妨先做一次深呼吸放松。借由调气调息，把气调顺，这样可以摆脱情绪的牵扯，回到理性思考。

4. 积极暗示法

积极暗示，就是通过言语、体语、情境、物品等对心理施加正面影响的过程，比如听音乐、用名言警句激励自己等。面临紧张的考试，反复告诫自己"沉着、沉着"；在荣誉面前，自敲警钟"谦虚、谦虚"；在遭遇挫折时，安慰自己"要看到光明，要提高勇气"；等等。

5. 转移调节法

转移调节的方法包括转移环境、转移注意力、转移事件等。当情绪陷入难以自拔的状态时，转移调节法会给你带来不一样的心情。比如：郊游、画画、看电影……这样就可以冲淡原有的负面情绪，重新恢复心情的平静。

6. 主动寻求心理援助

每个人都可能有心理困扰，当感到自己无法解决心理困惑时，要有走进心理咨询室、找心理健康老师主动寻求心理援助的意识。

📖 总 结 案 例

团队中的压力与情绪

多年来，全球四大会计师事务所之一的德勤会计师事务所都在用一种特别严格的方法来决定把公司里的哪个人升为合伙人。一开始的提名、申请和面试环节结束后，进入最后筛选阶段的候选人会受邀参加一个遴选会。在那里，他们将受到严格考核和全面评估，看看他们是否能够胜任合伙人的角色。在这些有抱负的人中，有的合格，有的不合格。他们所承受的压力是显而易见的。

很多候选人觉得这个会议无异于新兵集训。他们感觉时刻都被枪指着。遴选委员会看他们怎么吃饭、讲话、展示、采访以及进行团队合作。

合伙人候选者分为6~8人一组。团队成员为了完成项目要通宵制定策略、收集数据、准备视觉辅助资料并撰写总结报告。他们要快速、详细、专业地回答关于客户需求的假设问题。在整个过程中，有些人觉得挫败、愤怒、痛苦并且沉默寡言。另一些人则带着更大的决心和专注度直面挑战。他们接受的最终考验就是把成果展示给扮演客户角色的遴选委员会。

在第二个不眠之夜，还有两个小时就要展示成果。这时候，遴选委员会中的一位合伙人走进其中一个团队所在的房间，他们正热火朝天地为成果展示做最后润色。他宣布了一个新消息，若大家相信是真的，那么这个消息会让这个团队到目前为止所做的事情都变得一无是处。然后他坐回去，观察众人的反应。

有一个候选人立马失去理智。"噢，天啊！我们完了！我们肯定不能按时完成，我们所做的一切都没用了。他们简直就是在毁了我们的整个职业生涯！"

将事件灾难化是会传染的，于是另一个候选人加入进来，同时厌恶地扔掉铅笔："我真不敢相信，我们全搞砸了。难道你们还不明白吗？我们早该知道这个消息的，但我们却不知道，所以现在我们没救了。"

眼看着反应就要失控的时候，布鲁斯·汤普森（化名）站了起来："稍安勿躁。就在几秒钟前，我们还对我们的成果展示感到非常满意。我觉得我们做得很好！要是他们只是吓吓我们，就想看看我们会做什么呢？要是我们慌了，那你们就说对了，我们是会完蛋的。要是我们不慌，我们就可以做些小调整，把这次展示敲定下来。我是说，我们要坚守阵地，让他们看看我们做出了什么。"

布鲁斯所在的团队没有意识到他们正和其他人接受着同样的考验。整个团队团结在布鲁斯的麾下，冲破了逆境。其他团队则没有那么顺利。有个团队彻底自毁。他们虽然实力也很强、经验丰富，但却无法克服面前的困难。布鲁斯和多名队友都晋升为合伙人，遴选委员会是在考查他们认为合伙人应具备的一项最基本技能——应对逆境和克服逆境的能力。

德勤会计师事务所认识到，只有那些在持续不断的逆境面前仍能坚持不懈、进行创新并始终坚强的人才会获得成功。对于任何渴望在目前这个困难重重的环境中存活下去并蓬勃发展的企业和机构，逆商都会发挥如此重要的作用。

【分析】在压力与困境中，管理情绪不仅仅是个人行为，也是组织行为，其实，决定一个组织抵御逆境和攀越逆境的能力，就是压力与情绪的管理。作为企业员工和管理者，都应该学会管理情绪，释放压力，让企业和个人更健康高效地发展。

活动与训练

发现快乐

一、活动目的

让学生明白只要我们善于发现，生活中到处都充满快乐。

二、规则与程序

1. 请学生们回想最近两周令自己开心的事情，在笔记本上列出自己的"快乐清单"，每人至少列出10项。请部分学生读出自己的快乐清单。

2. 把短文《年轻人眼里的开心时刻》发给大家，请大家快速阅读，并对照自己的"快乐清单"。在同学的"快乐清单"及短文的启发下，大家开动脑筋，尽可能多地寻找快乐，每个小组请一位同学做记录，完成小组的"快乐清单"。

年轻人眼里的开心时刻

（1）异性一个特别的眼神。

（2）听收音机里播放自己最喜欢的歌曲。

（3）躺在床上静静地聆听窗外的雨声。

（4）发现自己想买的衣服正在降价出售。

（5）被邀请去参加舞会。

（6）在浴缸的泡沫里舒舒服服地洗个澡。

（7）傻笑。

（8）一次愉快的谈话。

（9）有人体贴地为你盖上被子。

（10）在沙滩上晒太阳。

（11）在去年冬天穿过的衣服里发现20美元。

（12）在细雨中奔跑。

（13）开怀大笑。

（14）开了一个绝妙幽默的玩笑。

（15）有很多朋友。

（16）无意中听到别人正在称赞你。

（17）醒来时发现还有几个小时可以睡觉。

（18）自己是团队的一分子。

（19）交新朋友或和老朋友在一起。

（20）与室友彻夜长谈。

（21）甜美的梦。

（22）见到心上人时心头撞鹿的感觉。

（23）赢得一场精彩的棒球或篮球比赛。

（24）朋友送来家里自制的甜饼和苹果派。

（25）看到朋友的微笑，听到他们的笑声。

（26）第一次登台表演，既紧张又快乐的感觉。

（27）偶遇多年不曾谋面的老友，发现彼此都没有改变。

（28）送给朋友一件他一直想要得到的礼物，看着他打开包装时的惊喜表情。

3.以小组为单位读出小组的"快乐清单"，给想得最多的3个小组发放礼品。

4.教师小结：生活中不缺少快乐，只是缺少发现快乐的眼睛。出示一份"情绪宣言"模板，让学生参考写一份符合自己实际的情绪宣言，每天早上（特别是心情不愉快时）大声读出。

三、活动分享

看到自己列出的"快乐清单"，是否觉得在我们的生活中，快乐其实是随处可见的呢？大家一起用心去发现，去寻找自己的快乐吧。

（建议时间：15分钟）

探索与思考

1.回顾自己入校以后曾遇到那些学习上的压力？你有哪些反应？是如何克服的？

2.你周围的同学常见的情绪困扰有哪些？哪些是你容易出现的负性情绪？想想这些情绪在向你提示什么。

模块六

数字素养与数字技能

模块导读

　　进入 21 世纪以来,随着互联网与智能终端设备的不断普及与发展,人们越来越多地运用数字化工具、平台和资源开展工作、生活和学习。互联网让全世界近半数的人尽可能地连接在一起。然而,随着科技的快速发展,新技术层出不穷。人工智能技术被用于解决各种复杂问题,随之而来的大数据与算法的迭代演化,正在让机器取代大量现存的智力活动,甚至是具体的工作岗位。

　　数字技术带动了数字经济的快速崛起,从而改变了职场劳动场景,对社会就业产生了深刻的影响。人工智能正逐步承担起那些对人类员工来说过于危险、劳累或环境恶劣的工作。这一转变虽然可能会使一部分劳动者面临失业的风险,但同时也为社会带来了积极的变化。人工智能的发展催生了新的产业和职业领域,这不仅扩大了就业机会,还促进了人机协作的新模式。通过这种协作,我们可以更有效地分配社会劳动力,让人工智能在提高生产效率的同时,确保人类能够专注于那些最能体现我们智能优势的领域。这样的转变有助于确立人工智能在现代经济中的主导地位,同时为那些能够适应新环境的劳动者提供更广阔的就业前景。新生劳动力急需掌握基本数字技能,并学会在工作场所开展数字化学习。

　　本模块将介绍目前职场工作中需要的数字经济常识、数字化职场、数字社会责任等与数字素养和数字技能有关的基础内容。

主题一 数字化与数字经济

学习目标

1. 了解信息化和数字化的概念。
2. 了解数字经济的内涵和特点。
3. 了解数字经济的特点和发展趋势。

导入案例

共享单车——数字化生活

过去，人们骑自行车，得先花全款买一辆自行车。一家自行车厂引进了 ERP（Enterprise Resource Planning，企业资源计划）系统，试图提高生产和管理效率，这就是传统的"信息化"。后来，由于汽车普及等因素，导致自行车需求和销量急剧下降，很多自行车厂都倒闭了，效率再高也没用。

终于，有人发现，人们对自行车的需求只是偶尔短途使用，没必要买一辆放在家里，只要在需要时拿出手机启动一辆共享单车，就可以方便又经济地以临时租用的方式获取。共享单车模式彻底颠覆了传统的"生产—销售—买车—骑车"模式，并造就了自行车生产工厂、互联网平台、增值服务接入商、风险投资、维护服务商等新模式下各自获取利益的新生态。这就是数字化，而不简单是信息化。

【分析】很多人对数字化和信息化二者之间的本质区别还没有弄清楚，许多业务还是戴了数字化的帽子，实际在讲信息化。有企业家精辟地指出，"IT（信息）时代是一切业务数据化，DT（数字）时代是一切数据业务化"。这种说法还是比较接近信息化和数字化的本质的，表述形式也简单明了，利于传播。

一、从信息化到数字化

当下，"数字化"这一名词术语铺天盖地，各行各业乃至国家都高度重视并大力推广，大家都在讨论"数字化时代""数字化转型升级""数字经济"的有关问题。"数字化"不仅改变了我们的生活和工作，也对企业生产产生了深刻的影响。可是，有多少人深入思考过"数字化"的真正含义？"数字化"是否只是把"信息化"新瓶装旧酒，套用了一个时髦的新说法来炒作概念而已？"数字化"与"信息化"之间到底有什么区别和联系？以下将对此进行详细阐述。

（一）信息化

信息是对客观世界中各种事物的运动状态和变化的反映，是客观事物之间相互联系和相互作用的表征，表现的是客观事物运动状态和变化的实质内容。

"信息化"这个词汇起源于 20 世纪六七十年代，主要是指计算机、通讯、信息处理等 ICT（Information and Communications Technology，信息与通信技术）在各行各业的应用，大致经历了办公自动化、财务电算化、MRP/ERP、互联网与电子商务、移动互联网与云计算、物联网与人工智能等几个标志性的应用发展阶段。

"信息化"的核心在于将真实物理世界的业务、交易、方法、思想通过计算机和网络变成可以更快速、容量更大、传播范围更广、高度可复用的算法、程序和数据，并将这些信息资源作为一种新型的生产要素，投放到社会经济的各个环节中去，发挥更大的价值。

随着"信息化"技术的不断更新发展、行业应用的日益普及，信息化已经成为全社会各个领域不可或缺的重要手段和工具。从 20 世纪六七十年代开始，人类逐步进入了"信息社会"。信息社会也称为信息化社会，是指脱离农业和工业化社会后，信息起主导作用的社会。信息社会，是以电子信息技术为基础，以信息资源为基本发展资源，以信息服务性产业为基本社会产业，以数字化和网络化为基本社会交往方式的新型社会。

我国的信息化起步相比西方发达国家晚了十几年，大约是从 20 世纪 80 年代才开始，至今仍在继续。除了电信、金融、新媒体、高科技、电商物流、能源、服务业等信息化比较发达的行业，农业等很多行业信息化程度还存在不足，并明显存在地域发展差异。

（二）数字化

1996 年，美国学者塔帕斯科特（Don Tapscott）在《数字经济：网络智能时代的前景与风险》一书中首次提出"信息技术引发的数字革命，使数字经济成了基于人类智力联网的新经济。"同年，美国麻省理工学院教授尼葛洛庞帝在《数字化生存》一书中提出了"数字化"概念，按照他的解释，人类生存于一个虚拟的、数字化的生存活动空间，在这个空间里人们应用数字技术从事信息传播、交流、学习、工作等活动，这便是数字化生存。他在 20 多年前就能预见到如今已经实现的很多数字化生存场景，例如：人们足不出户就能享受手机支付转账、理财等金融服务，便捷地通过网络购物、订餐叫外卖，通过视频会议在家办公或者远程学习，越来越多的人选择网络直播、自媒体、自由撰稿人、游戏体验师、远程开发者等自由职业。

虽然很早就开始有人预测了数字化生存和数字经济，但是真正的数字化时代，还要从 2012 年前后智能手机与移动互联网爆发式增长与大面积应用开始的。那一年，4G 通讯网络开始为智能移动终端提供足够快的网络速度和移动通讯基础保障；那一年，移动支付和电子商务爆发式增长，引发金融界强烈震荡和互联网金融产品创新的浪潮；那一年，政府、金融、各大行业纷纷与互联网巨头签署"互联网＋"战略合作框架……

数字化就业是顺应生产方式和生活方式的数字化转型趋势，围绕数字化平台、借助数字化技术、创造数字化商品和服务的新就业方式。根据数字化程度的不同，数字经济的发展可以大致分为三个阶段：信息数字化、业务数字化和数字转型。

（三）信息化与数字化的区别

"信息化"的核心在于将真实物理世界的业务、交易、方法、思想通过计算机和网络变成算法、程序和数据，其意义在于通过信息资源这种生产要素，极大提高效率。在信息化时代，人们把各种信息输入计算机，然后用计算机处理相关信息。比如，办公自动化（OA）、企业资源计划（ERP）、客户关系管理（CRM）、商业智能（BI）系统都属于信息化的范畴。但是，信息化并未从本质上改变原有的物理世界的生产和经济模式。

"数字化"的含义则更进一步，是通过信息技术在真实的物理世界之上，构建一个与现存物理世界密切相关互动的数字化虚拟世界（空间），在这个虚拟的数字空间里，人们可以在最小化接触物理世界的环境下，用一种全新的模式再现甚至重构原有物理世界的生产生活方式。

数字化与信息化最明显的区别就是：信息化是支撑，是工具；数字化是思维模式，是业务本身。具体来说，信息化是一种管理手段，是业务过程数据化。信息化大多是将传统业务交由信息系统来管理，即将业务从线下搬到线上。从对企业价值来看，信息化建设以支撑业务开展和提升业务运营效率为目标，技术上一般是以功能模块来开发和应用的。数字化转型是信息技术与产品或业务深度融合的结果。

数字化是对信息化的升级，从信息化到数字化，其背后是三种底层技术（各种智能终端、中央信息处理器、互联网）的广泛应用和升级改造。数字化的重点在"数字"上，即数据价值挖掘和业务赋能及创新。数字化以数据为核心，应用新一代信息技术，使业务数据化、数据资产化、资产服务化、服务价值化。通过业务在线、数据智能，实现以数据说话、以数据管理、以数据决策、以数据创新。

简言之，信息化和数字化的根本区别在于是否颠覆原有的传统模式。信息化是数字化的基础，数字化是信息化的升级。数字时代是后信息时代，二者并没有严格的时间界限，目前是同时并存的，而且会长时间并存。信息化的作用是提高效率，延展人类的能力。数字化则是利用信息技术颠覆传统，在虚拟数字空间重构和创造新的生产生活方式。没有信息化，根本谈不上数字化，但是没有颠覆传统模式的信息化，也不能算是数字化。

二、数字经济的特点和发展趋势

（一）数字经济的范畴

数字经济，是一个内涵比较宽泛的概念，凡直接或间接利用数据来引导资源发挥作用，推动生产力发展的经济形态都可以纳入其范畴。作为经济学概念的数字经济，是人们通过大数据（数字化的知识与信息）的识别、选择、过滤、存储和使用，引导、实现资源的快速优化配置与再生，实现经济高质量发展的经济形态。国务院《"十四五"数字经济发展规划的通知》指出，数字经济是"以数据资源为关键要素、以信息网络为主要载体、以信息通信技术融合应用、全要素数字化转型为重要推动力，促进公平和效率更加统一的新经济形态。"

数字经济可分为数字产业化、产业数字化、数字化治理、数据价值化等四个方面（图6-1）。数字产业化即信息通信产业，包括电子信息制造业、电信业、软件和信息技术服务业、互联网行业等，旨在推动"数据要素的产业化、商业化和市场化"。产业数字化是指利用数字技术对传统产业进行全方位、全链条改造，达到原有产业与数字技术的全面融合发展。数字化治理是指运用数字化手段对国家和社会进行治理，提供数字化公共服务。数据价值化主要指数据的采集、标准、确权、标注、定价、交易、流转和保护等。

图6-1 数字经济的四个方面（资料来源：中国信息通信研究院）

（二）数字经济的特点

数字经济具有高创新性、强渗透性、广覆盖性、宽包容性的特征，它触发了一系列连锁反应和迭代升级创新，渗透到生产、分配、交换和消费的各环节，构成了由政府、组织、企业、个人等多方主体共同参与的数字生态，产生了更有效的生产、更大的市场、更快的反馈，使得组织内各部门间、价值链上各企业间甚至跨价值链、跨行业的不同组织间实现大规模协作和跨界融合。

1. 数据成为新的关键生产要素

历史经验表明，每一次经济形态的重大变革，必然催生也必须依赖新的生产要素，如同农业经济时代以劳动力和土地、工业经济时代以资本和技术为新的生产要素一样，数字经济时代，数据成为新的关键生产要素。数字经济与经济社会的交汇融合，特别是互联网和物联网的发展，引发数据爆发式增长。迅猛增长的数据已成为社会基础性战略资源，蕴藏着巨大潜力和能量。数据存储和计算处理能力飞速进步，数据的价值创造潜能大幅提升。如今，人类95%以上的信息都以数字格式存储、传输和使用，同时数据计算处理能力也提升了上万倍。数据开始渗透进入人类社会生产生活的方方面面，推动人类价值创造能力发生新的飞跃。由网络所承载的数据、由数据所萃取的信息、由信息所升华的知识，正在成为企业经营决策的新驱动、商品服务贸易的新内容、社会全面治理的新手段，带来了新的价值增值。更重要的是，相比其他生产要素，数据资源具有的可复制、可共享、无限增长和供给的禀赋，打破了传统要素有限供给对增长的制约，为持续增长和永续发展提供了基础与可能，成为数字经济发展新的关键生产要素。

延伸阅读

数据生产要素化的意义与影响

　　党的十九届四中全会通过了《中共中央关于坚持和完善中国特色社会主义制度 推进国家治理体系和治理能力现代化若干重大问题的决定》，其中第六部分第（二）条提出"健全劳动、资本、土地、知识、技术、管理、数据等生产要素由市场评价贡献、按贡献决定报酬的机制"。"按要素贡献分配"是我国改革开放进程中的重大分配制度理论的进展，其理论的演化过程如图6-2所示。

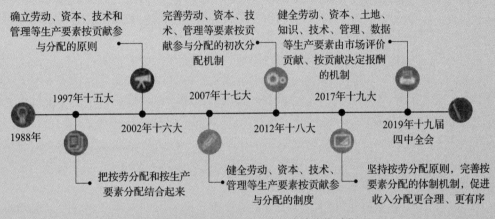

图6-2 "按要素贡献分配"提法的演化过程

　　数据成为生产要素对于"要素分配理论"具有两方面重要意义。一方面，在新的数字经济和数字社会时代，数据本身就是生产资料。谁占有数据，谁就能够基于数据提供衍生服务，创造价值，提高生产力，没有数据，即便空有算力和算法，也"巧妇难为无米之炊"。另一方面，数据要素是对劳动、土地、资本、管理、技术、知识六大要素的数字化，能够随时记录任一要素的变化，应用大数据技术和相关算法作决策，通过改变六大要素的优化组合就能创造出更多的生产力。同时，使得"要素贡献理论"得以量化和落地。

2.数字技术创新提供源源不断的动力

　　数字技术创新活跃，不断拓展人类认知和增长空间，成为数字经济发展的核心驱动力。技术的进步和变革是推动人类经济社会阶跃式发展的核心动力。数字技术的创新进步和普及应用，正是当下时代变迁的决定性力量。数字技术的飞速发展，超越了"摩尔定律"[①]的预期，以及网络用户和设备价值的"梅特卡夫"定律[②]效应，使数字经济的价值实现了指数

---

　　① 这是英特尔创始人之一戈登·摩尔的经验之谈，其核心内容为：集成电路上可以容纳的晶体管数目大约每经过18~24个月便会增加一倍。换言之，处理器的性能大约每两年翻一倍，同时价格下降为之前的一半。该"定律"在一定程度揭示了信息技术进步的速度。

　　② 这是一个关于网络的价值和网络技术的发展的经验规律总结，其内容是：一个网络的价值等于该网络内的节点数的平方，而且该网络的价值与联网的用户数的平方成正比。该"定律"从一个侧面说明了网络经济的高渗透率。

型增长，极大地加速了数字经济的繁荣发展。近年来，大数据、物联网、移动互联网、云计算等数字技术的突破和融合发展推动数字经济快速发展。人工智能、虚拟现实、区块链等前沿技术正加速进步，产业应用生态持续完善，不断强化未来发展动力。此外，数字技术加速与制造、生物、能源等技术融合，带动群体性突破，全面拓展人类认知增长空间。

3. 信息产业的基础性先导性作用突出

每一次科技变革和产业革命中，总有一些产业是基础性先导性产业，它们率先兴起、创新活跃、发展迅速、外溢作用显著，引领带动其他产业创新发展。与交通运输产业和电力电气产业成为前两次工业革命推动产业变革的基础先导产业部门类似，信息产业是数字经济时代驱动发展的基础性先导性产业。

信息产业早期快速扩张，现今发展渐趋稳定，已成为支撑国民经济发展的战略性部门。进入新世纪后，信息产业部门增长与 GDP（国内生产总值）基本同步，在 GDP 中的占比保持稳定，OECD（经合组织）国家基本稳定地维持在 3%~6%。

信息产业领域创新活跃，引领带动作用强。数字技术是技术密集型产业，动态创新是其基本特点，强大的创新能力是竞争力的根本保证。受此驱动，信息产业成为研发投入的重要领域。据 OECD 数据显示，近年来，世界接近半数主要国家的信息产业领域研发投资占全部投资的比重达到 20%，韩国、以色列、芬兰等几个领先国家和地区甚至超过了 40%。信息产业领域密集的研发投资也带来丰厚的创新产出。以世界平均水平为例，信息产业领域的专利占比达到 39%，而在金砖国家，这一比例更是达到了 55%。

4. 产业融合是推动数字经济发展的主引擎

纵观历史，先导性产业部门占经济总量的比重会随着时间推移日趋减少，通用目的技术与产业融合越来越成为经济发展的主引擎。如今，在数字经济革命阶段，主要国家信息产业等先导性部门的比重稳定在 6% 左右。数字经济在其他产业领域的应用带来的效率增长和产出增加已成为推动经济发展的主引擎。近年来，数字经济正在加快向其他产业融合渗透，提升经济发展空间。一方面，数字经济加速向传统产业渗透，不断从消费向生产、从线上向线下拓展，催生 O2O、分享经济等创新模式和业态，提升了消费体验和资源利用效率。另一方面，传统产业数字化、网络化、智能化转型步伐加快，新技术带来了全要素生产率提升。传统产业利用数字经济带来的产出增长，构成数字经济的主要部分，成为驱动数字经济发展的主引擎。

5. 平台化生态化成为产业组织的显著特征

平台成为数字经济时代协调和配置资源的基本经济组织，是价值创造和价值汇聚的核心。一方面，互联网平台新主体快速涌现，商贸、生活、交通、工业等垂直细分领域平台企业发展迅猛；另一方面，传统企业加快平台转型，传统 IT 巨头向平台转型。

平台推动产业组织关系从线性竞争到生态共赢转变。工业经济时代，作为价值创造的主体，传统企业从上游购买原材料，加工后再向下游出售产成品，是线性价值创造模式。企业经营目标是消灭竞争对手，并从上下游企业中获取更多利润。在平台中，价值创造不再强调竞争，而是通过整合产品和服务供给者，并促成它们之间的交易协作和适度竞争，共同创造价值，以应对外部环境的变化。这表明，平台在本质上是共建共赢的生态系统，不论是新兴平台企业还是传统转型企业，在发展中，都广泛采取开放平台策略，打造生态系统，以增强平台的吸引力和竞争力。

延伸阅读

平台思维和平台企业

平台思维是互联互通互动的网状思维，是开放的、创新的思维，是一种重要的思维方式和工作方式。平台思维倡导开放、共享、共赢，平台思维的精髓在于打造多主体的共赢共利生态圈。其实，会展、论坛、会议等就是一个平台。通过这个平台把信息、人才、技术、资本、人脉等优质资源都聚集起来、整合起来，然后深度地挖掘它，既开阔视野思路，又使资源之间发生关系和互动，实现价值倍增的创新创造。这就是平台思维方式，其实质上就是充分利用市场机制整合资源。

平台企业是指在某细分领域通过专业化分工和协作，与上下游产业链共同构成完整价值创造体系，具有平台属性的企业。平台企业的主要特点如下。第一，着眼于双边或多边经济的模式，也就是本身的主要职责不在于提供商品，而是聚焦于供需两侧的信息匹配。第二，形成网络效应并从中受益。网络价值与网络用户数量的平方成正比。平台型公司的价值也与其联动的节点数量高度相关，呈现出极为明显的规模效应。第三，借助开放性控制边际成本。开放是平台型公司成长的立命之本，与传统的"公司－雇员"制不同，平台型公司往往采用"平台－个体"的柔性合作机制。这种机制能够有效降低人力等可变成本的支出，从而确保企业的利润率水平。第四，拥有来自数据和技术层面的支撑。由于匹配效率和效果决定使用者体验，进而影响网络规模的大小，因此技术"含金量"也成为判断平台型公司发展前景的基石。

6. 线上线下一体化成为产业发展的新方向

数字经济时代，数字经济不断从网络空间向实体空间扩展边界，传统行业加快数字化、网络化转型。一方面，互联网巨头积极开拓线下新领地；另一方面，传统行业加快从线下向线上延伸，获得发展新生机。

线上线下融合发展聚合虚拟与实体两种优势，升级价值创造和市场竞争维度。工业经济时代，价值创造和市场竞争都在实体空间中完成，易受物理空间和地理环境的约束。数字技术对人类社会带来的重大变革是创造了一个新世界——赛博（Cyber）空间，它为价值创造和市场竞争开辟了一个新的维度。例如，在制造领域，虚拟实体融合重塑制造流程，提升制造效率。依托日益成熟的网络物理系统技术，越来越多的企业在赛博空间构建起虚拟产线、虚拟车间和虚拟工厂，实现产品设计、仿真、试验、工艺、制造等活动全部在数字空间完成，重建制造新体系，持续提升制造效率。又如，在流通领域，线上线下融合丰富市场竞争手段，重塑零售模式，提高零售效率。线上交易消除时空界限，释放长尾需求，线下交易丰富用户感知，提升体验，线上线下融合的新零售则聚合两种优势，满足用户多样化多层次需求。

7. 多元共治成为数字经济的核心治理方式

数字经济时代，社会治理的模式发生深刻变革，由过去政府单纯监管的治理模式加速向多元主体协同共治方式转变。数字经济是一个复杂的生态系统，海量主体参与市场竞争，线上线下融合成为发展常态，跨行业跨地域竞争日趋激烈，导致新问题层出不穷，旧问题在线上被放大，新旧问题交织汇聚，仅依靠政府监管难以应对。将平台、企业、用户和消费者等数字经济生态的重要参与主体纳入治理体系，发挥各方在治理方面的比较优势，构建多元协同治理方式，已成为政府治理创新的新方向。

平台已经成为数字经济时代协调和配置资源的基本单元，对平台之上的各类经济问题，平台有治理责任和义务，也有治理优势。将平台纳入治理体系，赋予其一定的治理职责，明确其责任边界，已经成为社会各界共识。

数字经济时代，激发用户和消费者参与治理的能动性，形成遍布全网的市场化内生治理方式，可有效应对数字经济中分散化海量化的治理问题。

（三）数字经济的发展趋势

从全球来看，数字经济快速发展，各国数字经济战略和鼓励政策频出。习近平总书记在《不断做强做优做大我国数字经济》一文中指出，"数字经济……正在成为重组全球要素资源、重塑全球经济结构、改变全球竞争格局的关键力量"。其主要表现在数字生产者服务快速增长带动制造业快速转型升级；数字设计服务平台实现人才匹配与聚合；数字贸易服务平台实现了供应商和客户之间的高效率个性化匹配。数字消费新模式催生新业态，数字跨国公司成长迅速。总之，数字时代跨境跨产业组织生产分工的成本大大降低，收益显著提升，产生了新的红利，数字经济正在成为推动经济复苏的引擎和长期发展的动力。当然，全球数字经济的发展还不平衡，发达国家特别是高收入国家在全球数字经济发展中的份额明显居于优势地位。全球数字经济的发展呈现出"北快南缓"的态势，欧洲、美洲、亚洲的发展水平显著高于大洋洲和非洲。

在我国，发展数字经济已上升为国家战略。近年来，通过出台《网络强国战略实施纲要》《数字经济发展战略纲要》《"十四五"数字经济发展规划》等政策，我国数字经济得到前所未有的大发展，为经济稳定增长做出了贡献，成为应对经济下行的压舱石。

📖 **总结案例**

数字化推动生活服务业变革
——"数智一体化"智慧文旅服务平台

山东文旅积极打造"数智一体化"智慧文旅服务平台，实现数字营销、数字服务、数字运管一体化，提高酒店业服务效率，为酒店服务数字化和智能化提供参考和借鉴。

平台实现自助入住机、人脸识别、智能送物机器人、AI电话等数字化智能酒店服务解决方案落地，形成全程无接触、智能化的酒店服务闭环，提升数字服务效率；推进SCRM（Social Customer Relationship Management，社会化客户关系管理）交互式会员管理平台、开放式酒店管理系统平台、智能数据分析中台、智慧酒店以及面向客户端的全渠道数字化营销系统建设，搭建全渠道数字化营销矩阵，实现数据驱动业务发展；借助5G及AI技术，基于酒店场景上线AI管家、精益通等数字化移动端运营工具，实现数据驱动运营效率提升；牵头组建"山东数字化与智能化酒店产业联盟"，为在山东省内推广实施智慧酒店提供平台支撑。

目前，山东文旅通过"数智一体化"智慧文旅服务平台，服务管理酒店超过 300 家，服务会员数量超过 600 万，累计实现线上交易额 4.3 亿元，提高整体运营效率 30% 以上，为酒店服务业数字化提供行业示范。

【分析】生活服务业数字化将进一步提升行业发展质量和效率，助力产业转型升级和经济高质量发展。目前，从零售、餐饮、旅游到办公、教育、医疗等各类传统服务市场因数字化赋能实现了线上线下融合，进一步带动服务业的繁荣发展。生活服务业通过提升数字化水平，提高供需匹配效率，改善生产经营，缓解传统服务业主要依赖劳动力、物力投入的发展困境，推动自身转型升级，以更丰富、更高品质的服务满足人民对美好生活的需要。

活动与训练

洞悉九大互联网思维

一、活动目标

体会互联网思维。

二、有关背景

互联网思维，就是在（移动）互联网＋、大数据、云计算等科技不断发展的背景下，对市场、用户、产品、企业价值链乃至对整个商业生态进行重新审视的思考方式。除了前面提到的平台思维外，还有用户思维、简约思维、极致思维、迭代思维、流量思维、社会化思维、大数据思维、跨界思维等。

三、规则与程序

1.将班级学生分成三组，每组负责查找三种互联网思维的资料，要求查找这些思维方式的定义、特点、内涵，并列举典型案例。

2.教师指定 3~5 名同学，组成评审团。

3.各组将上述准备好的材料制作成 PPT，分组做介绍，每组情景模拟，评审团依据演讲者的内容和现场表现给予与打分和评价，评出最佳演讲者。

四、总结

教师对九种互联网思维模式进行总结点评。

（建议时间：20 分钟）

探索与思考

1.请论述信息化和数字化的联系和区别。

2.请联系你所学习的专业，举一个产业数字化的例子。

主题二 数字时代的职场

学习目标

1. 了解数字时代的工作环境。
2. 了解数字时代的职业特征和数字职业。
3. 了解数字素养和数字技能的内涵。

导入案例

工厂的数字化时代

2020年7月，小董从东莞一家日资电子企业的管理岗位上辞职，报了个培训班，学习自动化编程，计划学完后找一份智能制造方面的工作。时间倒回2009年，那时小董刚从重庆一所高职学院毕业，到东莞来打工。彼时，这个刚出校门的年轻人还没有什么职业规划，但十几年来，对于企业用人需求变化的真切感受，最终促成他此次职业发展的调整。

小董这样感慨道："最近几年，企业开始大量使用工业机器人，未来工厂里可能只有两种'人'，即机器人和技术工人。"显然他只能成为后者。他的抉择，也折射出这座城市企业用工的变革。在这座被称为"世界工厂"的珠三角城市，过去依靠大量劳动力驱动制造业高速发展，但随着人口红利逐渐消逝，这一模式开始向智能制造转型升级。

2016年，广东省开始大规模推动工业机器人应用，仅2016年全省新增应用机器人达2.2万台，总量超6万台，约占全国五分之一。广东省已成为国内最大的机器人产业集聚区。

东莞某公司是较早开展"机器换人"的企业，2012年就已开始。该企业总经理说，同样产能，机器换人后用工量可从8000多人减至1800人，部分岗位效率提升10倍左右。不仅如此，近年来大数据、工业互联网甚至人工智能等新技术融合应用加速，并且进一步推动制造业迈向数字化、信息化和智能化，有效降低企业对大量劳动力的简单依赖。

制造业企业迈向智能制造后，虽然节约了大量的普通工人，却需要大量的技术工人，在日常生产中能够操作、维护、检修这些机器人，甚至针对生产需要进行相应新功能开发。这部分劳动力尽管在需求量上比普工少很多，但却更关键，也更为缺乏，严重供不应求。这两年，在广东一些大型招聘会上，技术工人往往是全场最抢手的，众多企业为争得人才，纷纷开出高薪，月薪万元以上早已不鲜见，但这仍难以保证能招到人。

东莞市高技能公共实训中心是当地政府成立的公共服务平台，旨在培训并输出技术工人。该中心负责人几乎每天都会接到企业打来的"求人""要人"电话，但很多时候也爱莫能助。"现在越来越多的制造企业都在找技工，我们这点人对市场来说如同杯水车薪。"

【分析】伴随科技和经济的高速发展，无论是传统的制造业企业，还是现代的互联网企业，对于人才的专业技能提出了更高的、多维度的要求，对于智能化设备的操作已经成为趋势，同时，终身学习也成为职场人面对未来日新月异变化，保持与时代同步、与技术同步的必修课。

一、数字时代的工作环境

数字时代，人们面临的工作环境的主要特征表现为：扁平化的组织结构、人机交互的工作形式和团队协作的分工方式。

（一）企业的组织结构呈现出扁平化趋势

近代以来，企业生产组织总共经历了三个阶段的变化：从福特公司首创的"泰勒制"，发展到"自动化流程"，再到数字化时代"人工智能与人协同工作"的自适应流程。现在，一线产业工人开始参与数字化生产决策与设计的过程，组织从原先的决策部门与生产部门泾渭分明的上下游关系，逐渐转变为多部门横向平行设立的结构，即从垂直化管理向扁平化管理转变（表6-1），各部门的自主权大大提高。例如，数字平台化的商业模式就是扁平化组织结构的典型代表。企业正在从传统的金字塔型组织向混合型组织转型，再向网状组织演进。这种扁平的网状组织结构可以随着外部环境和内部任务变化而变化，从而使得大公司保持着小公司的敏感度。

表 6-1　垂直化管理与扁平化管理的对比

对比维度	垂直化管理	扁平化管理
概念	自上而下的科层制管理模式，决策传递采取上传下达的模式，业务运行封闭在架构的条条框框内	减少管理层级，使信息迅速传至一线，建立以用户为中心的管理模式
特点	管理层级多，业务由上级向下级统一派发，不鼓励基层部门自行开发创新	管理层级精简，沟通效率高，从而提升组织的创新效率
应用	传统经济管理等部门及大型企业集团	中小型组织机构

在数字化时代，网络协同更加便捷，组织和员工、组织和用户的沟通更加顺畅，加速了扁平化组织的建设。扁平化组织更容易以用户为中心，注重用户体验，并能通过在线交互与用户进行网络协同和群体创造，提高交互效率，从而提升用户对组织的满意度。

另外，数字化时代的生产方式和组织结构也带来了新的工作制度，更多类型的劳动者，如老年人、女性和残疾人等均可以加入生产行列，越来越多的公司开始采用灵活用工的方式，组织内的轮班制度与绩效考评等都亟须做出更人性化的调整。甚至公司内部还出现了自组织（指在没有外部指令条件下，系统内部各子系统之间能自行按照某种规则形成一定的结构或功能的组织现象）。

（二）人机交互的工作形式成为主流

新的工作形式一方面要求劳动者能够在高度自动化的工作环境中处理不可预测的突发情况；另一方面，人工智能与机器人技术也解放了劳动者的工作时空限制，远程开展工作成为劳动者必不可少的能力。无论是适应灵活变化的工作环境，还是从事远程的线上工作，都需要劳动者具备数字化技能和终身学习能力。

（三）分工方式将以灵活的团队协作为主

基于组织和环境发生的改变，工作方式也随之变化。数字化生产过程中出现的复杂技术问题，往往需要一支高度专业化的员工队伍进行快速反应解决，甚至面对不同的问题，应急处理团队可以从各个部门抽调人手随意组合，这不仅需要劳动者具备跨领域知识和能力，还对沟通协调能力和团队合作能力提出了更高的要求。我国近年涌现的新兴公司或规模较大的企业，已经在一定程度上具备未来工作组织、环境和方式的种种特征。

延伸阅读

如何做到5万人居家协同办公

近年来，居家办公逐渐成为一种趋势。但居家办公也存在诸多弊端，比如线上沟通没有面对面沟通有效，各种工作协作困难，再加上工作氛围不够，各种干扰频繁，导致工作效率大幅降低。有一家5万人的公司，员工居家办公，效率不降反升，他们是怎么做到的呢？该公司负责人分享了他们高效协同的成功经验，值得学习。

首先，公司非常重视对各种办公协同工具的投入和应用，它认为每个工具只要改进5%，就能对公司的效率产生巨大影响。

在线沟通和协作软件方面，字节跳动发现第三方工具都不能完全满足公司对于协作效率的要求，于是就自主开发了"飞书"这个工具。除了沟通工具，字节跳动的协同工具也经历了同样的变迁。字节跳动最早使用的文档也是Word，但是很快发现Word、Excel这种本地工具不便于协同，所以字节跳动做了自己的飞书文档。飞书文档也是协同文档，很便捷、很高效，同时支持电脑端和手机端，还有很多新功能。

其次，为了让大家在家也有"一起工作"的感觉，而不是"开一天会"的感觉，字节跳动还做了"线上办公室"的功能，模拟办公室的环境，让大家仿佛身处同一个空间，也让沟通变得轻松自然。

再次，字节跳动在摸索了很久之后，总结出一套开会的办法，也就是"飞阅会"模式，这是"飞书阅读会"的简称。"飞阅会"非常聚焦，没有什么可发散的内容，使大家不会跑题，整个讨论都围绕问题进行。同时，会议的全过程都会用文档记录下来，没有参会的人也可以通过文档了解会议过程。

最后，要做到有效的目标挂历。在远程办公中，字节跳动就使用了 OKR（目标与关键成果）进行目标管理了。OKR 是一个注重关键成果与目标的工作方式，在对齐大方向的基础上，员工可以自己思考实现的路径，设定目标和关键任务。因为是每个人设定自己的目标，所以在执行过程中员工会更加积极主动，并能更好地发挥自己的创造力，这对短期在家办公很有帮助。

【分析】字节跳动抓住了实现远程高效率办公和协作的要点——一个好的在线沟通和协作工具、一种让大家一起工作的感觉、高效的开会方法、有效的 OKR 的目标管理方法。

二、数字时代的职业、技能和资格

（一）数字时代的就业趋势

根据已有的研究表明，数字经济发展对就业的影响具有多重效应，既有创造效应，也有改造效应和替代效应，其对就业总量的影响是各种效应叠加的结果（图 6-3）。历次的技术革命对就业的影响，都比较一致地表现出在初期由于技术进步节约了劳动力，对就业产生消极影响；但随着后期技术进步的加速增长而产生的乘数效应，最终会产生更多的就业机会。

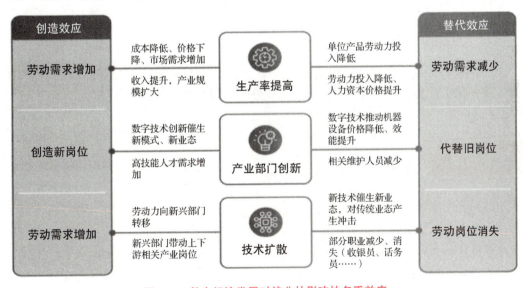

图 6-3　数字经济发展对就业的影响的多重效应

数字经济创新了劳动场景，改变了工作需要劳动者聚集某一场所才能进行的传统逻辑。大量工作可通过线上方式远程开展，这催生了很多新职业。这些新职业中，既有传统职业在数字经济时代的创新发展（如网约配送员、互联网营销师等），又有数字经济催生的全新职业（如物联网工程技术人员、人工智能训练师等），覆盖了智能制造、移动办公、远程教育、物流配送、餐饮服务等各领域。

虽然数字化的工业系统取消了很多需要人力参与的生产环节，但这并不意味着会出现完全意义上的"无人工厂"。一方面，体力劳动工作量从人力转移到机器，劳动者的工作内容集中于研发创新、过程控制和监督管理等脑力劳动领域；另一方面，这些机器产业本身，包括上下游设计研发、零部件生产、销售和售后服务等环节将创造出新的就业岗位，调试、维护和控制生产机器的技术性岗位也会相对增加。所以，数字化进程虽然一方面淘汰了某些工作岗位，但在另一方面却加速创造了新的就业机会。

对不同职业的替代潜力的调查研究[①]表明，生产制造业的工作受影响最大，替代潜力最强；其次是管理与组织业、资讯科技与科学服务业，替代潜力最低的是社会和文化服务行业。世界经济论坛的预测数据显示，预计到2025年，8500万个工作岗位可能会因数字化转型升级而被取代，同时也可能出现9700万个新职业岗位。

（二）数字时代的职业特征

数字时代的职业具有技术化、智能化、服务化、个性化的显著特征。一是技术化。技术进步导致对从业者的重新筛选，要求从业者在原有技术与技能水平之上还要具备一定的数字技术与技能，技能不足者更容易被替代。二是智能化。人工智能等数字技术正深刻改造传统制造业和生产性服务业，被赋能的设备具有一定识别、判断能力，导致大量原有的设计、供应、制造、销售、服务等环节被优化，提升了劳动生产率。三是服务化。数字技术赋能下，无人零售、在线教育等新消费场景不断涌现，生产性服务业与高端生活性服务业的就业吸纳能力显著增强，出现了"增员提质""服务优化"的可喜现象。四是个性化。零工经济和新就业形态蓬勃发展，使得越来越多的劳动者从事灵活自由的工作、追求工作与生活的平衡成为可能，个体可以根据自身能力、兴趣爱好、时间分配等选择自由的工作方式。

上述四大特征正是数字技术与实体经济融合发展的具体表现。它不仅引发了生产力的革命，还细化了社会分工，推动了生产关系和分配消费关系的深层次调整。

职业数字化与数字职业

数字经济在不断改变生产要素的配置，职业作为劳动力结合生产要素的具体体现，必将受到影响并随之发生变化。主要表现在职业数字化和数字职业两方面。

一、职业数字化

所有职业中都有数字技能的需求，传统职业的数字技能的占比也在增加，这可称为

[①] 这是国际簿记师协会（IAB）在2015年开展的调查，所谓替代潜力指某一职业未来能被机器和计算机所取代的工作份额。

"职业数字化"。职业化数字主要表现在以下几方面。

1. 职业分类体系适应数字化趋势。职业分类是对社会分工的客观描述。数字经济通过对劳动分工的影响，进一步促进职业总量与结构变化趋向适应数字经济需要的状态。一是数字化传统职业，导致整个职业分类体系中的数字化程度增加。二是数字经济活动领域生产与服务规模的扩大，创造出新的数字就业机会。《中华人民共和国职业分类大典（2022年版）》收录的168个新增职业中，因数字经济活动产生的新职业占相当大的比例。

2. 职业能力体现数字化生产生活要求。数字经济对劳动者职业能力数字化提出了新要求。在数字经济活动各领域，都会因技术的创新与改变使相应职业活动范围扩大化，对从业者职业能力的专业化或综合度提出了更高要求。

3. 职业数字化助推高质量充分就业和体面劳动。数字职业的产生，为劳动者提供了更多的工作机会，促进了传统就业、在家办公、自我雇佣等多重就业形式的发展，改善了工作环境，提高了工作尊严，有利于个人的发展和社会融入。

二、数字职业

数字职业是以数字技术为基础，由从事数字化信息的表达、传输，以及数字化产品（或服务）的研发、设计、赋能、应用、维护、管控的人员为从业群体的职业群，并不是指某个职业。某项数字化工作的从业者达到一定规模后，如果该工作符合职业的其他特征，经特定的评审程序后，可被认定为一个"数字职业"。

（三）数字时代的技能需求

数字时代，职业技能的更替速度持续增加，培训窗口期越来越短，软技能逐渐受到重视。

一方面，培训的需求变得迫切。世界经济论坛于2020年10月发布的报告《未来的工作》中提到，目前在职劳动者所掌握的核心技能将有44%在未来五年内发生更替和变化，到2025年时全球预计有50%的劳动者需要接受再培训才能适应新的岗位需求。接受调查的中国企业中，有21.7%的劳动者需要1年以上的技能再培训，19.9%的劳动者需要6~12个月的技能再培训。由于技能更新和变化的速度加快，留给劳动者的培训窗口期越来越短。同时，由于数字化技能对劳动者的理论知识基础和理解反应能力等都有一定的要求，习得数字化技能的门槛将高于传统的操作性技能。

另一方面，软技能受到重视。技能的迭代更新主要发生在各个岗位的硬技能领域，而软技能作为另一关键技能领域并不属于某种单一职业，它包括批判性思维、解决问题、个人能力、人际交往等，这些软技能与专业技能素养同样重要。软技能需要融入教育过程并进行长期潜移默化式的培养，同时，劳动者需要学会自我评估和自我提升软技能。

（四）数字时代的职业资格需求

职业资格的一项重要作用就是为企业提供劳动者的工作能力信息。在数字时代，职场对人们的工作技能要求逐渐提高，尤其是对高级职业资格劳动者的需求不断上升。由于生产活动的数字化程度不断提高，企业需要根据资格等级初步筛选劳动者。在未来，持有高级职业资格者会越来越受到重视，这已然成为明显的趋势。因为数字化技术的广泛应用，对各级各类工作都提出了更高的知识技能要求，而数字化转型升级也势必会产生更多需要高级职业资格的新岗位。拥有高级职业资格的劳动者更能胜任未来的工作岗位。同时，具备高级职业资格且能不断更新技能水平的劳动者在择业过程中会拥有更大的竞争优势。在这个过程中的工作替代主要发生在那些原本需要中等职业资格的工作活动中（比如，简单装配工作或者控制单一生产过程）。当然，与此同时，一些简单的工作内容仍保留在生产生活中（比如，服务和营销等行业）。

三、培养数字素养和数字技能

随着数字经济的发展，数字素养的概念也逐渐被引起重视并写入国家文件中。2018年我国就发布了《关于发展数字经济稳定并扩大就业的指导意见》，针对数字化人才培养给出了指导性意见：到2025年，使得我国国民的数字素养不低于发达国家国民数字素养的平均水平。

（一）数字素养的内涵

2021年11月，中央网络安全和信息化委员会印发《提升全民数字素养与技能行动纲要》，提出要提升全民数字素养与技能。数字素养与技能是数字社会公民学习工作生活应具备的数字获取、制作、使用、评价、交互、分享、创新、安全保障、伦理道德等一系列素质与能力的集合。数字素养与技能是人们生存于数字化社会的关键能力，提高全民的数字素养与技能是顺应数字时代要求，提升国民素质、促进人的全面发展的战略任务。

随着数字技术的快速发展，及其对社会各领域的影响逐渐深入，数字素养的构成要素也会越来越丰富。其内涵主要包含以下方面：一是通用型素养，即对数字工具的使用，对数字资源的识别、获取、分享、交流和评估等；二是创新型素养，意为运用创新性和批判性思维方式解决学习和工作上的问题；三是安全伦理素养，指的是主动学习国家法律法规，维护网络环境的安全。

延伸阅读

数字素养与信息素养的关系

关于数字素养与信息素养的关系，学者们大多认为数字素养是上位概念，包含信息素养。例如，国内学者张静认为，信息素养是数字素养的子概念，数字素养具有信息素养功能性特点，囊括了查找、识别、整合、评估、共享信息等基础性的能力。

信息素养是数字素养等众多素养的基础，数字素养包含了信息素养所强调的工具性能力，离不开信息素养的支撑。一般认为，数字素养是比信息素养更为复杂的素养，并包括了信息素养的内容。

英国联合信息系统委员会提出了一个包含六个成分的《数字能力框架》（图6-4）：①信息通信技术水平；②信息数据和媒体素养；③数字制作、解决问题和创新；④数字交流、协作和参与；⑤数字学习和发展；⑥数字身份和健康。这六种成分又细分为15种，涵盖实用技能、批判性使用、创造性制作、参与、发展和自我实现等方面。

　　培养劳动者数字素养，要从以下几个方面着力。

1. 数字科学知识

　　数字科学知识是劳动者在数字环境下需了解的数字基础知识，囊括数字理论认知、数字技术发展、数字设备熟悉和数字内容识别。数字理论认知是指，对当前新技术本身的认知，了解大数据、区块链、人工智能、5G技术的相关概念。对技术影响的认知是指，了解数字技术的发展现状、未来趋势以及其对学习、社会、经济环境等的影响及其发展规律。对数字设备的熟悉是指，熟悉学习生活和所学

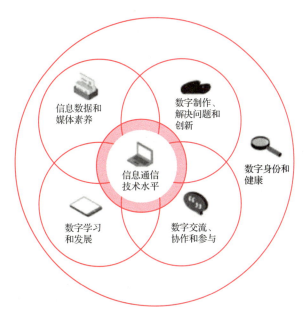

图 6-4　数字能力框架

专业领域常用的技术工具、软件平台、网站、学习资源等。对数字内容的识别是指，能够辨别信息的真伪。

2. 数字应用能力

　　数字应用能力是劳动者在学习和工作中需掌握的基础技能，主要侧重于劳动者对数字资源的简单使用、数字内容的创建和编辑，与他人共享数据与交流，对常用的软硬件设备的日常维护和对数字内容的评估。

3. 数字职业能力

　　数字职业能力强调劳动者在所学专业领域与数字环境的联系中的能力，能够利用数字设备解决专业领域的问题，并能主动将专业发展与数字技术发展联系起来，寻求两者融合发展的能力。数字职业能力的培养包含数字专业意识、仿真技能训练、专业问题解决和数字专业实践等方面。

4. 数字竞争力

　　拥有数字竞争力不仅能够使劳动者适应复杂多样的环境变化，还能在数字时代保持创造力和竞争优势。这是劳动者在数字环境中寻求更优质生存的有利方式，更是获得新的知识、适应环境变化的重要途径。首要发展的数字竞争力是劳动者数字主动学习的能力，包括积极关注专业发展的前沿，注重所学专业与数字化融合的知识点和方向，拓展自身的知识面；其次包括计算思维，这是利用计算机领域的逻辑化思维分析数据，更有效率地解决问题；再次是数字创新创造，作为时代发展的主力军，劳动者需能够用逆向或超常规的视角去看待问题，保持好奇心；最后是数字批判思维，指能够在数字技术应用和学习过程中具有对数字内容的质疑和批判的能力。

5. 数字价值与追求

　　数字化时代的伦理问题是当前备受关注的主题，在技术维度之外，劳动者应具备安全隐私、道德伦理等正确积极的价值观与追求，这是劳动者数字化生存的根本价值取向

以及应遵循的行为规范。数字价值与追求这一维度囊括：数字技术认同、数字道德伦理、数字安全保护、数字法律法规和社会参与意识。这些内容有利于规范劳动者在数字环境中的行为，明确在其中的权利和义务，学会保护自身的隐私和管理好自己在数字环境中的足迹。

6. 数字时代人格特质

劳动者积极和优秀的人格特质是应对复杂和不确定性的环境的必备素养。综合大数据时代需求和劳动者发展需求，数字时代的人格特质应包含自信、诚信、同理心、理性包容和自控力等方面的人格特质。

（二）提升数字素养的努力方向

1. 提高数字化意识水平

数字化意识是指客观存在的数字化相关活动在头脑中的能动反映，包括数字化认知、数字化意愿，以及数字化意志三个方面。

一是数字化认知。数字化认知包括职场人对数字技术在经济社会发展中价值的理解，例如，理解数字技术在经济社会发展以及个人职业生涯发展中的价值，以及认识数字技术发展对职业生涯发展带来的机遇与挑战。

二是数字化意愿。数字化意愿是指职场人对数字技术资源及其应用于职业活动中的态度，包括主动学习和使用数字技术资源的意愿，以及开展职业活动的数字化实践、探索、新的能动性。

三是数字化意志。数字化意志是指职场人在面对数字化问题时，具有积极克服困难和解决问题的信念，包括战胜自身职业实践中遇到的困难和挑战的信心与决心。

2. 提高数字化生活能力

数字在生活中的广泛应用潜移默化地改变着人们的生活方式，为人们创造出一个全新的数字化生活环境。开展数字素养与技能教育就是要引导职场人士积极适应电子商务、移动支付、智能家居、智慧社区、智慧出行等新生态，通过易用、便捷和兼容的数字工具，畅享美好数字生活，感受到在数字化环境中获得高质量生活和成就，提升生活于数字社会的幸福感。

3. 提高数字化学习能力

网络技术拓展了学习空间，丰富了学习资源，加强了线上线下学习的深度融合，创造了一个全新的数字化学习环境。如何发挥好数字化学习环境，怎样利用数字技术创新学习模式，对新时代学习者提出了新挑战。开展数字素养与技能教育就是要引导劳动者自觉探索数字化环境学习方式，从容应对新时代学习变革。

4. 提高数字化创新能力

新的数字技术的应用呼唤着开放创新、协同创新人才的培养。开展数字素养与技能教育就是要激发职场人士提高数字创新力，积极促进数字社会的安全和进步。

5. 提高数字化工作能力

开展数字素养与技能教育就是要面向未来社会发展的需求，引导职场人士从容面对未来数字技术与经济社会各领域深度融合带来的挑战，掌握数字化环境下的职场工作技能，使其与时俱进，跟上数字化推动产业发展的步伐。

综上，劳动者学习数字素养和数字技能，就是要聚焦影响未来社会生活和劳动的新技术、新工具，提升自身的数字生存关键能力。

总结案例

"五个在线"打造新工作方式

钉钉是一款为企业打造的工作商务沟通协同平台，帮助企业降低沟通与管理成本，提升办公效率。钉钉致力于帮助4300万中国企业进入到智能移动办公时代，实现简单、高效、智能、安全和以人为本的工作方式。

钉钉通过组织、沟通、协同、业务、生态五个在线，让透明管理触手可及。

1. 组织在线：就是要组织架构在线，权责清晰，扁平可视化。

2. 沟通在线：高效安全的沟通，工作生活分离。

3. 协同在线：就是要在线化任务，工作流协同，实现知识经验的沉淀和共享。

4. 业务在线：通过业务流程和业务行为的在线化，实现企业的大数据决策分析能力。

5. 生态在线：以企业为中心的上下游和客户都实现在线化连接，用大数据驱动整个生态的用户体验，使生产销售效率不断优化提升。这种以人为本的透明管理激发生态体系中的每一个人的创新力。

【分析】"五个在线"正是数字时代新工作方式的缩影，它不仅提高组织和个人的效率，还改变了人们的工作方式，明确重塑了人的行为和组织行为之间的关系。通过让工作中的所有信息协同、透明化，由此打造一个极致透明、公平公正的环境，让每个人的创造创新力得到激发，从而带来无穷的创造创新力。

活动与训练

如何成为一名合格的"数字工匠"

一、活动目标

感知数字就业新形态，梳理数字技能学习的方向。

二、规则与程序

当前职场中，越来越需要大量既掌握生产运营技术，又掌握人工智能、大数据等数字技术，并且兼具工匠精神的新时代的数字劳动者。

1. 教师展示以下两幅图（图6-5、图6-6），并将全班同学分成3~4组。

2. 每组学生结合自身所学专业，就数字经济条件下的就业特点、求职所需的数字技能进行讨论，并指定一名代表阐述观点，谈谈如何做一名合格的"数字工匠"。

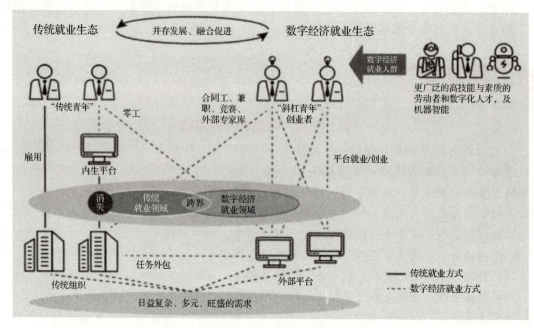

图 6-5　传统就业形态与数字经济就业形态

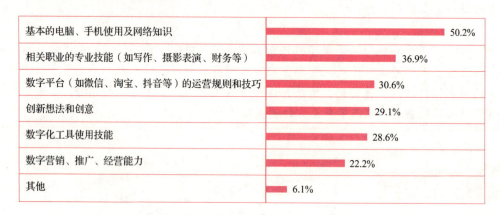

图 6-6　对某数字平台对蓝领调查得出的求职所需的数字技能

三、总结

教师对上述观点进行总结、点评。

（建议时间：15 分钟）

探索与思考

1. 谈谈你对"机器换人"的看法，并分析什么岗位容易出现机器替代人的情况。

2. 结合文中的案例，谈谈要实现线上协同工作，需要哪些基础条件和管理手段。

主题三 数字社会责任

学习目标

1. 了解信息安全和数据安全的概念。
2. 了解我国信息安全的法律法规体系。
3. 遵守信息伦理和行为规范。

导入案例

一通夺命电话

2016年高考，徐×玉被南京邮电大学录取。8月19日下午她接到了一通陌生电话，对方声称有一笔2600元助学金要发放给她。在这通陌生电话之前，徐×玉曾收到教育部门发放助学金的通知。由于此前接到的教育部门电话是真的，所以她没有核实这个电话的真伪。按照对方要求，徐某玉将准备交学费的9900元打入了骗子提供的账号。发现被骗后，徐某玉万分难过，当晚就和家人去派出所报了案。由于徐某玉伤心欲绝，郁结于心，最终导致心脏骤停，虽经医院全力抢救，但仍不幸离世，年仅18岁。

案发后，警方全力侦破。经审查，2016年7月初，犯罪嫌疑人陈文辉租住房屋，购买手机、手机卡、无线网卡等工具，从犯罪嫌疑人杜天禹手中购买五万余条山东省2016年高考考生信息，雇佣郑贤聪、黄进春冒充教育局工作人员以发放助学金名义对高考录取生实施电话诈骗。其间，郑金锋又与陈文辉商议，由郑金锋负责提取诈骗所得赃款，并可抽成10%好处费。郑金锋联系陈福地，由陈福地向郑金锋提供多张用于实施诈骗的银行卡。8月19日16时许，郑贤聪拨打徐某玉电话，骗取其银行存款9900元。得手后，陈文辉随即让郑金锋在福建泉州取款，郑金锋随后又指挥熊超将9900元提取。

2017年7月19日，山东省临沂市中级人民法院对该案被告人陈文辉等诈骗、侵犯公民个人信息案一审公开宣判，以诈骗罪判处被告人陈文辉无期徒刑，剥夺政治权利终身，并处没收个人全部财产，以侵犯公民个人信息罪判处其有期徒刑五年，并处罚金人民币三万元，决定执行无期徒刑，剥夺政治权利终身，并处没收个人全部财产；其余被告也以诈骗罪判处有期徒刑十五年至三年不等，并处罚金；责令各被告人向被害人退赔诈骗款项。

2017 年 9 月 15 日，山东省高级人民法院委托临沂市中级人民法院宣判并送达了第二审刑事裁定书，裁定驳回陈文辉等人上诉，维持原判。

【分析】上述被告人以非法占有为目的，虚构事实，拨打电话骗取他人钱款，其行为均已构成诈骗罪。被告陈文辉犯有侵犯公民个人信息罪。本案的主要启示如下。一是要求电信企业建立语音专线主叫号码鉴权机制，对未通过鉴权的呼叫一律进行拦截，对专线用户使用的主叫号码或号段进行定期查验，确保主叫号码的合法性和真实性。二是对非法设置 VoIP（Voice over Internet Protocol，基于 IP 的语音传输）经营平台、非法提供 VoIP 电话落地及改号服务的企业，依法责令改正、计入信誉档案、向社会公开，情节严重涉嫌违法犯罪的移交公安部门。同时，督促相关互联网企业在搜索引擎、电商平台、应用商店、社交网络等网络空间，通过关键词屏蔽、APP 下架等方式，斩断改号软件的网上发布、搜索、传播、销售、宣传等渠道。三是规范国际主叫号码传送，加强对国际诈骗电话的防范措施和打击力度。同时，面向全国手机用户提供国际来电的甄别和提示服务。四是在前期打击伪基站工作的基础上，配合公安部门进一步加大非法伪基站发送虚假信息的打击力度。

一、法律法规和伦理道德

在数字时代，信息通讯技术是一把双刃剑：一方面，信息交换与传播的快速便捷等优势对经济社会的发展起到了积极的推动作用；但另一方面，它又把社会及其成员带入一个全新的生存发展环境，网络复制及盗版传播、计算机黑客、网络犯罪、网络色情、网络攻击和暴力等已成为突出的法律和道德问题。因此，遵守有关法律法规和伦理道德就显得十分重要，其主要内容涵盖以下三个方面：一是依法规范上网（遵守互联网法律法规，自觉规范各项上网行为）；二是合理使用数字产品和服务（遵循正当必要、知情同意、目的明确、安全保障的原则使用数字产品和服务，尊重知识产权，注重身心健康）；三是自觉维护积极健康的网络环境（遵守网络传播秩序，利用网络传播正能量）。

（一）我国信息化法律法规体系

我国从 20 世纪 80 年代初开始逐渐建立了有关信息技术、信息网络、信息社会的知识产权保护等方面的法律法规。随后又出台了规范信息服务、保障信息安全和相关权利保护的法规，下面把这三种法规做一下简要的介绍。

1. 规范信息服务的法规

在信息网络服务领域，针对信息网络接入服务、互联网信息服务以及互联网上网服务，均已制定了行政法规，予以规范。

1997 年 5 月 20 日公布实施的《国际联网管理暂行规定》是规范我国互联网国际联网和接入服务最主要的法律性文件。

2000 年 9 月 25 日公布实施了《互联网信息服务管理办法》。

2001 年 4 月 3 日，国务院办公厅发布《关于进一步加强互联网上网服务营业场所管理的通知》。

2002 年 8 月,《中国互联网络域名管理办法》出台,2004 年 11 月,原信息产业部在此基础上修订并公布了新办法,修订后的管理办法自 2004 年 12 月 20 日正式实施。

2002 年 9 月,国务院颁布了《联网上网服务营业场所管理条例》,并在 2011、2016、2019、2022 年做了四次修订。

2010 年颁布的《网络商品交易及有关服务行为管理暂行办法》,是我国第一部规范网络商品交易及有关服务行为的行政规章。2014 年,该暂行办法废止,并由《网络交易监督管理办法》取代之,自 2021 年 5 月 1 日起施行。

2. 保障信息安全的法规

信息安全涉及的主要法律问题包括犯罪、民事问题和隐私问题。我国的信息安全法律法规上遵循谁主管谁负责、突出重点、预防为主、安全升级、风险管理的原则。主要的法规介绍如下。

1994 年 2 月 18 日颁布的《中华人民共和国计算机信息系统安全保护条例》是我国专门针对信息网络安全问题制定的首部行政法规。

1997 年 4 月,公安部颁布了《计算机信息系统安全专用产品分类原则(GA 163–1997)》。

1997 年 12 月,颁布了《计算机信息网络国际联网安全保护管理办法》,以加强对计算机信息网络国际联网的安全保护。后根据 2011 年 1 月 8 日《国务院关于废止和修改部分行政法规的决定》进行了修订。

1998 年 8 月,公安部、中国人民银行发布了《金融机构计算机信息系统安全保护工作暂行规定》,旨在加强金融机构计算机信息系统安全保护工作,保障国家财产的安全,保证金融事业的顺利发展。

2000 年 3 月,公安部颁布了《计算机病毒防治管理办法》,其中规定了"任何单位和个人不得制作计算机病毒"。

2000 年 12 月 28 日,第九届全国人大十九次会议通过了《全国人大常委会关于维护互联网安全的决定》,这是我国针对信息网络安全制订的第一部法律性决定。

2012 年 12 月 28 日,《全国人民代表大会常务委员会关于加强网络信息保护的决定》颁布并实施。

2013 年 6 月 28 日,工业和信息化部颁布了《电信和互联网用户个人信息保护规定》。该《规定》分总则、信息收集和使用规范、安全保障措施、监督检查、法律责任、附则,共 6 章 25 条,自 2013 年 9 月 1 日起施行。

2016 年 11 月 7 日,全国人民代表大会常务委员会发布《中华人民共和国网络安全法》(以下简称《网络安全法》),自 2017 年 6 月 1 日起施行。该法是我国网络空间法治建设的重要里程碑,是依法治网、化解网络风险的法律重器。

2017 年 12 月,全国信息安全标准化技术委员会正式发布《信息安全技术个人信息安全规范》,于 2018 年 5 月 1 日正式实施。该规范针对个人信息面临的安全问题,规范个人信息控制者在收集、保存、使用、共享、转让、公开披露等信息处理环节中的相关行为。

2019 年 5 月,国家市场监督管理总局、国家标准化管理委员会发布《信息安全技术网络安全等级保护基本要求》《信息安全技术网络安全等级保护测评要求》《信息安全技术网络安全等级保护安全设计技术要求》,于当年 12 月 1 日实施。

2019年10月26日，第十三届全国人民代表大会常务委员会第十四次会议表决通过《中华人民共和国密码法》，于2020年1月1日起施行。该法旨在规范密码应用和管理，促进密码事业发展，是我国密码领域的综合性、基础性法律。

2020年2月13日，中国人民银行发布了《个人金融信息保护技术规范》，其中明确规定了个人金融信息在收集、传输、存储、使用、删除、销毁等生命周期各环节的安全防护要求。

2021年6月10日，十三届全国人大常委会第二十九次会议通过了《中华人民共和国数据安全法》（以下简称《数据安全法》）。

2022年7月，《数据出境安全评估办法》出台。该办法旨在规范数据出境活动，保护个人信息权益，维护国家安全和社会公共利益，促进数据跨境安全、自由流动，切实以安全保发展、以发展促安全。

延伸阅读

《数据安全法》

《数据安全法》是数据领域的基础性法律，也是国家安全领域的重要法律，于2021年9月1日起施行。数据是国家基础性战略资源，没有数据安全就没有国家安全。该法贯彻落实总体国家安全观，聚焦数据安全领域的风险隐患，加强国家数据安全工作的统筹协调，确立数据分级分类管理以及风险评估，检测预警和应急处置等数据安全管理各项基本制度；明确开展数据活动的组织、个人的数据安全保护义务，落实数据安全保护责任；坚持安全与发展并重，锁定支持促进数据安全与发展的措施；建立保障政务数据安全和推动政务数据开放的制度措施。

3. 相关权利保护的法规

1991年，国务院颁布了《计算机软件保护条例》。经过修订后，在2001年以国务院第339号令重新公布《计算机软件保护条例》，自2002年1月1日起施行。

2001年，第九届全国人大二十四次会议通过了修改《中华人民共和国著作权法》（以下简称《著作权法》）的决定，这次修订适应了网络经济条件下著作权保护的新形势。

2005年，国家版权局、原信息产业部联合颁布了《互联网著作权行政保护办法》。

2006年，国务院颁布了《信息网络传播权保护条例》（2013年进行了修订），旨在保护著作权人、表演者、录音录像制作者的信息网络传播权，鼓励有益于社会主义物质文明、精神文明建设的作品的创作和传播。

（二）信息伦理与行为规范

1. 信息伦理

伦理是指在处理人与人、人与社会相互关系时应遵循的道理和准则。它不仅包含着对人与人、人与社会和人与自然之间关系处理中的行为规范，而且也深刻地蕴涵着依照一定原则来规范行为的深刻道理。

信息伦理又称信息道德，是指涉及信息开发、信息传播、信息管理和利用等方面的伦理要求、伦理准则、伦理规约，以及在此基础上形成的新型的伦理关系。它是调整人们之间以及个人和社会之间信息关系的行为规范的总和。包括两个方面和三个层次。

（1）信息伦理的两个方面。包括主观方面和客观方面。

主观方面，指人类个体在信息活动中，以心理活动形式表现出来的道德观念、情感、行为和品质，如对信息劳动的价值认同，对非法窃取他人信息成果的鄙视等，即个人信息道德。

客观方面，指社会信息活动中人与人之间的关系以及反映这种关系的行为准则与规范，如扬善抑恶、权利义务、契约精神等，即社会信息道德。

（2）信息伦理的三个层次。包括信息道德意识、信息道德关系和信息道德活动。

信息道德意识，是信息道德行为的深层心理动因，集中体现在信息道德原则、规范和范畴之中。信息道德意识属于信息伦理的第一个层次，包括与信息相关的道德观念、道德情感、道德意志、道德信念和道德理想等。

信息道德关系，是建立在一定的权利和义务的基础上，并以一定信息道德规范形式表现出来的相互之间的关系，是通过大家共同认同的信息道德规范和准则维系的。信息道德属于信息伦理的第二层次，包括个人与个人的关系、个人与组织的关系、组织与组织的关系。

信息道德活动，主要体现在信息道德实践中，属于信息伦理的第三层次，包括信息道德行为、信息道德评价、信息道德教育和信息道德修养：①信息道德行为即人们在信息交流中所采取的有意识的经过选择的行动；②信息道德评价即根据一定的信息道德规范对人们的信息行为进行善恶判断；③信息道德教育即按一定的信息道德理想对人的品质和性格进行陶冶；④信息道德修养则是人们对自己的信息行为的自我解剖、自我改造。

2. 行为规范

在信息技术领域，应注意的行为规范主要有以下几个方面。

（1）有关知识产权。

计算机软件是个人或者团体的智力产品，任何未经授权的使用、复制都是非法的，按规定要受到法律的制裁。人们在使用计算机软件或数据时，应遵照国家有关法律规定，尊重其作品的版权，这是使用计算机的基本道德规范。大家应养成如下良好的道德规范。

①应该使用正版软件，坚决抵制盗版，尊重软件作者的知识产权；

②不对软件进行非法复制；

③不要为了保护自己的软件资源而制造病毒保护程序；

④不要擅自篡改他人计算机内的系统信息资源。

（2）有关计算机安全。

计算机安全是指计算机信息系统的安全。计算机信息系统是由计算机及其相关的、配套的设备、设施（包括网络）构成的，为维护计算机系统的安全，防止病毒的入侵，我们应该注意如下几方面。

①不要蓄意破坏和损伤他人的计算机系统设备及资源；

②不要制造病毒程序，不要使用带病毒的软件，更不要有意传播病毒给其他计算机系

统（传播带有病毒的软件）；

③要采取预防措施，在计算机内安装防病毒软件；要定期检查计算机系统内文件是否有病毒，如发现病毒，应及时用杀毒软件清除；

④维护计算机的正常运行，保护计算机系统数据的安全；

⑤被授权者对自己享用的资源有保护责任，口令密码不得泄露给外人。

（3）有关网络行为规范。

在计算机网络广泛的积极作用背后，也有使人堕落的陷阱，其主要表现在：网络文化的误导，传播暴力、色情内容；网络诱发着不道德和犯罪行为；网络的神秘性"培养"了计算机"黑客"；等等。各个国家都制定了相应的法律法规，以约束人们使用计算机以及在计算机网络上的行为。例如，我国公安部公布的《计算机信息网络国际联网安全保护管理办法》中规定任何单位和个人不得利用国际互联网制作、复制、查阅和传播下列信息。

①煽动抗拒、破坏《宪法》和法律、行政法规实施的；

②煽动颠覆国家政权，推翻社会主义制度的；

③煽动分裂国家、破坏国家统一的；

④煽动民族仇恨、破坏国家统一的；

⑤捏造或者歪曲事实，散布谣言，扰乱社会秩序的；

⑥宣扬封建迷信、淫秽、色情、赌博、暴力、凶杀、恐怖，教唆犯罪的；

⑦公然侮辱他人或者捏造事实诽谤他人的；

⑧损害国家机关信誉的；

⑨其他违反《宪法》和法律、行政法规的；

⑩在使用网络时，不侵犯知识产权，主要内容包括：不侵犯版权；不做不正当竞争；不侵犯商标权；不恶意注册域名。

除上述外，还规范了如下行为。

①不能利用电子邮件作广播型的宣传，这种强加于人的做法会造成别人的信箱充斥无用的信息而影响正常工作；

②不应该使用他人的计算机资源，除非你得到了准许或者作出了补偿；

③不应该利用计算机去伤害别人；

④不能私自阅读他人的通信文件（如电子邮件），不得私自复制不属于自己的软件资源；

⑤不应该到他人的计算机里去窥探，不得蓄意破译别人的口令。

（4）有关个人信息保护。

在信息技术领域，个人信息是指将个人数据进行信息化处理后的结果，它包含了有关个人资料、个人空间等方面的情况。个人资料指肖像、身高、体重、指纹、声音、经历、个人爱好、医疗记录、财务资料、家庭电话号码等；个人空间，也称私人领域，个人空间隐私是指个人的隐秘范围，涉及属于个人的物理空间和心理空间。个人信息的特点是隐私性、个体性。目前世界上已有50多个国家制定了有关个人信息保护的法律法规，欧洲各国也缔结了与个人信息保护有关的国际公约。

延伸阅读

如何保护个人信息

在当前信息技术条件下，保护个人信息要做到以下几点。

一是要防范用作传播、交流或存储资料的光盘、硬盘、软盘等计算机媒体泄密。

二是要防范联网（局域网、因特网）泄密。例如：不要在即时通讯工具中泄露个人的银行账号、电子邮箱的密码等，不要在没有安全认证的网站上进行电子商务交易、银行资金交易等。又如，在申请电子邮箱、下载图文视频内容时，填写的个人信息有可能被泄露。网络上的一些"间谍"病毒，不仅会收集用户访问过的网站等信息，甚至还可以盗取用户银行账户密码。因此，要每天做好计算机病毒的防毒查毒杀毒工作。对设备密码做好保密工作，不向无关人员泄露，定期修改系统密码，以增加系统的安全性。

三是要防范、杜绝计算机工作人员在管理、操作、修理过程中造成的泄密。

四是在保护自己的个人信息的同时，也不得向无关人员提供或出售个人信息，不要在没有保密的条件下传送这些信息的电子档案。不得利用自己掌握的个人信息，通过信息技术手段进行手机短信的滥发、电子邮件宣传广告、传真群发、电话骚扰等。

二、数字安全保护

数字安全保护是指劳动者在数字化活动中应具备的数据安全保护和网络安全防护的能力，包括保护个人信息和隐私、维护工作数据安全，以及注重网络安全防护。包括但不限于：一是做好个人信息和隐私数据的管理与保护；二是在工作中对客户以及协作的数据进行收集、存储、使用、传播时注重数据安全维护；三是能够辨别、防范、处置网络风险行为，例如：辨别、防范、处置网络谣言、网络暴力、电信诈骗、信息窃取行为。

（一）信息安全与数据安全

1. 信息安全

信息安全的范畴大于"计算机系统安全"，国际标准化组织（ISO）的定义为：为数据处理系统建立和采用的技术、管理上的安全保护，为的是保护计算机硬件、软件数据不因偶然和恶意的原因而遭到破坏、更改和泄露。信息安全不仅涉及传输过程，还包括网上复杂的人群可能产生的各种信息安全问题。

威胁信息安全的因素是多种多样的，从现实来看，主要有以下几种情况。

（1）被动攻击：通过偷听和监视来获得存储和传输的信息。

（2）主动攻击：修改信息、创建假信息。

（3）重现：捕获网上的一个数据，然后重新传输来产生一个非授权的效果。

（4）修改：修改原有合法信息、延迟或重新排序产生一个非授权的效果。

（5）破坏：利用网络漏洞破坏网络系统的正常工作和管理。

（6）伪装：通过截取授权的信息伪装成已授权的用户进行攻击。

我国对信息安全的保护，主要是通过基本法律体系（如《宪法》、《中华人民共和国刑法》（以下简称《刑法》）、《劳动法》、《数据安全法》）、政策法规体系（如《中华人民共和国计算机信息系统安全保护条例》）、强制性技术标准体系（如《计算机信息系统安全保护等级划分准则》）来共同保障的。但是，要实现信息安全仅靠法律和技术是不够的，它还与个体的信息伦理与责任担当等品质紧密关联。由于职业岗位与信息技术的关联进一步增强，强调对劳动者应具备信息安全意识并坚守使用信息的道德底线十分必要。

2. 数据安全

信息安全是数据安全的基础。数据安全是一个笼统的概念，具体来说，包含个人数据、商业数据、公共数据等范围，厘清监管的数据类型和数据概念，是数据合规的基础。法律法规针对不同的数据给出了范围的界定，见表6-2。

表6-2　数据安全的法律定义

类型	定义
国家核心数据	关系国家安全、国民经济命脉、重要民生、重大公共利益等的数据
重要数据	一旦遭到篡改、破坏、泄露或者非法获取、非法利用，可能直接影响国家安全、公共利益或者个人、组织合法权益的数据
公共数据	公共管理和服务机构在依法履行公共管理职责或者提供公共服务过程中产生、处理的数据
企业数据	企业自身产生的财务数据、管理数据及运营数据等
个人数据	以电子或者其他方式记录的能够单独或者与其他信息结合识别特定自然人身份或者反映特定自然人活动情况的各种信息

（二）规范使用数字身份

数字身份是指实体社会中的自然人身份在数字空间的映射。通俗来讲，就是我们每个人在虚拟世界中，证明"我就是我"的身份象征或凭据。

对于个体而言，个人在数字化世界获得了新的身份——数字身份。数字身份简单地说是指用于描述和证明一个人的一组代码。借助于数字身份，人们可以在数字化世界证明"我是我，你是你"。数字身份不同于电子身份，传统的电子身份仅仅是身份信息的电子版，而数字身份与数字身份技术系统相关——通过引入生物识别技术和大数据等数字化技术给人"画像"，以确认数字"我"和实在"我"是同一个人。常见的有银行系统、铁路和机场交通系统的身份识别或认证。

通过身份识别，可以为人们高效、安全地进行金融业务的交易和通行带来极大的方便。例如，曾经的"健康码"就是一种数字身份。"绿码"和"红码"不仅藏着一个人的生活轨迹，还包括他的社交网络。

数字时代一个人至少可以得出三种身份：社会身份、生物信息身份、行为和心理的身份。这三种身份信息在大部分情况下都属于个人的私人信息，如果他人需获取这方面的信息，需要征得本人的同意。但是，在数字化空间，这种"画像"大部分是数字化技术构建的。尤其是关于个人生物信息、内心情感和偏好的推断，属于个人极其敏感的隐私。个人隐私的不恰当暴露常常会带来对个人和家庭的伤害，有时会带来对个人和家庭的出身、健康、种族与性别的歧视。

我们的生活越来越需要身份验证，例如求职、买车、申请抵押贷款或注册一项新服务。然而，现有的在线用户认证和信任建立系统对用户来说很不方便，对企业来说也很繁重，管理用户信息的成本过高。更重要的是，目前的方法迫使用户放弃他们的隐私，而在线交易的安全和信任也没有达到"足够好"的标准。以网上购物为例，我们的个人信息，包括姓名、地址和信用卡信息，可能存储在几十个网站。但存储这些数据也会带来风险，例如：公司遭到入侵，用户使用强度较弱的密码，用户密码泄露等。一种名为"去中心化身份"的新模式使消费者重新控制自己的个人信息，同时企业也获得信任，相信与他们共享的消费者信息是准确的，从而减少欺诈。

（三）防范来自密码的安全威胁

用户名和密码组合是最常用的身份认证方式，密码的作用主要是防止冒名顶替，是抵御攻击的第一道防线，也是最后一道防线。对针对密码的攻击时刻存在。

1. 密码引起的安全风险

如果因为密码较弱或密码使用不当，一旦被别有用心的人获取，他就可以拥有和你一样的权限。例如，一旦黑客掌握了操作系统密码，他就有机会远程登录系统，此时整台终端设备就有完全被掌控的可能。

2. 计算机的常见密码

对计算机来讲，常见的密码主要有以下几类。

（1）BIOS 密码（Basic Input Output System，基本输入输出系统）。BIOS 密码是为计算机使用安全设置的开机密码，一般有管理者密码和用户密码。默认情况下，这两项密码都没有设置。如果设置了管理者密码，以后要进入 CMOS（Complementary Metal Oxide Semiconductor，互补金属氧化物半导体）设置就必须输入密码。如果设置了用户密码，以后想开机使用计算机，就必须输入密码。

（2）操作系统密码。操作系统密码是指登录到系统桌面所需要的密码。对 Windows 10 之类的桌面操作系统而言，此密码就是系统登录密码。

（3）应用程序密码。应用程序密码是指进入应用程序所需要的密码，如进入 QQ、微信等应用程序的密码。

（4）应用系统密码。目前，大多数应用系统都是基于 B/S（浏览器 / 服务器）架构的应用系统。应用系统密码指的是登录这些系统所需要的密码。如查询课表所登录教务系统所需要的密码。

（5）数据加密密码。数据加密密码是指给数据进行加密所设置的访问密码。例如，可以对所需要加密的盘符启用 BitLocker（一种数据保护功能）并设置访问密码，将需要加密的文件压缩加密；为 Word、Excel、Powerpoint 等设置打开密码或只读密码。

3. 暴力破解

暴力破解是指通过枚举方式逐个尝试。随着计算能力的猛增，暴力破解成功的概率越来越大。对只有 10 位以内，密码字符只包含数字的简单密码，普通计算机不到 1 秒就能破解。为防止被暴力破解，在登录失败以后，系统会要求输入验证码，有的还有尝试次数限制。

4. 密码策略和设置技巧

要确保密码安全，除了保证设备环境安全外，需要设置强密码才能防止暴力破解。符合以下条件的密码才算强密码。

（1）不少于 8 个字符。

（2）应该包含大写字母、小写字母、数字、符号 4 种类型中的 3 种。

（3）不能包含用户名中连续 3 个或 3 个以上字符。

（4）不能使用字典中包含的单词或只在单词后加简单的后缀。

（5）避免使用与自己相关的信息作为密码，如家属、亲朋好友的名字、生日、电话号码等。

（6）避免顺序字符组合，如 abcdef，defdef，a1b2c3。

（7）避免使用键盘临近字符组合，如 1qaz@WSX，qwerty。

（8）避免使用特殊含义字符组合，如 password，P@ssw0rd，5201314，5@01314。

在实际设置密码时，可以使用将口令短语以字符替换、键盘上档键替换等方式来设置强密码，这种密码设置方式既好取又易记，还符合强密码要求。

📖 总结案例

消除数字鸿沟

数字鸿沟是指在全球数字化进程中，不同国家、地区、行业、企业、社区之间，由于对信息、网络技术的拥有程度、应用程度以及创新能力的差别而造成的信息落差及贫富进一步两极分化的趋势。通常数字鸿沟可以分为接入鸿沟和使用鸿沟，即第一道沟和第二道沟。

从世界范围看，数字鸿沟的产生，是由于发达国家经济水平及信息化程度与发展中国家之间所形成的信息不对称；从发展中国家看，就是由于地区、行业、所有制以及企业规模等差异，存在着的信息不对称。

数字鸿沟是信息时代的全球问题。不仅是一个国家内部不同人群对信息技术拥有程度、应用程度和创新能力差异造成的社会分化问题，而且更为尖锐的是全球数字化进程中不同国家因信息产业、信息经济发展程度不同所造成的信息时代的发展差距问题，其实质是信息时代的社会公正问题。它涉及当今世界经济平等、对穷国扶贫和减免债务、打破垄断和无条件转让技术等诸多重大问题。

我国政府高度重视并大力解决数字鸿沟的问题。2020 年，国务院办公厅印发《关于切实解决老年人运用智能技术困难实施方案的通知》，要求各部门聚焦涉及老年人的高频事项和服务场景，坚持传统服务方式与智能化服务创新并行，切实解决老年人在运用智能技术方面遇到的突出困难。2021 年 3 月，由上海市人大常委会表决通过《上海市养老服务条例》，并积极开展"长者智能技术运用能力提升行动"，通过开展智能手机应用培训和帮办服务，帮助老年人提升运用智能技术的水平，主要包括就医、出行、亮码、扫码、缴费、购物、文娱、安全等应用场景，让更多老年人成功跨越"数字鸿沟"。

【分析】从国际上看，数字鸿沟弱化了发展中国家原有的普通劳动力、土地和资源优势，降低了发展中国家的国际竞争力和南南合作的潜力。位于鸿沟的不幸运一方，就意味着更少的机会参与以信息为基础的新经济，这同时意味着获得较少的机会参与教育、培训、娱乐、购物和交流等可以在线得到的机会。缩小"数字鸿沟"，重要的是确保人们能够平等地享用现代通信和网络基础设施，拥有大体平等的教育机会。

活动与训练

谈谈"计算机犯罪"

一、活动目标

了解计算机犯罪。

二、规则与程序

1. 教师展示以下概念和案例。

（1）关于计算机犯罪，就是在信息活动领域中，利用计算机信息系统或计算机信息知识作为手段，或者针对计算机信息系统，对国家、团体或个人造成危害，依据法律规定，应当予以刑罚处罚的行为。

（2）案例：鹤壁侦破一起网络水军案。2022年7月下旬，鹤壁警方接到网民举报称，有人对某平台商户实施敲诈勒索。经查，王某伙同某平台公司员工李某某以月度GMV（商品交易总额）考核为由，恐吓商家必须使用王某所提供的吸粉引流服务，否则对商家做出封号处理。因害怕账号被封，部分平台商家便向王某缴纳数万元吸粉引流服务费。查明上述情况后，鹤壁警方立即行动，先后将犯罪嫌疑人王某、李某某抓获，为平台商户挽回经济损失220余万元。

2. 组织同学在课前查找有关资料的基础上讨论：什么是计算机犯罪？主要分为哪几类？我国《刑法》对计算机犯罪主要规定了哪些罪名？

3. 按照上述的犯罪类型进行分组，针对各项罪名，列举典型案例1~2个。

4. 进一步讨论：计算机犯罪的实质是什么？应该如何远离计算机犯罪？

三、总结

教师上述讨论做总结点评。

（建议时间：15分钟）

探索与思考

1. 信息安全涉及的法律问题主要有哪些？请简述我国信息安全法律规范的基本原则。

2. 保障信息安全的三大支柱是什么？

3. 什么是隐私？在数字条件下，如何避免隐私泄露？

4. 如何设置强度较高又便于记忆的密码？

模块七

绿色技能

模块导读

　　绿色技能是推动经济社会发展绿色化、低碳化的关键因素，对于实现经济和社会高质量发展至关重要。随着全球对气候变暖的关注和碳中和转型的推进，绿色技能人才的需求正在迅速增长。绿色技能不仅包括通用性技能，如最大限度地减少资源使用、提高能源和资源利用效率、减少温室气体排放等，还包括专业技能，主要体现在从事绿色工作或绿色职业所必须掌握的技术、知识、价值和态度之中。这些技能对于促进经济社会的可持续发展、实现环境友好和资源永续利用具有重要作用。

　　本模块通过能源环境与生态、绿色经济与低碳生活两个主题的学习，帮助学生认识绿色技能的重要性，弘扬低碳环保、绿色生态和可持续发展的理念，提升绿色技能，让节能减排、绿色低碳成为一种生产生活方式和社会风尚。

主题一　能源环境与生态

学习目标

1. 了解能源的概念和分类。
2. 了解可持续发展的环境伦理观。
3. 了解当前世界面临的环境问题和防治措施。

导入案例

绿色技能与环境治理的典型

　　塞罕坝机械林场位于河北省最北部，曾经是荒漠沙地，但在三代塞罕坝人的不懈努力下，通过科学育苗、攻克技术难关、加强森林抚育和严格资源保护等措施，成功地将这片沙地转变为绿色生态屏障。截至 2022 年 7 月，塞罕坝机械林场总经营面积 140 万亩（1 亩 =666.67 平方米），有林地面积 115.1 万亩，森林覆盖率达 82%。与建场初期相比，林场的有林地面积增加了 3.8 倍，林木蓄积量增加了 30.4 倍，森林覆盖率由 11.4% 提高到 82%。同时，林场还带动了当地贫困人口脱贫致富。

　　塞罕坝机械林场的案例展现了绿色技能在环境治理和生态修复中的重要作用，也体现了通过绿色发展实现社会经济和生态环境双赢的可能性。这个案例不仅在中国，也为全球提供了生态与发展共赢的"中国方案"。①科学规划与技术应用。塞罕坝机械林场的成功在很大程度上归功于科学育苗技术和造林技术的创新。这表明在环境治理中，应用适宜的科学技术是至关重要的。②系统性治理。塞罕坝的治理不是单一的植树造林，而是包括了森林抚育、资源保护、水源涵养等多维度的综合治理，体现了生态系统管理的整体性和系统性。③持续投入与长期视角。三代塞罕坝人的持续努力和长期投入展示了环境治理需要的耐心和长远规划。④社会经济与生态效益的结合。塞罕坝不仅改善了生态环境，还带动了当地经济发展，实现了生态效益和经济效益的双赢。⑤社区参与和利益共享。通过带动当地居民参与生态修复工作，实现了社区利益的共享，增强了项目的可持续性。

　　【分析】塞罕坝案例强调了培养和应用绿色技能在环境治理和生态修复中的重要性。政府的政策支持和资源整合能力对于推动大规模环境治理项目的成功至关重要。环境治理需要不断创新技术和管理方法，以适应不断变化的环境和社会经济条件。社区和群众的参与不仅能够提高项目的接受度和成功率，还能够促进知识和技能的传承。生态修复项目应与当地经济发展相结合，确保项目的社会经济可行性和长期可持续性。塞罕坝的案例还展示了如何通过生态修复来增强地区对气候变化的适应能力，作为其他地区生态修复和环境治理的示范，能够激励更多地区采取行动。

一、能源与人类文明

（一）能源的概念和分类

1. 能源的概念

物质、能量和信息是构成自然社会的基本要素。而能源是能量的来源，也是人类活动的物质基础，人类社会的发展离不开优质能源的出现和先进能源技术的使用。随着社会的不断进步与发展，人们越来越清楚地认识到，当今世界，能源的发展、能源和环境的问题，是全世界、全人类共同关心的话题。

2. 能源的分类

能源包括热能、电能、光能、机械能、化学能等。能源种类繁多，有多种分类方工，下面列举主要的几种。

（1）按来源分类。可以分为：①来自地球外部天体的能源（主要是太阳能）；②地球本身蕴藏的能量；③地球和其他天体相互作用而产生的能量，如潮汐能。

（2）按产生分类。可分为一次能源和二次能源：①一次能源：从自然界取得的未经任何改变或转换的能源，如原油、原煤、天然气、生物质能、水能、核燃料，以及太阳能、地热能、潮汐能等。②二次能源：一次能源经过加工或转换得到的能源，如煤气、焦碳、汽油、煤油、电力、热水氢能等。

（3）按污染分类。根据能源消耗后是否造成环境污染可分为污染型能源和清洁型能源。

（4）按能源的利用情况分类。①常规能源：在现有经济和技术条件下，已经大规模生产和广泛使用的能源，如煤碳、石油、天然气、水能和核裂变能等。②新能源：在新技术上系统开发利用的能源，如太阳能、海洋能、地热能、生物质能等。新能源大部分是天然和可再生的，是未来世界持久能源系统的基础。③商品能源：作为商品流通环节大量消耗的能源，目前主要有煤炭、石油、天然气、水电和核电五种。

（二）能源与文明发展

文明的出现，得益于人类对能源有意识的利用。而文明发展的内在动力之一，正是人类对能源利用能力的逐步提高。

1. 文明前阶段

人类在创造文明之前，就在不自觉地利用能源。例如，原始人类最基本的需求——吃，就是利用蕴含在食物中的生物能；在阳光下取暖，就是利用太阳能。在这一阶段，人类对能源的利用是被动的，利用程度也很低的。

2. 柴草能源时代

人类发展史上的一大飞跃，是对火的利用。开始，原始人从天然火中保存火种，以草木取暖，吃熟食，抵御猛兽侵害。利用可燃物燃烧释放出的化学能，人类加快了进化步伐，使原始人寿命更长，对自然的适应能力更强。后来，人类掌握了取火的方法，使得人类的活动范围进一步扩大。同时，人类还靠人力、畜力以及来自太阳、风和水的动力从事生产活动，逐步发展了农业文明。当然，这一阶段能源的利用形式也是低级的。例如，依靠畜力拉磨，用水车、风车取水，在太阳下干燥谷物等。

3. 矿物能源时代

在中国汉朝时期，就有用煤炼铁的记载。人们用这种先进的能源开发了炼铁技术，使人类在制造工具方面又大大地前进了一步，结合纺织、造纸等技术的兴起，极大促进了农业文明的发展。在中国古代，人们还发明了火药，随后传到西方，煤炭炼铁和火药的利用，促进了手工业的初步发展，为工业文明吹响了前奏。

矿物能源的第二次大规模利用，有三个重要事件：一是蒸气机的发明与使用，二是石油的发现和内燃机的发明与使用，三是电力的出现。以大量煤炭和石油为燃料的电厂，向各个生活和生产领域提供电能，极大地提高了人类的生活和工业生产水平，同时也促进了科技进步。19世纪末期，水力发电技术也得到应用。电能的大规模使用，促进了第二次工业革命的蓬勃发展。

4. 多能源时代

20世纪，随着矿物能源使用的负面影响越来越大，人们开始通过不同途径寻求能源。首先是各国纷纷加大水利发电的开发力度，其次是核能的利用。利用核能是人类发展史上的大事：核能的军事利用，使人类面临着毁灭的潜在危险；核能的和平利用，使人类找到了一种潜力巨大的能源。这一时期人类开发利用的新能源还有太阳能、风力发电、地热能、海洋能、生物质能、氢能等。第三次科技革命以来，尤其是信息技术的发展，极大地提高了能源利用和管理的效率，促进了人类文明的繁荣与发展。

二、环境问题和环境保护

（一）环境的概念

环境是相对于某一中心事物而言的。人类环境分为自然环境和社会环境。自然环境包括大气、水、土壤、生物和各种矿物资源等，是人类赖以生存和发展的物质基础；社会环境是指人类在自然环境的基础上，为提高物质和精神生活水平，通过长期有计划、有目的的发展，逐步创造和建立起来的人工环境，如城市、农村、工矿区等。

《环境保护法》明确指出："本法所称环境，是指影响人类生存和发展的各种天然的和经过人工改造的自然因素的总体，包括大气、水、海洋、土地、矿藏、森林、草原、湿地、野生动物、自然遗迹、人文遗迹、自然保护区、风景名胜区、城市和乡村等。"这是把环境保护的要素或对象界定作为"环境"的定义，并对"环境"的法律使用对象或适用范围所作的规定。

（二）环境问题

1. 环境问题产生

人类生活和生产活动的实质是人与自然之间进行物质、能量和信息交换，这必然会对原生环境产生一定的干扰。人类出现以后在为了生存而与自然界的斗争中不断地改造自然，创造和改善自己的生存条件。同时，又把经过改造和使用的自然物和各种废物还给自然界，使他们重新进入自然界参与物质循环和能量流动。随着世界人口的剧增，人类对自然资源需求的规模及复杂性增大，返还给大自然的废物也急剧增加，改变了自然的物质能量循环，特别是对各类有毒有害和生物降解缓慢的人工物质。自然界的自身净化和调节能力存在着一个动态的范围，超过它就会威胁到自然系统的基本完整性和稳定性，影响人类和其他生物的生存和发展，从而产生环境问题。

环境问题是随着人类社会和经济的发展而发展的。随着人类生产力的提高，人口数量也迅速增长，人口增长又反过来要求生产力的进一步提高，如此循环发展至今，环境问题发展到十分尖锐的地步。环境问题的发展大致可分为以下四个阶段（图7-1）。

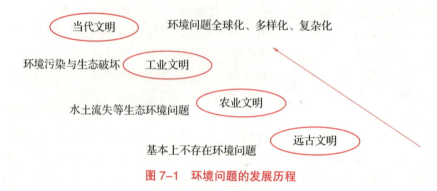

图7-1 环境问题的发展历程

2. 环境问题分类

环境问题是指由于自然力或人类活动所导致的全球环境和区域环境中出现的不利于人类生存和社会发展的各种环境影响。环境问题多种多样，归纳起来有两大类：一类是自然演变和自然灾害引起的原生环境问题，也叫第一环境问题，如地震、洪涝、干旱、台风、崩塌、滑坡、泥石流等；另一类是人类活动引起的次生环境问题，也叫第二环境问题和"公害"。目前人们所说的环境问题一般是指次生环境问题。

次生环境问题包括生态破坏、环境污染和资源短缺耗竭等方面：①生态破坏是指人类活动直接作用于自然生态系统造成生态系统的生产能力显著下降和结构显著改变而引起的环境问题，如过度放牧引起草原退化，滥采滥捕使珍稀物种灭绝和生态系统生产力下降，植被破坏引起水土流失等。②环境污染是指人类活动的副产品和废弃物进入环境后，对环境产生的一系列扰乱和侵害，甚至引起环境质量恶化，反过来又影响人类自身的生活质量。环境污染不仅包括物质造成的直接污染，如工业和生活"三废"，也包括由物质的物理性质和运动性质引起的污染，如热污染、噪声污染、电磁污染和放射性污染等。由环境污染还衍生出许多环境效应，如二氧化硫造成的大气污染，除了使大气环境质量下降外，还会造成酸沉降或酸雨而导致生态系统遭到破坏。③资源短缺与耗竭性环境问题是由于人类不合理的开发和利用自然资源所致，大规模的工业生产和经济活动使得人类向环境索取自然资源的速度远远超过了资源本身的再生速度。人类从环境中获得的物质量远远大于其实际的使用量，对资源的使用存在着惊人的浪费。同时，人类又很少从保护自然资源的角度来思考、评估和优化自身的生产和生活方式，这样长此以往，会造成人类所需的各种自然资源的短缺和耗竭，同时也打破了自然生态系统原有的生态平衡。

（三）可持续发展的环境伦理观

伦理的原意是人伦道德之理，指人与人相处的各种道德准则。环境伦理讲的是我们满足环境本身的存在要求或存在价值的问题。简单地说，就是环境在满足了人的生存需要之后，人类如何去满足环境的存在要求或存在价值，而同时满足人类自身的较高层次的文明需要。

可持续发展的伦理学核心是公平与和谐。公平包括代际公平以及不同地域、不同人群之间的代内公平；和谐则是指全球范围内的人与自然的和谐。代际公平的前提是代内公平，而代内公平则是用以调整不平等的国际政治经济秩序、消除世界贫困、寻求共同发展的伦理原则。人与自然和谐的原则，即人类活动应与环境系统相协调。每一代人在满足本代人生存和发展需要的同时，应使资源和环境条件保持相对稳定，以便持续供给后代。因此，人与自然和谐相处是可持续发展的基本原则，而可持续发展的环境伦理观的基本理论也正是人与自然相互依存、和谐统一的整体价值观。在人与自然的基本关系中，可持续发展的环境伦理观认为人具有理性，具有能从根本上改变环境的强大力量，然而人类应该站在平等的立场，尊重和善待其他生物。

由此可知，人类有权利用自然，通过改变自然资源的物质形态来满足自身的生存需要，但必须以不改变自然界的基本秩序为限度。另外，人类又有义务尊重自然，维护自然规律的稳定性。人类对大自然的权利和义务是相互制衡的关系，研究环境伦理和人类发展模式的目的就在于促进整个"人类—地球"复合系统的和谐演进。

（四）环境保护

环境保护简称"环保"，一般是指人类为解决现实或潜在的环境问题，协调人类与环境的关系，保护人类的生存环境，保障经济社会的可持续发展而采取的各种行动的总称。对自然环境的保护有利于防止自然环境的恶化，环境保护包括：对大自然的保护，对人类居住、生活环境的保护等。

可持续发展的理想能否实现的关键在于人类自身的理性行为能否战胜非理性行为。虽然现实世界发展的强大惯性会减缓、阻止它的实施进程，但不可能彻底抵消其进程，通过一定社会结构下的政府行为可纠正、遏制人们的非理性、非有序活动，推动传统发展行为的根本转变。可持续发展战略的实现与生态环境问题的解决，除了要依靠科技，环境伦理和道德约束是软约束，因而可持续发展的环境伦理观具有重要的实际意义。

三、目前主要存在的环境问题

（一）热环境与热污染

1. 热环境与热污染概述

热环境是指供给人类生产、生活及生命活动的生存空间的温度环境，是指由太阳辐射、气温、周围物体表面温度、相对湿度与气流速度等物理因素组成的作用于人，影响人的冷热感和健康的环境。它主要是指自然环境、城市环境和建筑环境的热特性。

热环境分为自然热环境和人为热环境。自然热环境热源为太阳光，热特性取决于环境接收太阳辐射情况，并与环境中大气同地表间的热交换有关，也受气象条件的影响；人为热环境的热源为房屋、火炉、外界影响以及需要进行化学反应等使用的设备。人类为了缓和外界环境剧烈的热特性变化，创造更适于生存的人为热环境。人类的各种生产、生活和生命活动都是在人类创造的人为热环境中进行的。

在我国，气温达到或超过 35℃，会发布高温预警信号：连续三天达到或超过 35℃ 时，会发布高温黄色预警信号；当日气温达到或者超过 37℃ 时，会发布高温橙色预警信号；当日气温达到或者超过 40℃ 时，会发布高温红色预警信号。当某日最高气温超过 35℃ 称为高温日，高温日需要采取降温措施。

热污染是指现代工业生产和生活中排放的废热所造成的环境污染。热污染是一种能量污染，是指因为人类活动而危害热环境的现象。若把人为排放的各种温室气体、臭氧层损耗物质、气溶胶颗粒物等所导致的直接的或间接的影响全球气候变化的这一特殊危害环境的热现象除外，常见的热污染有水体热污染和城市热岛效应。

2. 热污染对水环境的影响

热污染对水环境的影响又称为水体热污染。水体与地面具有不同的性质，水的比热容比地面高。白天，水体表层水面接受太阳辐射后，部分太阳辐射使表层水温上升；夜间，水体由于温度比气体温度下降慢，使其比其上气体温度高，所以，以红外线的形式向外辐射能量，使之温度下降。在某种条件下，水面的能量收支相等，这时的水温被称为"平衡水温"。自然状态下的江、河、湖、海的水温不会高于平衡水温，但由于这些水体沿线分布了许多城市和工厂，如钢铁厂、化工厂等人为排放了一些比自然水温高的废水，这类水被称为"温排水"，由于温排水的缘故，自然水体受到了热污染，其水温常常高于平衡水温。

热污染对水体的影响主要有：影响水质；影响水中（水生）生物；使水体富营养化；使传染病蔓延，有毒物质毒性增大；热污染增加能量消耗；热污染加快水分蒸发等。

3. 热污染对城市环境的影响（城市热岛效应）

夏季是炎热的，而大城市的炎热程度更为严重。白天，人口密集区、公共汽车站、电车、候车大厅内，热浪使人很不舒服，甚至有因热浪而晕倒；入夜，人们还在楼下纳凉，以躲避居室的烘热，高温挟着噪声和浑浊的空气，使城市环境越来越不舒服。这种城市内部的高温现象称为"热岛效应"，热岛中的热能能够影响到城市上空数百米的高度。

热岛现象在近地面气温分布图上表现为以城市为中心形成一个封闭的高温区，犹如一个温暖而孤立的岛屿。由于热岛中心区域近地面气温高，大气做上升运动，与周围地区形成气压差异，周围地区近地面大气向中心区辐合，从而形成一个以城区为中心的低压旋涡，造成人们生活、工业生产、交通工具运转等产生的大量大气污染物（硫氧化物、氮氧化物、碳氧化物、碳氢化合物等）聚集在热岛中心，威胁人们的身体健康甚至生命安全。其危害主要有如下几点。

（1）直接刺激人们的呼吸道黏膜，轻者引起咳嗽流涕，重者会诱发呼吸系统疾病。

（2）刺激皮肤，导致皮炎，甚至引起皮肤癌。

（3）长期生活在"热岛"中心，会表现为情绪烦躁不安、精神萎靡、忧郁压抑、胃肠疾病多发等。

（4）因城区和郊区之间存在大气差异，可形成"城市风"，它可干扰自然界季风，使城区的云量和降水量增多；大气中的酸性物质形成酸雨、酸雾，诱发更加严重的环境问题。

"热岛效应"形成的首要原因是城市人口稠密、工业集中、交通工具多；生产、生活中排放的废水、废气、废渣形成低压区，吸引着周边地区热量向城市中心汇聚。其次是城市建设没有规划好，绿色面积较少，同时，由于城市高楼林立，使对流产生阻碍作用，热气流与外界交换受阻，使得城市大气不断接受热量却无法向外部扩散；地下空间的利用，改变了大地固有的热平衡机制，地下温度的日差随深度的增加而减小，在地表以下约半米处的深度，其温度的日差已接近于零。地温的年变化与日变化有相同的规律，即地下温度的年差也较小。在地表以下十几米的深度，有一个恒温层，该层地温的年差为零，加剧了"热岛效应"的形成。

4. 热污染的防治

防治热污染可以从以下方面着手。

（1）在源头上，应尽可能多地开发和利用太阳能、风能、潮汐能、地热能等可再生能源。并且这些能源在使用中不会对环境造成污染，属于清洁能源，但是这些能源的普及利用却还是有一段路要走的。

（2）加强绿化，增加森林覆盖面积。绿色植物具有光合作用，可以吸收二氧化碳，释放氧气，还可以产生负离子。植物的蒸腾作用可以释放大量水汽，增加空气湿度，降低气温。林木还可以遮光、吸热，反射长波辐射，降低地表温度。绿色植物对防治热污染有巨大的可持续生态功能。具体措施有：提高城市行道树建设水平，加强机关、学校、小区等的绿化布局，发展城市周边及郊区绿化，倡导居民植树、护树等。

（3）提高热能转化率和利用率，对废热进行综合利用。在热电厂、核电站的热能向电能的转化，工厂以及人们平时生活中热能的利用上，都应提高热能的转化和使用效率，把排放到大气中的热能和二氧化碳降低到最小量。在电能的消耗上，应使用良好设计的节能、散发额外热能少的电器等。这样做，既节省能源，又有利于环境。另外，产生的废热可以作为热源加以利用，如用于水产养殖、农业灌溉、冬季供暖、预防水运航道和港口结冰等。

（4）提高冷却排放技术水平，减少废热排放。

（5）有关职能部门加强监督管理，制定法律、法规和标准，严格限制热排放。

随着工业的发展，热污染不可避免地走进了人们的生活，它产生于人类活动，又作用于人类环境，影响着人类活动的方方面面。对于热污染，既要认识到它的危害，又要尽可能减少它的危害。

（二）温室效应与温室气体

1. 温室效应的产生

温室效应，又称"花房效应"，是大气保温效应的俗称。温室效应主要源于大气中温室气体的增多，温室气体仿佛一个罩在地球表面的玻璃罩，使地面发射的长波辐射热量被大气中温室气体吸收而无法逸散，形成了一个多吸热少排热的系统，导致地球周围热平衡被打破，使地球表面升温。水汽、二氧化碳、氧化亚氮、甲烷、臭氧、氢氟氯碳化物类、全氟碳化物及六氟化硫等是地球大气中主要的温室气体。放任温室气体排放，一旦二氧化碳浓度突破警戒线，遏制全球变暖将变得刻不容缓。

人为原因导致温室效应的产生主要表现在：人口剧增，大气环境污染，海洋生态环境恶化，土地遭侵蚀、盐碱化、沙化等破坏，森林资源锐减，酸雨危害，物种加速灭绝，水污染，有毒废料污染，黑碳气溶胶等物质影响。

2. 温室效应的危害

温室效应固然有维持地表气温的好处，但与此同时，也不能忽视过于强烈的温室效应带给人类社会和自然界的危害。

（1）温室效应对人体健康的影响。气候变暖有可能增加疾病发生的危险和死亡率，增加传染病的风险。气温升高，会给人类生理机能造成影响，人类生病的概率将越来越大，各种生理疾病，例如，眼科疾病、心脏类疾病、呼吸道系统疾病、消化系统类疾病、病毒类疾病、细菌类疾病等将快速蔓延，甚至会引起新疾病。

（2）温室效应对海平面的影响。全球气候变暖将导致海洋水体膨胀和两极冰雪融化。两项独立的研究显示，由于全球变暖，南极一个名为沃迪的冰架已经完全消失，另有两个冰架的面积也在迅速减少，面临坍塌危险。这些发现进一步证实，南极冰川融化的速度比人们想象的快得多。目前，全球约有50%的人口居住在沿海地区。海平面上升将会导致以下后果：①沿海的一些低地和岛屿被淹没，大批人口流离失所，对人身财产安全造成威胁；②海岸被冲蚀；③地表水和地下水盐分增加，污染地下水资源，城市供水紧张，人们用水困难；④地下水位升高，影响地基承载力；⑤旅游业特别是沿海旅游业受到冲击；⑥影响沿海和岛国人民的生活，海平面上升不仅仅使一些沿海地区经济受损，更有甚者，可能会使这个地区从地图上消失。

（3）温室效应对生物多样性的影响。全球性气候变暖并不是一个新现象。过去的200万年中，地球就经历了10个暖、冷交替的循环。许多物种会在这个反复变化的过程中走向灭绝，现存物种即是这些变化过程后生存下来的产物。目前，由于人为因素造成的全球变暖比过去的自然波动要迅速得多，那么这种变化对于生物多样性的影响将是巨大的，主要表现为：①对温带生物多样性的影响；②对热带雨林生物多样性的影响；③对沿海湿地和珊瑚礁生物多样性的影响；④对鸟类种群的影响。

（4）温室效应对农业的影响。全球气温变暖将使世界粮食生产及其分布状况发生变化。加拿大北部和西伯利亚的永久性冻土带将消失，使那里有可能成为世界的大粮仓。另外，气温升高使作物生长季节变暖和延长，导致农业病害的传播和害虫的滋生，从而影响农产品的产量。气候变暖、蒸发强烈又加剧气候的干旱程度。根据现有技术和粮食品种，若全球气温升高2℃，而降雨量不变，则粮食产量可能下降3%~17%。

（5）温室效应对水环境的影响。全球变暖会加速陆地表面水蒸气的蒸发，对地面上水源的运用带来压力，导致陆地水分大量流失，随时会有蔓延之势。不光是森林中的山火，城市中的火灾也将会非常频繁。全球降雨量可能会增加。但是，地区性降雨量的改变则仍未可知。某些地区可能有更多雨量，但有些地区的雨量可能会减少，因此破坏了水循环系统的平衡，导致地球上水资源分配的不平衡，使得降水不足地区地面上植被由于缺水而枯竭，进而导致土地沙漠化。此外，还会导致水土流失、山体滑坡、泥石流等自然灾害。

（6）温室效应对对流层外大气的影响。日益严重的"温室效应"正在使地表气温上升，然而对流层以外的稀薄大气正急剧变冷。

3. 温室效应的防治

温室效应的防治可采取以下措施：①全面禁用氯氟烃类物；②保护森林；③改善汽车使用燃料状况；④少乘坐飞机旅行；⑤改善其他各种场合的能源使用效率；⑥鼓励使用天然气作为当前的主要能源；⑦减少机动车的尾气排放；⑧鼓励使用太阳能；⑨开发替代能源。

作为普通公民，可以从一些小事着手，如及时关掉家中不用的电器，节约用电；尽量少用或不用贺卡、纸尿裤、纸张等，以保护森林资源；尽量吃本地和当季的食物，以减少运输所带来的二氧化碳的排放；节约用水；慎用清洁物品，以减少化学成分进入水中；做环保志愿者等。

（三）酸雨的产生与危害

1. 酸雨的产生

酸雨是指 pH 值小于 5.6 的酸性降水。雨水被大气中存在的酸性气体污染，使其呈酸性。酸雨主要是人为的向大气中排放大量酸性物质造成的。此外，各种机动车排放的尾气也是形成酸雨的重要原因。目前，我国是继欧洲、北美洲之后的世界第三大重酸雨区。酸雨污染主要分布在长江以南云贵高原以东地区，主要包括浙江、上海的大部分地区、福建北部、江西中部、湖南中东部、重庆西南部、广西北部和南部，此前我国的酸雨主要是因大量燃烧含硫量高的煤而形成的，多为硫酸雨，少硝酸雨。近年来酸雨类型由以硫酸型为主逐渐向硫酸硝酸复合型转变。

导致酸性气体进入大气的除自然因素，如海洋雾沫、火山爆发、森林火灾、高空雨云闪电以及土壤硝酸盐的分解等，更主要的是人为因素，包括化石燃料的燃烧、工业过程、交通运输。

2. 酸雨的危害

（1）酸雨对人体健康的影响。酸雨中含有多种致病致癌因素，雨、雾的酸性对眼、咽喉和皮肤的刺激，会引起结膜炎、咽喉炎、皮炎等病症。酸雨或酸雾进入人的呼吸道会诱发各种呼吸道疾病。世界各国的医学研究表明，受酸雨伤害最重的是老人和儿童。

（2）酸雨对土壤的影响。酸雨对土壤的影响表现为：酸雨可导致土壤酸化；酸雨还可以使土壤中的有毒有害元素活化，在植物体内积累或进入水体造成污染，加快重金属的迁移；酸雨可使土壤的物理化学性质发生变化，降低土壤的阳离子交换量和盐基饱和度，改变土壤结构、导致土壤贫化植物营养不良；酸化的土壤抑制了土壤微生物的活性，破坏了土壤微生物正常生态群落，影响微生物的繁殖。

（3）酸雨对水体的影响。酸雨对水体的影响极其严重。一方面，水体变为酸性以后，鱼类生长的条件发生了改变，鱼类由于不适应突变的环境而逐渐死亡；同时，水体 pH 值降低还会使鱼类骨骼中钙含量减少，影响鱼类繁殖和生长，甚至使其死亡。当水体 pH 值降至 5.15 以下时，甲壳类动物、浮游动物、软体动物等较小动物的生长会遭到严重抑制，对水生食物链产生重大不良影响。当 pH 值降至 4.10 时，大多数鱼类和水生动物将死亡，唯一残存于水体中的生物将是一团团的藻类、苔藓类和真菌。另一方面酸雨浸蚀了土壤，侵蚀了矿物，使铝元素和重金属进入附近水体，影响水生物生长或使其死亡。对浮游植物和其他水生植物起营养作用的磷酸盐，因为被铝吸附而难以被生物吸收，其营养价值就会降低。

（4）酸雨对植物的影响。酸雨将伤害农作物和蔬菜的叶片，其伤害程度与酸雨的酸度、频度和时间呈正相关关系。另外，酸雨阻碍植物叶绿体的光合作用，降低农作物和蔬菜种子的发芽率，降低大豆的蛋白质含量，使其品质下降。酸雨还使农作物大幅度减产，特别是小麦，在酸雨影响下，可减产 13%~34%。大豆、蔬菜也容易受酸雨危害，导致蛋白质含量和产量下降。植物对酸雨反应最敏感的器官是叶片，叶片受损后会出现坏死斑，萎蔫，叶绿素含量降低，叶色也发黄、退绿，光合作用降低，使林木生长缓慢或死亡。

（5）酸雨对建筑材料和古迹的影响。酸雨腐蚀建筑材料，如石料、金属等，使其风化过程加速。尽管这些破坏还有来自大气污染物和自然风化的作用，但仍可认为酸雨是一个重要因素。

3. 酸雨的防治

（1）防治酸雨的方法。大气无国界，防治酸雨是一个国际性的环境问题，不能依靠一个国家单独解决，必须共同采取对策，减少硫氧化物和氮氧化物的排放量。关于酸雨的防治，有以下方法：①降低燃煤中的含硫量；②优先使用低硫燃料；③改进燃煤技术；④对煤燃烧后形成的烟气在排放到大气之前进行烟气脱硫；⑤提高城市燃气普及率，发展城市集中供热，从而减少家庭燃煤；⑥严格管理汽车尾气排放，推广乙醇等清洁能源；⑦依靠国家综合治理酸雨的政策和法规，加强对酸雨的监测，针对不同酸源采取不同措施；⑧开发新能源，如太阳能、风能、核能、可燃冰等；⑨应用生物防治，可作为一种辅助手段，在污染严重的地区可栽种一些对二氧化硫有吸收能力的植物，如垂山楂、洋槐、云杉、桃树、侧柏等；⑩大棚种植可减轻酸雨对农作物和土壤的危害。

（2）我国酸雨的综合治理。从总体上来讲，我国酸雨综合治理是一个以防为主、防治结合、综合治理的过程，主要举措包括：①从政策上控制和减少燃煤二氧化硫的排放量；②合理布局生产和生活设施；③节能，发展可替代的清洁能源；④发展清洁煤技术；⑤采用烟气脱硫技术。

（四）雾霾

雾霾，是雾和霾的组合词。雾是由大量悬浮在近地面空气中的微小水滴或冰晶组成的气溶胶系统，多出现在秋冬季节，是近地层空气中水汽凝结的产物。霾，也称阴霾、灰霾，由灰尘、烟粒、硫酸、硝酸等微细颗粒物分散在空气形成的气溶胶系统。中国不少地区将雾并入霾一起作为灾害性天气现象进行预警预报，统称为"雾霾天气"。雾霾天气是一种大气污染状态，雾霾是对大气中各种悬浮颗粒物含量超标的笼统表述，尤其是细颗料物 $PM_{2.5}$（空气动力学当量直径小于等于 2.5 微米的颗粒物，参见图 7-2）被认为是造成雾霾天气的"元凶"。随着空气质量的恶化，雾霾天气现象出现增多，危害加重。

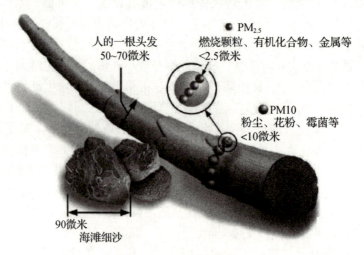

图 7-2　PM10 与 PM2.5

雾霾的形成主要是空气中悬浮的大量微粒和气象条件共同作用的结果。

空气中的微细颗粒来源主要有机动车尾气排放、冬季取暖烧煤等导致的大气中的颗粒物、工业生产排放的废气（如冶金、窑炉与锅炉、机电制造业）、汽修喷漆以及建材生产窑炉燃烧排放的废气、建筑工地和道路交通产生的扬尘、家庭装修中室内粉尘等。另外，当空气中的温度和湿度适宜时，微生物会附着在颗粒物上，特别是油烟的颗粒物上，微生物吸收油滴后转化成更多的微生物，使得雾霾中的生物有毒物质生长增多。

如今很多城市的污染物排放水平已处于临界点，对气象条件非常敏感，空气质量在扩散条件较好时能达标，一旦遭遇不利天气条件，空气质量和能见度就会立刻下滑。

雾霾的危害主要可以分为两种：一是对人体产生危害，二是对生态环境和交通造成危害。

1. 对人体的危害

（1）危害人体自由基功能，加速人体衰老。由于雾霾对人体"自由基清除系统"的损害，造成人体内有毒物质过度堆积，它们通过氧化作用攻击生命大分子物质，导致这些组织细胞内 DNA、蛋白质、脂膜的损伤，从而诱导细胞凋亡，加速机体老化。

（2）影响生殖功能。由于生殖泌尿系统是人体代谢最快的组织，当外界吸入的颗粒进入人体血液循环时首先要受影响的就是生殖泌尿系统，会引起一系列生殖泌尿系统病变，比如肾衰竭、尿毒症、少精、前列腺增生等。男性精子的生长周期，从产生、生长、排出，需要 90 天时间，如果每天都处于雾霾的环境中，会受到有害物质的侵害，影响到精子正常的发育。而雾霾天气对女性生殖健康的影响相对来说危害小一些。

（3）危害呼吸系统。雾霾天气极易引发上呼吸道感染，多以咳嗽、打喷嚏、流鼻涕为主要症状；雾天中的可吸入颗粒、二氧化硫等污染物是诱发哮喘、慢性支气管炎的主要因素。同时，冬季寒冷多雾，气压较低，易出现缺氧、缺血，引起冠状动脉痉挛，从而诱发心脑血管疾病。

（4）引发多种疾病。雾霾天气时，风力小，空气流动缓慢，空气中细菌、病毒等有害气体会比平时要多，易导致传染病扩散和多种疾病发生；城市中空气污染物不易扩散，加重了二氧化硫、一氧化碳、氮氧化物等物质的毒性，极易危害人体健康；同时，雾霾天气还不利于皮肤散热，会使人出现胸闷、憋气、疲劳、头晕等供氧不足的症状，并且容易引起伤风感冒。

（5）不利于儿童成长。由于雾霾天日照减少，儿童紫外线照射不足，体内维生素 D 合成不足，对钙的吸收大大减少，严重的会引起婴儿佝偻病、儿童生长减慢。

（6）影响心理健康。专家指出，持续大雾天对人的心理和身体都有影响，从心理上说，大雾天会给人造成沉闷、压抑的感受，会刺激或者加剧心理抑郁的状态。此外，由于雾天光线较弱及导致的低气压，有些人在雾天会产生精神懒散、情绪低落的现象。

（7）雾霾天气还可导致近地层紫外线的减弱，使空气中的传染性病菌的活性增强，传染病增多。

2. 对生态环境和交通造成的危害

（1）影响生态环境。雾霾天气对公路、铁路、航空、航运、供电系统、农作物生长等均产生重要影响。雾、霾会造成空气质量下降，影响生态环境，给人体健康带来较大危害。

（2）影响交通安全。雾霾天气时，由于空气质量差，能见度低，容易引起交通堵塞，发生交通事故。在日常行车行走时更应该多观察路况，以免发生危险。

3. 防护措施和防护设备

个人可以采取的一些防护措施包括：①增加 β – 胡萝卜素；②减少辛辣食物；③适当补充维生素 D；④勤换衣物、勤洗口鼻；⑤少开窗；⑥深呼吸；⑦排汗解毒；⑧做好护肤工作；⑨外出最好戴上防尘口罩；⑩避免晨练。

在防护设备方面，有如下选择。

（1）佩戴 N95 型口罩 ［图 7–3（a）］。N95 型口罩，是 NIOSH（美国国家职业安全卫生研究所）认证的 9 种防颗粒物口罩中的一种。"N"的意思是不适合油性的颗粒，炒菜产生的油烟就是油性颗粒物，而人说话或咳嗽产生的飞沫不是油性的；"95"是指，在 NIOSH 标准规定的检测条件下，过滤效率达到 95%。N95 不是特定的产品名称，只要符合 N95 标准，并且通过 NIOSH 审查的产品就可以称为"N95 型口罩"。

（2）佩戴 KN90 口罩 ［图 7–3（b）］。防尘口罩按性能分为 KN 和 KP 两类，KN 类只适用于过滤非油性颗粒物；KP 类适用于过滤油性和非油性颗粒物，主要适用于有色金属加工、冶金、钢铁、炼焦、煤气、有机化工、食品加工、建筑、装饰、石化及沥青等产生的 0.185 微米以上的粉尘、烟、雾等油性及非油性颗粒物污染物的行业。对于以 0.075 微米为基准值的非油性颗粒物过滤率超过 90%。

（3）佩戴防毒面具 ［图 7–3（c）］。防毒面具作为个人防护器材，是对人员的呼吸器官、眼睛及面部皮肤提供有效防护，防止毒气、粉尘、细菌等有毒物质伤害的个人防护器材。防毒面具广泛应用于石油、化工、矿山、冶金、军事、消防、抢险救灾、卫生防疫和科技环保等领域。

（4）安装空气净化器 ［图 7–3（d）］。空气净化器又称空气清洁器、空气清新机，是指能够吸附、分解或转化各种空气污染物（一般包括粉尘、花粉、异味、甲醛之类的装修污染、细菌、过敏原等），有效提高空气清洁度的产品，以清除室内空气污染的家用和商用空气净化器为主。

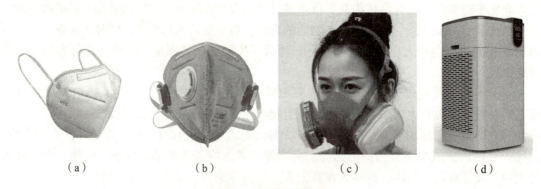

（a）　　　　　　　（b）　　　　　　　（c）　　　　　　　（d）

图 7–3　雾霾防护设备

（a）N95 口罩；（b）KN90 口罩；（c）防毒面具；（d）空气净化器

4. 雾霾治理

雾霾天气的治理，是一个长远的问题，从根本上说，就是要大幅削减主要污染物排放，有以下措施。

（1）加快能源结构调整。包括如下举措：①下大力气搞好煤炭的高效清洁利用；②实施煤炭消费总量控制；③加快清洁能源发展；④继续控制煤化工发展。

（2）解决煤炭燃烧污染问题。包括如下举措：①强制要求所有燃煤电厂、燃煤锅炉、煤化工装置安装脱硫脱硝和除尘设施；②加快出台火力发电、炼焦、建材、燃煤锅炉等燃煤设施污染物排放新标准，增设污染物排放指标，进一步严格污染物排放限值；③加强脱硫脱硝和除尘等环保设施运行检查，确保环保设施正常运行，起到应有作用。

（3）加强钢铁、炼油等排放管理。加强钢铁、炼油等行业主要污染物达标排放监督检查。强制要求钢铁行业烧结机、炼油行业燃煤、燃焦锅炉及催化裂化等主要污染物排放源标准，加快建设脱硫脱硝和除尘等环保设施。

（4）加大机动车污染治理。包括以下举措：①尽快完善成品油定价机制和提前实施下一阶段国家油品质量标准的税收优惠政策，加快成品油质量升级步伐；②严格加强成品油质量监督检查，严厉打击非法生产、销售不符合国家和地方标准要求车用油品的行为；③加快新车排放标准实施进程；④大力发展公共交通，降低城市道路拥堵，降低尾气排放。

（5）加强环境污染监管工作。包括以下举措：①各级政府环保部门必须作为，切实担负起严格的环保监管职能，特别是加强对高耗能高污染行业的密切监管；②修订环保法规相关处罚条款，大幅提高惩罚力度，彻底改变过去环保处罚无关痛痒的局面；③狠抓环保大案、要案、典型案例；④严格控制建筑施工场所扬尘；⑤控制道路扬尘污染；⑥全面推行排污许可证制度；⑦加快推动排污权交易。

（6）加强个人方面环境污染监管工作。可采取以下举措：①厉行节约、反对浪费应该成为传统；②节约粮食不浪费，不仅减少土地的承载压力，还会减少剩余饭菜造成的污染；③积极支持废旧、可利用再生资源的报纸、饮料瓶、家电，以及各种包装的回收；④废旧物品及时处理，不要占有公共设施的楼道等处，搞好环境卫生；⑤不吸烟，或者少吸烟，既减少污染又有利于个人健康；⑥不购买路边摊贩的羊肉串、炸臭豆腐和爆米花等食物，使之因没有市场而自行消失；⑦变汽车、摩托车、电动自行车为脚踏自行车，或者乘公交车出行，倡导绿色出行和健康的生活方式；⑧春节不放或者少放鞭炮，也可减少几分被崩伤的危险；⑨不去捕捞城市在河道与湖泊放养用来净化水质的鱼，以及受保护的野生动物等。

日常生活离不开能源，不仅是衣、食、住、行，而且文化娱乐、医疗卫生都与能源密切相关。随着生活水平的提高，所需的能源也越来越多。多积累一些能源利用带来的环境与健康危害方面的知识，既保护环境，又能促进自己和家人的健康。

📖 总结案例

企业非法倾倒危险废物案

2021年6月24日，某生态环境分局执法人员在巡查时发现一空地倾倒了十数个废油漆桶。根据油漆桶上残留的信息，执法人员追查到一家从事小家电塑料外壳加工生产的企业，该厂生产线设有注塑、喷漆等工序，已办理环保相关手续，且与有危险废物处置资质的单位签订了危险废物转移处置合同，但企业主为了省钱，偷偷将本应交给有危险废物处置资质的单位处置的废油漆桶倾倒。

依据《中华人民共和国固体废物污染环境防治法》第七十九条，产生危险废物的单位，应当按照国家有关规定和环境保护标准要求贮存、利用、处置危险废物，不得擅自倾倒、堆放。该企业违反了以上规定，将处以 60 万元以上罚款，并没收违法所得。

【分析】本案中企业有环保相关手续，也签了危险废物转移处置合同，但为了节省处置十数个废油漆桶的小钱，未按环评要求执行处置，受到了巨额罚款。案件有很好的警示作用，告诫广大企业必须依法依规处理处置危险废物，勿因小失大。

活动与训练

调查当地近年空气质量的变化

一、活动目标

通过收集本地空气质量的数据，了解实施大气污染防治措施后大气环境的变化。

二、规则与程序

1. 与班级同学组成团队，5~7 人为宜。

2. 团队成员共同讨论，哪些空气质量数据可以表征空气质量，这些历史数据可以从哪里获得。

3. 探讨如果进行数据比较，应选用哪个时间段的数据进行考察。

4. 确定本地的空气质量历史数据来源，收集数据，制作图表，进行分析，完成调查报告。

5. 成果形式。用数据和图表，表示近几年某个时间段当地空气质量的变化情况，并对当地大气污染防治措施的实施带来了哪些变化进行总结，完成一份调查报告，在班会课上进行交流。

提示：可在中华人民共和国生态环境部网站和当地生态环境厅官网获取数据（如："生态环境状况公报"和"环境质量月报"）

（建议时间：课上 60 分钟，课前准备 1~2 周）

探索与思考

1. 简述生活中都存在哪些常见的环境问题。
2. 哪些日常生活习惯可以减少对环境的破坏？

主题二 绿色经济与低碳生活

学习目标

1. 了解绿色经济的概念。
2. 了解绿色职业与绿色就业。
3. 树立环保意识，践行低碳生活方式。

导入案例

绿色制造——破解先污染再治理的魔咒

中华人民共和国成立至今，飞速工业发展足以让每一个中国人挺起胸膛，污染却也如期而至，难道先污染再治理是一个国家发展的必经之路？这件事情需要大家共同努力，大如一个国家，小像一个企业，甚至于每个人都有环保意识的话，其实本不用经历苦痛之路。

近年来，太原钢铁集团公司（以下简称"太钢"）在推进产品绿色化、制造过程绿色化的同时，通过处理城市居民生活污水、利用余热提供城市热源、消纳城市废弃物等，积极履行社会责任，加速融入城市，成为钢厂与城市和谐共生的典范。

传统钢铁企业的污染，主要源于落后的生产方式，以及先污染后治理，甚至只污染不治理的发展模式。针对这一问题，太钢实施全流程的绿色制造，改变末端治理模式，实现清洁生产，使绝大多数污染物内化于生产中，促进经济效益和社会效益的统一。

首先，淘汰落后产能和构建循环模式，是太钢以绿色制造发展企业的成功做法。从21世纪初开始，太钢逐步淘汰了所有的旧焦炉、小高炉、小烧结机、小电炉等落后的冶炼、轧钢装备，集成了当今世界最先进的工艺技术装备，完成了全流程技改升级，不锈钢生产线能够以最经济的投入、最少的污染排放，生产出品种最优、质量最好的产品，极大地提升了当代不锈钢工业的绿色制造水平。太钢投入巨资实施了一系列节能环保项目，形成了比较完整的固态、液态、气态废弃物循环经济产业链，对废水、废酸、废气、废渣、余压余热等进行了高效处理和循环再利用。在此过程中，率先集成世界最先进的节能环保技术，多次成为国内"第一个吃螃蟹"者。目前，太钢的固态废弃物、工业废水、工业废酸均实现了100%循环利用，吨钢耗水量为全球同行业最低。

此外，太钢十分重视钢铁产品在应用过程中的节能减排。多年来，太钢一直把绿色钢材研发和产品结构优化放在突出位置，集中力量研发耐高温高压、耐腐蚀、耐超低温、高强韧的高新技术产品，不断实现钢材品种结构的优化升级。一批批轻量化、长寿命和便于回收利用的绿色钢材新品种，广泛应用于铁路、汽车、造船、电力、石化、航空航天、精密制造等领域，为下游产业转型升级提供了强有力的材料支持，为资源节约型、环境友好型社会建设做出了贡献。

太钢创建绿色企业，大力发展绿色产业承担城市建设的义务。近年来，太钢通过自主创新，形成了一批具有自主知识产权的节能减排先进技术，以较低成本应用于相关行业，帮助全社会提升绿色发展水平，共同推进节能减排科技成果产业化。太钢正由绿色发展高新技术的获取者、受益者向创造者、输出者转变。太钢建设了我国冶金行业最早、规模最大的膜法水处理生产线，用于污水深度处理。利用回收的生产余热，为城区居民住宅供暖，并使供暖区域内的燃煤小锅炉全部被淘汰。太钢还积极开展城市废弃物资源化利用，废旧机动车拆解再利用业务已初具规模，废旧轮胎、塑料等综合利用项目也在积极推进。太钢还大规模实施厂容整治和绿化工程，提高厂区绿化覆盖率，形成了"厂在林中、路在绿中、人在景中"的生态格局。

【分析】"先污染后治理"给社会和公众造成的损害是惨痛巨大的，付出的代价比事前污染防治大的多，不仅是经济上的代价，还有我们脆弱的生态环境。我国政府早就强调不走"先污染后治理"的老路，太钢坚定不移地走绿色发展、循环发展、低碳发展之路，为中国钢铁工业的绿色转型，为建设美丽中国做出新的更大贡献。

二、绿色经济

（一）绿色经济的崛起

1989 年，英国经济学家大卫·皮尔斯在《绿色经济的蓝图》一书中提出了绿色经济的概念，认为绿色经济是以传统产业经济为基础、市场为导向、经济与环境和谐发展为目的的新经济形态，是产业经济适应人类环境保护与健康需要而产生的一种经济社会发展形式。

几十年来，绿色经济已成为许多国家政府和社会关注的战略重点，内涵愈发丰富，外延也日益广泛。联合国环境规划署将其定义为："可带来人类福利和社会公平的改善，能显著降低环境风险与生态短缺的经济。"

总的来说，绿色经济具有降低碳排放及污染，增强能源和资源效率，保护生态系统的良性循环，防止破坏生物多样性等特征，体现出环境与资源的价值及利用自然资源的公平性，强调经济、社会和环境的协调性，引导产业结构优胜劣汰、动态发展。其外延包含环境友好型经济、资源节约型经济、循环利用型经济的价值取向和特征，是兼具低碳、资源高效和社会包容的经济形态。

我国学者指出，绿色经济是符合自然生态规律，同时产生经济和环境效益的人类活动。其活动分为两部分：一是对原有经济进行绿色化或生态化改造，包括开发新生产工艺，替代或降低使用有毒有害物质，高效和循环利用原材料，降低污染物产量并做净化处理等；二是发展有助于改善环境或对环境影响小的产业，包括生态农业、植树造林、有机食品、清洁能源、可再生资源、生态旅游、服务业、高新科技等。

我国绿色经济的发展，得益于发展理念的引导、环保意识的觉醒、科技创新的驱动、市场需求的刺激。在绿色发展理念的影响下，消费者的环保意识日益增强，追求安全、节约、无害成为选用衣食住行用品的主要标准。在绿色消费需求对产业的投射作用下，绿色原材料、绿色装备成为提供产品与服务的主要选择。绿色环保的生产要素和消费品市场日渐成熟、需求强劲，反过来进一步刺激资本投入，为绿色发展提供经济基础和发展动力。

（二）绿色经济的概念和范畴

20世纪中期以来，随着人们重新认识人类与自然关系，有关生态、环境、资源与经济的综合性理论与应用研究证实了生态、资源与环保活动具有重要经济和人文价值，先后诞生并发展出生态经济、循环经济、绿色经济和低碳经济等理论体系和实践内容。因此，绿色经济应包含循环经济、低碳经济、生态经济等内容，是上述经济形态的综合表现，更表现为一种可持续发展理念。

2009年，联合国环境规划署发布《全球绿色新政政策概要》，对绿色经济行业的界定提出了三个标准。一是对GDP和就业有重要影响；二是在降低碳依赖程度或缓解生态稀缺性方面的环境效益较显著；三是材料使用效率和废物管理这类收益慢，但长远看有利于绿色发展的产业是绿色经济行业的重要领域。据此，该组织将节能建筑、可再生能源、可持续交通、淡水、生态基础设施、可持续农业和其他绿色经济（如能源效率等）这七大行业列为绿色经济行业。

我国绿色产业划分在参照国际分类的同时，结合自身实际情况，由国家发展改革委、工业和信息化部等七部委制定了《绿色产业指导目录（2019版）》（以下简称《目录》），包括节能环保、清洁生产、清洁能源、生态环境、基础设施绿色升级、绿色服务六个方面，《目录》明确了我国绿色经济产业的边界，对于指导和规范绿色经济发展意义重大。后来出台的《中华人民共和国国民经济和社会发展第十四个五年规划和2035年远景目标纲要》（以下简称《纲要》）亦强调要壮大上述节能环保、清洁生产等六个产业，且《纲要》与《目录》中关于绿色产业的六大类划分完全一致。

二、绿色制造与清洁生产

（一）绿色制造

1.产生背景

随着全球环境的恶化，人们对环境问题已越来越被重视。如何最有效地利用资源和最低限度地产生废弃物成为世界各国环境治理的治本之道。

制造业在将制造资源转变为产品的制造过程中及产品的使用和处理过程中，同时产生废弃物（因废弃物是制造资源中未被利用的部分，所以也称废弃资源）。废弃物是制造业对环境污染的主要根源。制造系统对环境的影响如图7-4所示。

图7-4中，虚线表示个别特殊情况下，制造过程和产品使用过程对环境直接产生污染

（如噪声），而不是废弃物污染，但是这种污染相对于废弃物带来的污染小得多。

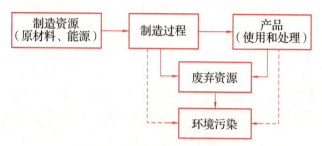

图 7-4　制造系统对环境的影响

制造业一方面是创造人类财富的支柱产业，另一方面又是当前环境污染的主要源头。有鉴于此，如何使制造业尽可能少地产生环境污染是当前环境问题的一个重要研究方向。绿色制造概念由此产生，并被认为是现代企业的必由之路。

各国专家的研究普遍认为，绿色制造是解决制造业环境污染问题的根本方法之一，是实施环境污染源头控制的关键途径之一。绿色制造实质上是人类社会可持续发展战略在现代制造业中的体现。

2. 绿色制造的概念

绿色制造是现代制造业的可持续发展模式，其目标是使产品在其整个生命周期中，资源消耗极少、生态环境负面影响极小、人体健康与安全危害极小，并最终实现企业经济效益和社会效益的持续协调优化。

绿色制造概念的广义性表现如下。

（1）绿色制造中的"制造"涉及产品整个生命周期，因而是一个"大制造"概念，同计算机集成制造、敏捷制造等概念中的"制造"一样。绿色制造体现了现代制造科学的"大制造、大过程、学科交叉"的特点。

（2）绿色制造涉及的范围非常广泛，包括机械、电子、食品、化工、军工等，几乎覆盖整个工业领域。

（3）绿色制造涉及的问题领域包括产品生命周期过程的环境保护、资源优化利用和人体健康与安全三类。

（二）绿色制造与传统制造的区别

绿色制造技术涉及产品整个生命周期，甚至多生命周期，其目的是主要考虑产品对资源消耗、环境影响及人体健康与安全问题，并兼顾技术和经济因素，从而使企业经济效益和社会效益协调优化。绿色制造与传统制造的主要区别在于以下两点。

1. 绿色制造考虑的因素更多

传统制造需要实现产品的经济、技术性要求，包括产品性能、质量、成本、生产周期等；绿色制造在满足以上要求的前提下，需要综合考虑资源、环境、健康及安全等因素，综合循环经济"减量化、再利用、资源化"的原则和清洁生产、节能减排的要求。绿色制造有以下三个目标。

（1）节约资源。减少资源消耗量，特别是稀缺资源，提高材料和能源利用率，提高产品的回收利用率。

（2）降低环境污染。减少废气、废液和固体废弃物的排放，减少物理性污染排放，如噪声、振动和辐射等。

（3）减少人体健康与安全危害。降低有毒有害物质、噪声干扰、振动干扰和人体辐射等对人体健康的影响，降低或消除生产过程中的不安全因素和各种潜在危险，避免毒性危险、爆炸危险、腐蚀危险、高压液气危险、机械危险、电器危险和高低温危险。

图 7-5 反映了机械产品绿色制造的 3 个基本属性：资源属性、生态环境属性和人体健康与安全属性。

2. 绿色制造建立在产品全生命周期理念的基础上

传统制造产品全生命周期一般包括从原材料入厂开始到产品包装入库为止。绿色制造产品全生命周期包括开发设计、材料选择、设备选用、生产制造、包装运输、使用维护、回收处理阶段。同时，制造企业不仅要考虑企业内生产过程，还需要考虑产品使用、回收利用，以及最终处置过程的资源、环境及安全因素，即实现产品生命周期的绿色性。图 7-6 反映了机械产品绿色制造生命周期各阶段及需要考虑的属性。

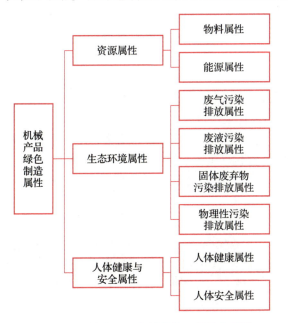

图 7-5　机械产品绿色制造的 3 个基本属性

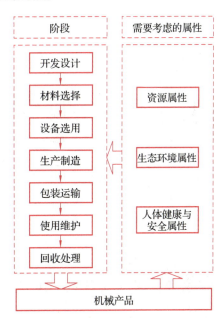

图 7-6　机械产品绿色制造生命周期各阶段及需要考虑的属性

（三）绿色制造理念下的清洁生产

1. 清洁生产概念的提出

20 世纪 70 年代中后期，西方工业国家开始探索清洁生产。1989 年，联合国环境规划署（UNEP）首次正式提出了清洁生产的概念，历经数次修订，现在对该概念的定义为：清洁生产是指将综合预防的环境策略持续应用于生产过程、产品和服务中，以便减少对人类和环境的风险性。

清洁生产是一种创造性的想法，它不断地将全面预防的环境战略应用于生产过程、产品和服务，以提高生态效率，减少对人类和环境的风险。对于生产过程，要求节约原材料和能源，消除有毒原材料，减少所有废物的数量和毒性；对于产品，要求减少从原材料提取到产品最终处置的整个生命周期的不利影响；对于服务，要求将环境因素纳入设计和提供的服务中。

清洁生产与先污染再治理的末端治理模式相比，在以下方面具有优势：一是降低环境治理资金的投入，二是减少二次污染。

在清洁生产及与之相关的清洁能源、清洁原料、清洁产品等概念中，"清洁"是一个相对的概念，指相对于当前所采用的生产技术工艺、能源、原料和生产的产品而言，其所产生的污染更少、对环境危害更小。

2. 清洁生产的内容

清洁生产的内容可归纳为"三清一控制"，即清洁的原料与能源、清洁的生产过程、清洁的产品，以及贯穿于清洁生产的全过程控制。

（1）清洁的原料与能源。

清洁的原料与能源，是指在产品生产中能被充分利用而极少产生废物和污染的原材料及能源。应少用或不用有毒、有害及稀缺原料，选用品位高的较纯洁的原材料；常规能源的清洁利用，如利用清洁煤技术，逐步提高液体燃料、天然气的使用比例；新能源的开发，如太阳能、生物能、风能、潮汐能、地热能的开发利用；各种节能技术和措施等，如在能耗大的化工行业采用热电联产技术，提高能源利用率。

（2）清洁的生产过程。

生产过程就是物料加工和转换的过程，清洁的生产过程，要求选用一定的技术工艺，将废物减量化、资源化、无害化，直至将废物消灭在生产过程中。

废物减量化，就是要改善生产技术、工艺和设备，以提高原料利用率，使原材料尽可能转化为产品，从而使废物达到最小量。废物资源化，就是将生产环节中的废物综合利用，转化为进一步生产的资源，变废为宝。废物无害化，就是减少或消除将要离开生产过程的废物的毒性，使之不危害环境和人类。

实现清洁的生产过程的措施包括：①尽量少用或不用有毒、有害的原料（在工艺设计中就应充分考虑）；②消除有毒、有害的中间产品；③减少或消除生产过程的各种危险性因素，如高温、高压、低温、低压、易燃、易爆、强噪声等；④采用少废、无废的工艺；⑤选用高效的设备和装置；⑥做到物料的再循环（厂内、厂外）；⑦简便、可靠的操作和控制；⑧完善的管理等。

（3）清洁的产品。

清洁的产品是指有利于资源的有效利用，在生产、使用和处置的全过程中不产生有害影响的产品。清洁产品又叫绿色产品、可持续产品等。清洁生产覆盖构成产品生命周期的各个阶段，包括原料采集、加工制造、运输销售、消费使用、回收处理等，从全过程减少对人类和环境的不利影响，如图 7-7 所示。

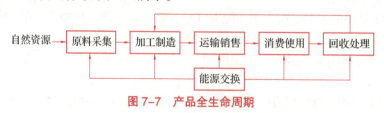

图 7-7　产品全生命周期

为了使产品有利于资源的有效利用，产品的设计工艺应使产品功能性强，既满足人们的需要，又省料耐用。为此应遵循三个原则：精简零件，容易拆卸；稍经整修即可重复使用；经过改进能够实现创新。

为使产品避免危害人和环境，在设计产品时应遵循下列原则：产品生产周期的环境影响最小，争取实现零排放；产品对生产人员和消费者无害；最终废弃物易于分解成无害物。

清洁产品具体应具备的条件包括：①节约原料和能源，少用昂贵和稀缺原料，尽可能废物利用；②产品在使用过程中，以及使用后不含有危害人体健康和生态环境的因素；③易于回收、复用和再生；④合理包装；⑤合理的使用功能，节能、节水、降低噪声的功能，以及合理的使用寿命；⑥产品报废后易处理、易降解等。

（4）全过程控制。

清洁生产贯穿于产品生产全过程控制，包括两方面的内容，即生产原料或物料转化的全过程控制和生产组织的全过程控制。

一是生产原料或物料转化的全过程控制，也称为产品的生命周期的全过程控制。它是指从原料的加工、提炼到生产出产品，产品的使用直到报废处置的各个环节所采取的必要的污染预防控制措施。

二是生产组织的全过程控制，也就是工业生产的全过程控制。它是指从产品的开发、规划、设计、建设到运营管理，所采取的防止污染发生的必要措施。

应该指出，清洁生产是一个相对的、动态的概念，清洁生产的工艺和产品，是和现有的工艺相比较而言的。推行清洁生产，本身是一个不断完善的过程，随着社会经济的发展和科学技术的进步，需要适时地提出更新的目标，不断采取新的方法和手段，争取达到更高的水平。

3. 清洁生产的方法

目前清洁生产的主要方法包括源头削减、生产过程控制和回收利用三种。

（1）源头削减。包括改进产品设计，采用无毒无害的原材料，使用清洁的或者再生的能源，运用先进的、物耗低的生产工艺和设备等。

（2）生产过程控制。包括改进生产流程，调整生产布局，改善管理，加强监测，减少跑、冒、滴、漏，防止物料和能量损耗等。

（3）回收利用。包括厂内回收利用和厂外回收利用，其方法包括建立闭路循环系统回收物料、水和能量，回收物料加以利用，开发综合利用产品，采用社会消费或者其他企业产生的废料作为生产原料等。

通过上述方法，清洁生产可以实现节省资源、提高资源利用效率的目的，也符合当前环境保护与资源利用的趋势，符合我国可持续发展的战略。

4. 清洁生产审核

清洁生产审核是企业实施清洁生产的重要前提。它是指对企业当前和计划的工业生产进行分析和评估，以防止污染。

清洁生产审核是一种系统的、有计划地判断废弃物产生部位、分析废弃物产生原因、提出削减废弃物方案的程序，其目的在于提高资源利用效率，减少或消除废弃物的产生。由于在产品的整个生命周期过程中都存在对环境产生负面影响的因素，因此，环境问题不仅存在于生产环节的终端，而且贯穿于与产品有关的各个阶段，包括从原料的提取和选择，产品设计、工艺、技术和设备的选择，废弃物综合利用，生产过程的组织管理等各个环节，而这正是清洁生产的理念之一。清洁生产审核作为推动清洁生产的工具，也需要覆盖产品全生命周期的各个阶段，从生产的准备过程开始，对全过程所使用的原料、生产工艺，以及生产完工的产品使用进行全面分析，提出解决问题的方案并付诸实施，以实现预防污染、提高资源利用率的目标。一般的工业生产过程包括的 8 个要素见图 7-8。

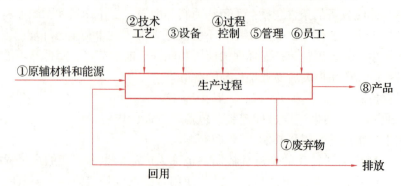

图 7-8　一般的工业生产过程包括的 8 个要素

三、绿色职业和绿色就业

（一）绿色职业

发展绿色经济是对工业革命以来传统经济发展模式的根本否定，是 21 世纪世界经济发展的必然趋势。伴随绿色经济的崛起，在劳动力市场领域内，不仅会使原有的工作岗位绿色化，还会产生新的绿色职业。2015 年，《中华人民共和国职业分类大典》正式提出"绿色职业"概念，联合国曾发布《绿色职业工作前景》的报告，提出未来几十年里，数以百万计的绿色职业工作岗位，都会由于全世界在发展可再生替代能源技术而兴起。未来 30 年，人类都将面临绿色职业带来的机遇和挑战。扩大和发展绿色职业是世界各国经济发展的新出路之一，新的就业机会也将增强各国的经济实力。

知识链接

我国的绿色职业

《中华人民共和国职业分类大典（2022 年版）》共标注中绿色职业共 134 个，节能环保领域 17 个，清洁生产领域 6 个，清洁能源领域 12 个，生态环境领域 29 个，基础设施绿色升级领域 25 个，绿色服务领域 45 个，基本覆盖了绿色生产生活与生态环境可持续发展各个方面。

表 7-1 对部分绿色职业进行简单介绍。

表7-1　部分绿色职业简介

绿色职业	岗位描述	岗位要求
再生资源工程技术人员	（1）开发、应用废钢铁、废塑料、废纸等废旧物资的回收、分类、加工、提取技术。 （2）规划、设计回收站、废旧物资分拣中心、废旧物资集散市场、加工利用园区的再生资源工程项目。 （3）监督、管理废旧物资拆解、破碎、压块等加工、利用过程。 （4）设计、检测、鉴定再生资源产品、材料、装备	涉及技术上、环境方面等专业知识及技能
碳排放管理员	（1）监测区域及企事业单位等碳排放现状。 （2）统计、核算区域及企事业单位等碳排放数据。 （3）核查企事业单位碳排放情况。 （4）购买、出售、抵押企事业单位碳排放权、碳抵消信用等。 （5）提供碳排放管理咨询服务	严谨和扎实的知识，综合技能要求较高
自然保护区巡护监测员	（1）监测、记录、报告自然保护区内物种以及气象、水文、土壤等环境因子变化情况。 （2）检查、监管出入自然保护区的人员、车辆。 （3）普及防火、消防安全、资源保护知识，规范访客行为，维护自然保护区内的设施、设备。 （4）收集自然保护区及周边社区的情况，沟通信息，提供咨询	具有自然生态系统、野生动植物、环境监测等专业方面的知识

【分析】随着2021年碳中和、碳达峰目标的提出及逐步推进落实，我们将迎来以绿色经济、低碳技术为代表的新一轮产业和科技的革新，发展绿色经济需要高质量专业化的人力资本支持，需要培养、培训和塑造大批绿色职业从业者。我国确定的绿色职业主要包括监测、保护和治理、美化生态环境，生产太阳能、风能、生物质能等新能源，提供大量、高效的运输能力，废物的回收利用和其他生产活动，以及以科学研究、技术研发、设计和规划等形式提供服务的相关社会活动。目前，我国的绿色职业发展仍处于起步阶段，未来的道路漫长而艰辛。

（二）绿色技能

绿色技能是遵循生态原理和生态经济规律，能减少资源使用量、提高资源利用效率、促进社会可持续发展，回收利用废弃物、减少污染物排放，保护生态环境，与促进生态文明建设相关的知识、态度、技术及技能。简而言之，绿色技能就是在绿色经济活动中具有普遍适用性的技能与从事绿色职业或绿色专业的人所需的技能。通常分为通用绿色技能和专业绿色技能。

通用绿色技能是对大多数从业人员的基本要求，主要包括节约资源、最大限度地减少资源使用、减少废弃物产生、垃圾分类和回收利用、减少温室气体排放、使用环保产品、保护自然环境、提供绿色服务、进行环保理念与知识宣传等内容。经济社会亟待绿色转型，国家和政府越来越重视绿色发展，绿色教育必将成为我国职业教育的发展趋势，绿色通用技能也将成为促进社会发展转型所必备的技能之一。

专业绿色技能是对绿色岗位专业人员的要求，是以减少人类生存环境威胁为主要目的，存在于社会各行各业，具有明显"低碳、环保、循环"等特征的绿色专业或绿色职业的技能，如"零排放生产技术，碳达峰、碳中和技术"等。专业绿色技能主要体现在从事"绿色工作"或"绿色职业"所必须掌握的技术、知识、价值观和态度之中。

知识链接

绿色技能人才

绿色技能人才是指拥有绿色理念，积极践行绿色行为，掌握扎实的绿色知识和绿色技能的人才。通用绿色技能人才应具备节能减排、回收利用、能源使用、自然环境保护等通用性的绿色意识、知识和技能，能满足多数岗位对通用绿色技能的需求。专业绿色技能人才应掌握特定职业的知识、技能，以适应该职业（或工作岗位）的发展需求。

绿色人才与绿色技能将深刻影响组织的可持续发展和竞争力。世界经济论坛达沃斯实验室在《2021年青年复苏计划》报告中指出："绿色经济将创造数以百万计的新工作与就业机会。因此，提升青年绿色意识，可以帮助他们更好地从学校迈入社会，在未来的绿色工作中取得成功。同时也可以为青年带来持久和启发性的改变。"领英全球发布的《2022年全球绿色技能报告》也提出："绿色人才和绿色技能是绿色经济发展与企业组织绿色转型的关键"。

国际劳工组织早在2019年就预测指出，"2030年，能源可持续性共可能提供2500万就业岗位（其中2000万岗位为新生岗位，需要培训入职，500万岗位可吸收失业人员）。""2030年，循环经济共可能提供7800万就业岗位（其中2900万岗位为新生岗位，需要培训入职，4900万岗位可吸收失业人员）"。总之，绿色经济还会创造1亿多个就业机会，但这些机会的获得取决于"劳动者是否能够重新学习技能或者升级自身技能。"可见，绿色人才在全球劳动力中的数量不断增长且占比不断上升。

（三）绿色就业

2007年，国际劳工组织和联合国环境规划署发布了《绿色工作全球倡议》，指出绿色工作是一项可以减少企业和经济部门对环境影响并最终实现可持续发展的工作，同时又是"体面工作"。包括保护生态系统和生物多样性的工作，通过有效的战略减少能源、材料和水的消耗的工作，低碳经济，减少或避免各种废物和污染产生的工作。

在我国，结合国际标准与中国实践，专家们提出"绿色就业"包含三个领域：一是直接性绿色岗位，如植树造林、环境保护等，从事这些工作的人，可简称为"纯绿"就业；二是间接性绿色岗位，即通过促进对环境友好的生产方式、生活方式、消费模式等间接地创造"绿色就业"机会的岗位，如制造太阳能和节能建筑材料等产品，深化循环经济等，从事这些工作的人，可简称为"泛绿"就业；三是绿色转化性岗位，即将非绿色岗位转化为绿色岗位，如治理生产性污染，生产中改用节能环保技术等，将原来在高污染、高排放岗位的从业人员转化成绿色岗位的从业人员，可简称为"绿化"就业，这种转化涉及生产技术、生产方式、生产过程以及终端产品等各个方面。

184

发展绿色经济直接涉及劳动者就业，促进"绿色就业"也有利于绿色经济发展和转型。无论是从顺应加快转变经济发展方式的战略要求的角度，还是从促进经济可持续发展和调整产业结构的角度，推进"绿色就业"都具有重要意义和积极作用。形成"绿色就业"与绿色经济的良性互动，势在必行。

不同行业（职业）走向绿色发展的过程中，都面临着"技能升级"和"技能转换"。虽然它们所需要的绿色技能并不相同，但事实上，所有的职业都能够，也应该变得更绿色。那么，可以说在所有职业中都有绿色技能的需求。领英《2022 年全球绿色技能报告》显示，2016—2021 年，可再生能源、风能和太阳能跻身国内最热门的绿色技能，同时可持续发展经理成为增长最快的绿色职位。2021 年，绿色人才招聘比例最高的前五大行业为：制造、金融、软件和信息技术服务、教育以及企业服务。

四、环保意识与低碳生活

（一）树立环保意识

在环境问题日益突出的今天，我们应当树立正确的环境保护意识，采取社会的、经济的、技术的综合措施，合理利用自然资源，防止环境污染和生态破坏，以促进经济和社会的可持续发展。环境保护需要大众参与，每位公民都有权利和义务根据一定的法律程序，参与保护环境。在校学生应该成为环境保护和可持续发展的重要推动力量，遵循一定的行为准则，积极参与环境保护活动。

1. 崇尚绿色消费

绿色消费也称为"可持续消费"，是一种新的消费行为和过程，其特点是通过适度控制消费，避免或减少环境破坏，倡导自然，保护生态。通过提高人们的环保意识，越来越多的个人和家庭正在以实际措施响应绿色消费。绿色消费的内容非常多样，不仅包括绿色产品，还包括材料回收、有效利用能源，保护环境和物种，涵盖生产和消费行为的各个方面。

崇尚绿色消费，要求我们在进行衣食住行的消费时自觉避开六类产品：①危及消费者或他人健康的产品；②在生产、使用或废弃过程中明显伤害环境的产品；③在生产、使用或废弃时，产生与之不相称的大量资源消耗的产品；④以濒临灭绝的物种为原材料的产品；⑤乱捕滥杀所得的动物；⑥对其他国家造成不利影响的产品。

2. 参与创建绿色学校

绿色学校是学校管理、学校课程、学校环境、学校与社区的关系等方面，都符合环境保护要求的学校。作为一名在校学生，我们要利用自身的优势，努力在实践中形成良好的环境观，从我做起，创建一间理想的环保型教室，为创建绿色学校发挥自己的聪明才智。

3. 协助创建绿色社区

社区是公众参与环境保护最基本的单位。所谓绿色社区，是指具备了一定符合环保要求的硬件设施，建立了较完善的社区绿化、垃圾分类、污水处理、节水节能等设施，此外，还要有一支环保志愿者队伍和一定比例的绿色家庭，并开展可持续的环保活动等。

（二）追求低碳生活

绿色低碳生活是指在生活中要尽力减少二氧化碳的排放量，即采用低排放、低消耗、低能量、低成本的生活方式，以减少对大气的污染，减缓生态恶化。主要从衣食住行用中的节电、节气和回收三个环节来改变，从而实现绿色低碳生活。

知识链接

"双碳"目标与我国政府的承诺

2021年我国发布了《国务院关于印发2030年前碳达峰行动方案的通知》，对碳达峰、碳中和做出了重大战略决策，明确各地区、各领域、各行业目标任务，加快实现生产生活方式绿色变革。

为了解"碳中和"这一概念，首先我们需要知道"碳"是什么。这里的"碳"，并非单指二氧化碳（CO_2），而是包括以二氧化碳为代表的若干种主要的温室气体。具体包括二氧化碳（CO_2）、甲烷（CH_4），氧化亚氮（N_2O）、氢氟碳化物（HFCs）、全氟化碳（PFCs）和六氟化硫（SF_6），这些人类生产生活活动产生的温室气体排放，将会导致温室效应，对地球的生存环境造成严重影响。

为了统一衡量这些气体排放对环境的影响，联合国政府间气候变化专门委员会提出了二氧化碳当量这一标准。"碳达峰""碳中和"中的"碳"所指即为"二氧化碳当量"，相关概念由此而生，如表7-2所示，以甲烷为例：其当量值为25，即减少1吨甲烷排放相当于减少25吨二氧化碳排放。

表7-2 部分温室气体的二氧化碳当量值

气体	二氧化碳当量值
二氧化碳	1
甲烷	25
氧化亚氮	310
氢氟碳化物	14800
六氟化硫	22800

碳达峰就是指二氧化碳排放量达到历史最高值后，先进入平台期在一定范围内波动，然后进入平稳下降阶段。碳达峰就是二氧化碳排放量由增转降的历史拐点，达峰目标包括达峰时间和峰值。

碳中和（图7-9），即净零碳排放，是指企业、团体或个人在一定时间内直接或间接产生的二氧化碳排放总量，通过二氧化碳去除手段，如植树造林、节能减排、产业调整等，抵消这部分碳排放，达到"净零排放"的目的。

图7-9 碳中和示意图

我国的双碳目标是 2030 年实现碳达峰，2060 年实现碳中和。即在碳达峰后，用 30 年时间通过能源活动减排 95 亿吨，通过工业过程减排 10 亿吨，逐步将碳排放量减少至 15 亿吨的较低水平。到 2060 年实现全社会碳排放与森林、草原、土壤等碳汇集能力持平，实现"碳中和"。

　　作为一种新型环保形式，碳中和能够推动绿色的生活、生产，实现全社会绿色发展，目前已经被越来越多的大型活动和会议采用。

　　目前，越来越多的国家正在将碳中和目标升级为国家战略，全球已有超过 120 个国家和地区提出了自己的碳中和达成路线。

　　在低碳经济模式下，人们可以逐渐远离能源不合理产生的负面影响，享受以经济能源和绿色能源为主题的新生活。低碳生活不仅是一种生活理念，也是可持续发展的环保责任。低碳生活是一种健康、绿色的生活方式，是一种更时尚的消费理念，也是一种新的生活质量理念。

1. 废弃农作物的处理

　　大量农作物成熟后，小麦、玉米、水稻、油菜等农作物的茎叶成为废弃物。在许多情况下，它们直接在地里被焚烧，产生大量的碳排放。科学地处理这些农作物的茎叶可以有效促进地球低碳环保。

2. 减少工业废气的排放

　　煤、石油、天然气是主要的工业能源。这些能源的大量使用势必会产生大量碳的排放，因而，开发新型能源是最重要的降低碳排放的途径。

3. 控制汽车尾气排放

　　随着人们生活水平的不断提高，汽车的使用量也在迅速增加。汽车的大量使用产生了大量汽车尾气，加剧了碳排放。处理机动车尾气排放对地球低碳环境保护至关重要：首先，应尽可能使用公共交通工具；第二，加快低碳和环保燃料的研究；第三，加快环保汽车的研发。

4. 正确处理生活垃圾

　　大量生活垃圾处理不当也会增加碳排放。许多城市生活垃圾主要由垃圾处理厂处理，处理方式还以填埋和焚烧为主。然而，许多生活垃圾在焚烧时会产生大量碳排放。要降低碳排放，可通过分类代替不必要的焚烧，但不能回收的垃圾，必须经过科学处理。

知识链接

垃圾分类

　　从国内外各城市对生活垃圾分类的方法来看，大致都是根据垃圾的成分构成、产生量，结合本地垃圾的资源利用和处理方式来进行分类的，垃圾分类目录和垃圾分类标志如图 7-10 和图 7-11 所示。

可回收物
Recyclable

厨余垃圾
Food Waste

有害垃圾
Hazardous Waste

其他垃圾
Residual Waste

图 7-10 垃圾分类目录

可回收物

 玻璃类
 牛奶盒
 金属类
 塑料类
 废纸类
 织物类

厨余垃圾

 骨骼内脏
 菜梗菜叶
 果皮
 茶叶渣
 残枝落叶
 剩菜剩饭

有害垃圾

 废电池
 废墨盒
 废油漆桶
 过期药品
 废灯管
 杀虫剂

其他垃圾

 宠物粪便
 烟头
 污染纸张
 破旧陶瓷品
 灰土
 一次性餐具

图 7-11 垃圾分类标志

1. 可回收物

可回收物主要包括废纸、塑料、玻璃、金属和布料五大类。

废纸：主要包括报纸、期刊、图书、各种包装纸等。但是，要注意纸巾和厕所用纸由于水溶性太强不可回收。

塑料：各种塑料袋、塑料泡沫、塑料包装、一次性塑料餐盒餐具、硬塑料、塑料牙刷、塑料杯子、矿泉水瓶等。

玻璃：主要包括各种玻璃瓶、碎玻璃片、镜子、暖瓶等。

金属物：主要包括易拉罐、罐头盒等。

布料：主要包括废弃衣服、桌布、洗脸巾、书包、鞋等。

这些垃圾通过综合处理回收利用，可以减少污染、节省资源。如每回收 1 吨废纸可造好纸 850 千克，节省木材 300 千克，比等量生产减少污染 74%；每回收 1 吨塑料饮料瓶可获得 0.7 吨二级原料；每回收 1 吨废钢铁可炼好钢 0.9 吨，比用矿石冶炼节约成本 47%，减少空气污染 75%，减少 97% 的水污染和固体废物。

2. 厨余垃圾

厨余垃圾是有机垃圾的一种，包括剩菜、剩饭、菜叶、果皮、蛋壳、茶渣、骨、贝壳等，泛指家庭生活饮食中所需用的来源生料及成品（熟食）或残留物。经生物技术就地处理堆肥，每吨可生产 0.6～0.7 吨有机肥料。

3. 有害垃圾

有害垃圾指含有对人体健康有害的重金属、有毒的物质或者对环境造成现实危害或者潜在危害的废弃物，包括电池、荧光灯管、灯泡、水银温度计、油漆桶、部分家电、过期药品、过期化妆品等。这些垃圾一般使用单独回收或填埋处理。

4. 其他垃圾

其他垃圾主要包括砖瓦陶瓷、渣土、卫生间废纸、瓷器碎片等难以回收的废弃物，其他垃圾危害较小，但无再次利用价值是可回收垃圾、厨余垃圾、有害垃圾剩余下来的一种垃圾。一般采取填埋、焚烧、卫生分解等方法，部分还可以使用生物降解。

5. 养成低碳生活的习惯

介绍几种简单易行的低碳生活方式，关键是要落实，形成习惯。

（1）淘米水可以用来洗手或擦家具，既干净卫生，又自然滋润；淘米水也可以用来浇花，或用来养护皮肤和头发。

（2）用使用过的面膜纸来擦首饰、家具的表面或者皮带。

（3）将喝茶剩下的残渣晒干，制成枕头芯，既舒适，又能改善睡眠质量。

（4）出门购物，自己带环保袋，减少使用塑料袋。

（5）出门自带喝水杯，减少使用一次性杯子。

（6）多用永久性的筷子、饭盒，尽量避免使用一次性的餐具。

（7）养成随手关闭电器、电源的习惯，避免浪费用电。

（8）尽量少使用冰箱、空调，天气热时可用电扇或扇子。

（9）在午休和下班后关掉电脑电源。

（10）选择晾晒衣物，避免使用滚筒式洗衣机。

（11）用在附近公园等适合跑步的空气清新的地方慢跑取代在跑步机上的45分钟锻炼。

（12）用节能灯替换大功率灯泡。

（13）外出尽量步行或骑自行车，少开私家车。

（14）用低碳环保的生活用品，如竹纤维面料的衣服、毛巾、内衣、袜子等，不要穿着皮草类衣物。

（15）减少外出购物，如果必须购买，可选择上网购买。

（16）在饮食上，应以素食为主。

知识链接

居民消费产生的减碳潜力

居民消费产生的碳排放在国家碳排放的占比高达60%～80%，可见，个人低碳消费减碳潜力巨大。一个人口超过1000万人的城市的居民若能在消费方面做出低碳选择，那么2030年平均每人的减排潜力至少可达1129.53千克。该城市一年可通过居民选择低碳生活减少至少约1100万吨碳排放。具体测算见表7-3。

表7-3　关于2030年人口超过1000万人的城市人均年减排量的测算表

单位: $kgCO_2 e$/（人·年）

类别	低碳场景	减排潜力	2030年人均减排潜力范围	
衣	减少购买服装	37.22	37.22（最小值）	79.34（最大值）
	租衣服	42.12		
	选择有减排目标/行为的品牌	—		
食	一周一天素食	128.71	160.63（最小值）	925.31（最大值）
	改变肉食量过大	764.68		
	光盘行动	31.92		
住	节约用电	37.26	456.71	
	选择可再生能源电力	335.38		
	选择节能家电	84.07		
行	新能源汽车	144.59	440.26	
	长途出行火车代替飞机	295.67		
用	减少使用塑料和一次性筷子	15.44	34.71	
	包裹和可回收垃圾	19.27		
合计			1129.53	1936.33

注: $kgCO_2 e$ 为千克二氧化碳当量。

（三）储存"绿色资本"

人们会为了过上安定的生活而节约食物和储蓄金钱；企业会为了顺利生产而储存资金和资源；为了维护整个人类生态的安全，国家则应储存"绿色资本"。

存储"绿色资本"，最直接有效的方法就是植树造林。植树造林不仅可以美化居住环境，防止土壤侵蚀，而且可以更有效地减少地球臭氧层中的二氧化碳，为人类提供清新的空气，改善生态环境，调节气候。人们认识到了储存"绿色资本"的重要性，为此，世界许多国家设立了植树节。通过植树护绿活动，提高了人们对环保绿化的认识，激发了对环保的热情，实现了"绿色资本"的储存和保持生态平衡的目标。

当然，储存是一个长期累积的过程，在校学生要掌握植树护绿的科普知识，培养热爱劳动的品德，关爱自然的情趣和改善环境的意识，并积极参加各种绿化实践活动。

总结案例

碳排放管理员助力"双碳"目标实现

汪军是四川某公司的碳排放管理负责人，他的工作内容是管理公司内部的碳排放，主要依据公司制定的碳中和目标，分析碳排放特征，探索公司实现碳中和的最优方案并予以实施。他在碳管理行业已有14年的从业经验。

2021年3月，人力资源和社会保障部联合国家市场监督管理总局、国家统计局发布18个新职业，其中碳排放管理员是唯一一项"绿色职业"。职业身份被国家认可，汪军感到十分欣喜。

人力资源和社会保障部网站公布的信息显示，碳排放管理员包含但不限于民航碳排放管理员、碳排放监测员、碳排放核算员、碳排放核查员、碳排放交易员、碳排放咨询员等工种。可以预见，未来该职业从业者将在碳排放管理、交易等活动中发挥积极作用，有效推动温室气体减排。

"因为碳管理是一个新兴职业，许多概念都是全新的，相关业务也都没有以往的参考，因此需要出色的学习能力和创新能力。"汪军表示，一名合格的碳资产管理员应当掌握碳市场的基本情况与发展趋势，比如气候变化的科学背景、各种低碳技术及其应用、企业如何核算和管理自身碳排放、如何制定科学的碳中和规划等。

未来，在国家大力推动构建绿色低碳循环发展的经济体系的大环境下，碳排放管理行业作为实现"双碳"目标中关键的一环，其就业市场对于人才的需求量将会十分可观。

【分析】随着碳中和、碳达峰目标的提出和推进落实，我们将迎来以绿色经济、低碳技术为代表的新一轮产业和科技的革新，发展绿色经济需要高质量专业化的人力资本支持，需要培养、培训和塑造大批绿色职业从业者。目前，我国的绿色职业发展仍处于起步阶段，具有无限的发展潜力。

活动与训练

节约用水绿色技能

一、活动目标
增强节约用水的意识，培养充分利用水资源的绿色技能。

二、规则与程序
在全国城市节水宣传周到来之际，为提高居民节水意识，培养广大居民节约用水的绿色技能，请同学们一起制作"养成节水习惯，培养绿色技能"宣传海报。通过任务分析，设置以下4个任务：①制作家庭节约用水宣传海报；②制作校园节约用水宣传海报；③制作社区节约用水宣传海报；④制作城市节约用水宣传海报。

1. 小组长从 4 个任务中选择本小组的制作任务。

2. 小组成员根据要制作的海报内容,利用手机或平板查找资料,准备制作。

3. 根据方案内容,制作出宣传海报,每小组选出一名同学上台进行展示。

三、评价

开展小组自评,小组互评,教师对每小组制作的海报进行总结点评。

(建议时间:30 分钟)

低碳生活方式

一、活动目标

通过活动导练,减少自身的碳排放,让大家积极地参与到低碳生活模式的构建中。

二、规则与程序

本活动从衣、食、住、行、用五方面制定低碳生活的行为方式。

1. 将班级同学分为 4 个小组,选出小组长。

2. 每小组按照上述任务要求,制定个人低碳生活的行为方式大纲(如何减少碳排放)。

3. 小组长记录并汇总,商量拟定出该小组的具体实施方案。

4. 每小组选出代表上台讲述。

三、评价

开展小组自评、小组互评,教师对每小组的结果进行总结点评。

(建议时间:20 分钟)

探索与思考

1. 为什么说先污染后治理并不是各国治理污染的必然模式,为什么我国不走先污染后治理的老路?

2. 请列举《中华人民共和国职业分类大典(2022 年版)》中的 3 个绿色职业,并通过分析该职业工作任务说明它为什么能够被纳入绿色职业。

模块八

健康、质量与安全

模块导读

在职场上，员工的身心健康不仅是企业高效运转的基石，更是推动企业持续发展的不竭动力。只有当员工的身心健康得到充分保障时，企业才能在激烈的市场竞争中保持活力，实现员工与企业的共同成长。因此，员工和企业应当共同致力于打造一个安全、健康、充满活力的工作环境，员工需要学会培养健康的生活方式，企业需要提供符合安全标准的设施和设备，建立开放的沟通渠道，及时响应并解决员工的心理需求和压力问题。

质量是企业的灵魂，是产品赢得市场的关键。它不仅关系到广大消费者的权益，更是企业生存与发展的命脉，对社会经济的健康发展起着至关重要的作用。质量管理作为企业运营的重要组成部分，直接影响着产品和服务的市场竞争力，决定着企业的市场占有率和长远发展。通过不断优化质量管理流程，企业能够在保证产品质量的同时，提升客户满意度，建立起良好的品牌形象。

安全生产是企业稳健运行的前提。它关乎每一位员工的生命安全，关乎企业资产的保护，更关乎企业声誉和社会责任的履行。通过建立健全的安全生产体系，企业能够有效预防和减少生产过程中的安全事故，确保员工的健康与安全，保障生产活动的顺利进行。安全生产不仅是国家长期坚持的重要政策，更是企业对员工负责、对社会负责的体现。

本模块旨在通过深入探讨安全风险防范和质量管理的理论与实践，培养学生的安全风险意识和质量意识。希望通过本模块的学习，学生能够掌握必要的知识和技能，为将来步入职场，成为一名既重视个人健康又精通质量管理的职业人打下坚实的基础。

主题一　职业健康须知

学习目标

1. 了解各类劳动者的劳动禁忌事项。
2. 了解工作中存在的职业危害类型与防护方法。
3. 了解常见职业病工伤认定的程序。

导入案例

长期使用气枪致职业性噪声聋

　　刘先生从事噪声作业 16 年，近几年，他感觉自己的听力越来越差了。2021 年 3 月，他来到深圳市职业病防治院进行职业健康检查，发现双耳听力损失符合噪声聋的特征。进一步调查发现，刘先生每天噪声作业 10 小时，且在工作期间需要使用气枪，虽然每个工作班使用时间短、次数不多，但气枪吹扫产生的噪声为非稳态强噪声，瞬间噪声强度可达 90 分贝以上。经过职业病诊断程序，刘先生最终被诊断为职业性轻度噪声聋。

　　【分析】噪声主要存在于电子设备制造业、金属制造业、橡胶和塑料制品业、专用设备制造业以及电气机械和器材制造业。职业性噪声聋发病过程缓慢，初期表现为高频听力损失，对日常生活影响不大，患者自身不易察觉。随着工作与生活中语言交流障碍越来越大，这时听力已经造成了不可逆的严重损害。劳动者在职业活动中因接触有毒有害因素而引发尘肺病、职业中毒、噪声聋等职业性疾病的问题，值得关注。

一、劳动禁忌

（一）体力劳动引起的身体损伤及预防

1. 体力劳动引起的身体损伤及原因

　　（1）长期重复一定姿势引起疾患。由于劳动者需要在工作中长期重复一定的姿势，导致个别器官或系统过度紧张而引起疾患。

（2）不良劳动环境条件。高温、寒冷、潮湿、光线不足、通道狭窄等，增加了劳动者劳动负荷，提高了劳动强度，容易产生疲劳和损伤。

（3）劳动组织和劳动制度安排不合理。劳动时间过长、劳动强度过大、休息时间不够、轮班制度不合理等，容易形成过度疲劳，造成身体损伤。

（4）劳动者身体素质问题。劳动者身体素质不强，安排的劳动强度与劳动者身体状况不适应。

2. 预防体力劳动身体损伤的措施

（1）采取合理的工作姿势。改善作业平台和劳动工具，使之符合人体解剖学特点，加强劳动者作业训练，使劳动者能够采取正确的工作姿势和方式，尽量避免不良作业姿势，避免和减少负重作业，使身体各部位处于自然状态，减轻身体承受的压力。

知识链接

采取正确的工作姿势

工作中尽量采取正确的工作姿势，避免强迫体位和不良姿势。站姿或坐姿工作，都要注意使身体各部位处于自然状态，避免过度倾斜或弯曲。如果需要高低变化，应在工作台或座椅设计中加以解决，使之可根据使用者的需要进行调节。在生产作业允许的情况下，能够让劳动者根据需要适当变换操作姿势，使其更加符合人的生理和心理特点，如图8-1所示为作业时正确的和错误的工作姿势对比。

图8-1 正确的和错误的作业姿势对比

（2）改善劳动环境。科学合理地设计劳动环境，控制劳动环境中的各种有害因素，创造良好的劳动环境条件，如适宜的温度、湿度、光照、空间等，既有利于劳动者的健康，又能够提高劳动效率。

（3）科学优化劳动组织和劳动制度。通过有效的工效学调查分析，合理组织劳动，根据个体选择适当的工作，对劳动者的劳动定额要适当。应安排适当的工间休息和轮班制度。

（4）适当运动锻炼增强身体素质。体力劳动者往往长时间重复一个劳动动作，容易造成用力部位劳损，而其他部位得不到锻炼，造成机体的不协调。可以通过适当的运动来使身体各部位得到锻炼，从而提高身体素质并消除疲劳。

（二）过度脑力劳动对身心健康的影响及预防

1. 脑力劳动引起的身体损伤及原因

过度脑力劳动产生疲劳，表现为对工作的抵触，疲劳信号告诉我们需要进行调整和恢复，应该停止工作。如果继续强迫大脑工作，则会造成脑细胞的损伤，或使脑功能恢复发生障碍。脑力劳动过度会对人体的身心健康造成较大的危害，主要包括以下两方面。

（1）生理健康失常。长期过度脑力劳动，使大脑缺血、缺氧，神经衰弱，从而导致注意力不集中，记忆力下降，思维欠敏捷，反应迟钝。睡眠规律不正常，白天瞌睡，大脑昏昏沉沉；夜晚失眠多梦，醒后大脑仍然疲劳，精神不振。

（2）心理健康失常。由于上述生理功能的失衡，造成心理活动失衡，出现忧虑、紧张、抑郁、烦躁、消极、敏感、多疑、易怒、自卑、自责等不良情绪，表面上强打精神，内心充满困惑和痛苦，无奈和彷徨，继而对工作学习丧失兴趣，产生厌倦感，甚至产生轻生念头。

2. 从事脑力劳动时缓解疲劳的方法

（1）学会科学用脑。科学地使用大脑，设法提高用脑效率。当过度用脑，感到头昏脑涨、头痛、昏昏欲睡时，可适当开展一些轻松愉快的文娱活动，使左脑半球得到休息，缓解疲劳。

（2）合理膳食，注重营养。注重膳食搭配，多吃豆腐、牛奶、鱼类及肉类食物等含蛋白质、脂肪和丰富的 B 族维生素食物，可防止疲劳过早出现；多吃水果、蔬菜和适量饮水，有助于消除疲劳。

（3）保证充足睡眠，放松身心。生活要有规律，应养成良好的作息习惯，每天要留有足够的休息时间以消除身心疲劳，恢复精力和体力。在工作间歇也可躺下来闭上眼睛，放松肢体和大脑，自我放松调整。通过听音乐、练书法、绘画、散步等活动方式转移人的注意力，放下思想包袱，减轻精神压力，也能够解除身心疲劳。

（4）坚持运动锻炼。通过跑步、打球、打拳、骑车、爬山等有氧运动，增强心肺功能，加快血液循环，提高大脑供氧量，促进睡眠。

（5）头部按摩。当用脑过度、头昏脑涨时，可用梳子或手指梳理头部皮肤，或通过对头部穴位的按摩，适当刺激体表，促进血液循环，改善大脑疲劳的症状。

（三）女职工劳动禁忌

1. 国家禁止安排女职工从事的劳动

（1）矿山井下作业以及人工锻打、重体力人工装卸、强烈振动的工作。

（2）森林业伐木、归楞及流放作业。

（3）国家标准规定的第Ⅳ级体力劳动强度的作业。

（4）建筑业脚手架的组装和拆除作业，以及电力、电信行业的高处架线作业。

（5）单人连续负重量（指每小时负重次数在六次以上）每次超过 20 千克，间接负重量每次超过 25 千克的作业。

（6）女职工在月经、怀孕、哺乳期间禁忌从事的其他劳动。

2. 女职工在月经期间实行特殊保护

女职工在月经期间，所在单位不得安排其从事高空、低温和冷水、野外露天和国家规定的第Ⅲ级体力劳动强度的劳动。如有以上情况，应尽可能调整其从事适宜的工作；如不能调整时，根据工作和身体情况，给予假期1~2天，不影响考勤。

3. 已婚待孕女职工禁忌从事的劳动范围

已婚待孕女职工禁忌从事铅、汞、苯、镉等属于《有毒作业分级》标准第Ⅲ、Ⅳ级的作业。

4. 怀孕女职工特殊的劳动保护

女职工怀孕期间，所在单位不得安排从事国家规定的第Ⅲ级体力劳动强度和孕妇禁忌从事的劳动，不得在正常劳动日以外延长劳动时间；对不能承受原劳动的，应根据医务部门证明，予以减轻劳动量或安排其他劳动。工程部门从事野外勘测工作及施工一线的女职工，应安排适当工作。

5. 怀孕的女职工禁忌从事的劳动

（1）作业场所空气中铅及其化合物、汞及其化合物、苯、镉、铍、砷、氰化物、氮氧化物、一氧化碳、二硫化碳、氯、氯丁二烯、氯乙烯、环氧乙烷、苯胺、甲醛等有毒物质浓度超过国家卫生标准的作业。

（2）制药行业中从事抗癌药物及己烯雌酚生产的作业。

（3）人力进行的土方和石方的作业。

（4）伴有全身强烈振动的作业，如风钻、捣固机、锻造等作业，以及拖拉机驾驶等。

（5）工作中需要频繁弯腰、攀高、下蹲的作业，如焊接作业。

（6）《高处作业分级》标准所规定的高处作业。

二、职业心理健康

随着经济的不断发展和社会竞争的加剧，越来越多的人患上了各种心理疾病。除工作负荷、工作环境等客观因素外，理想与现实差距产生的挫败感是导致焦虑的重要因素。

职业心理健康是职业卫生与健康不可割舍的重要部分，是从业人员在职场维持情绪稳定、社会人格稳定、人际关系和谐、工作保质保量、劳动行为安全、身体机能健康等的重要保障。因此，认识职业心理健康的内涵，识别职业活动中的心理健康风险因素，加强对职业心理健康的重视，对于工作和生活具有重要意义。

（一）职业心理健康的内涵

心理健康是指个体能够恰当地评价自己、应对日常生活中的压力、有效率工作和学习、对家庭和社会有所贡献的良好状态，包括智力正常、情绪稳定、心情愉快、自我意识良好等。

职业心理健康则是从业人员在参与职业活动时，心理过程呈现出一种良好状态，即从业人员在个人的职业活动中不断地适应工作环境，对自身的心理健康状况进行调节，在工作中表现出一种积极健康的心理状态。

职业心理健康的标准和心理健康标准在实质上是一样的，特殊之处在于职业心理健康偏重于从业人员在工作中受到各项与工作相关的因素而表现出的心理状态，主要包括表8-1

所列的 6 个方面的内容。

表 8-1　职业心理健康的标志

标志	具体描述
认知	心理健康的从业人员应具有适度的敏感性，能够真实感知内外世界、思维逻辑正常、具有全面且独立的认知以及良好的联想能力
情绪	对心理健康的从业人员来说，无论情绪的激活性、强烈性还是持久性，都应该有适度的水平，而且应具有良好的心理承受能力、心理康复能力以及情绪管理能力，能够面对组织及任务的压力而担负起责任
自我意识	能够经常自省，具有与能力相匹配的人生目标，有适当的自信、自我激励以及自我发展的压力与动力
人际关系	对周围的人宽容，能够与各种类型的人和睦相处，与异性正常交往，在与上级打交道的同时保持个性，与家庭成员亲密相处，有自己的亲密朋友，能够在不同场合灵活转换自己所扮演的角色
幸福感	有充实的自我价值感，对职业有兴趣，能体验到激情和享受追求，有不断产生的审美需求和审美能力
企业文化	知晓、肯定并欣赏企业文化，感受自己同企业文化的一致性，并有改进和建设企业文化的强烈愿望

（二）影响职业心理健康的因素

日常生活中可能影响情绪、心理健康的事情很多，家庭成员间的矛盾、身体不适、事情发展不如所愿等诸多因素都会引发负向情绪。在职业环境中，心理健康状态产生波动的原因更为复杂。

（1）制度环境。制度环境主要指我国从业人员的就业形势受到相关政策的影响。尤其现在的劳动力市场是灵活的、具有流动性的，从业人员面临各种新的机遇与挑战，择业和心理上都受到一定的影响。

（2）行业环境。行业的发展前景直接影响该行业从业人员的职业心理和行为。

（3）社会环境。任何一种职业都离不开社会因素的影响。在社会环境中，文化环境和价值观念是影响职业心理健康的重要因素。

（4）物理环境。主要是指从业人员的作业环境，作业环境的特征要与作业人员的生理、心理、能力水平相匹配。比如工作地点是室内还是室外，空气湿度、温度的变化都会对作业人员的心理健康产生影响。

（5）组织环境。组织的构成、性质、特色、人力资源状况、财务、工资、营销、管理情况、发展目标及发展形态等都是影响职业心理健康的因素。

（6）人际环境。人际关系的好坏直接影响职业心理健康。从业人员在工作中很少有单打独斗的情况，处理上下级关系和同事关系是工作中不可避免的部分。

（7）职业选择与匹配。正确合适的职业选择对于一个人的一生非常重要，职业选择应与职业信念、价值观、兴趣、个性、能力相匹配，职业心理健康才能得到保障。

（8）职业发展规划。职业发展规划是人们在不同阶段的职业期望，主要包括立业阶段、守业阶段、卸任阶段，其主要任务是职业适应，影响着从业人员的认知、情感、行为等。

（9）职业安全与健康。从业人员在职业活动过程中可能发生各种伤亡事故，也会有过劳症、职业损伤等生理健康问题，对于职业心理健康也会造成负面影响。

（10）职业生涯管理。个人职业生涯管理是从业人员对自身职业生涯探索、规划、行动以及评价的全过程，是个人建立自我概念和自尊感的主要来源，因此对从业人员的心理健康存在较大影响。

（11）工作内容与节奏。单调重复、不系统或无意义、未熟练掌握工作技巧、工作时长不合理、工作决策参与度低等工作体验都容易造成不健康的职业心理健康状态。

（三）常见心理健康疾病

在很多人看来，情绪压抑、紧张焦虑、悲观都不能算作病症。但实际上，心理不健康也是一种疾病，比如人们最为熟知的抑郁症，就是一种严重的心理疾病。如今，抑郁症已成为人类第二大"健康杀手"，严重影响生命健康。除抑郁症外，职业活动中的众多因素也会导致其他各种心理疾病，见表8-2。

表8-2　常见心理疾病

心理疾病	主要症状
抑郁症	情绪低落，抑郁悲观。轻者闷闷不乐、无愉快感、兴趣减退，重者痛不欲生、悲观绝望。症状多为早晨重、晚上轻 患者会出现自我评价降低，常伴有自责自罪，严重者会出现罪恶妄想和疑病妄想，部分患者可能出现幻觉 对很多事不感兴趣，没有动力去做，常独坐一旁，整日卧床，闭门独居、疏远亲友、回避社交 伴随睡眠障碍、乏力、食欲减退、体重下降、性欲减退等躯体症状
焦虑症	慢性焦虑者会在没有明显诱因的情况下，经常出现与现实情境不符合的过分担心、紧张害怕，并长期处于一种紧张不安、提心吊胆、忧心忡忡的内心体验，伴随头晕胸闷、呼吸急促、口干舌燥、尿频尿急、出汗、震颤等躯体症状 急性焦虑者在日常生活和工作中与常人无异，一旦发作则会突然出现极度恐惧的心理，体验到濒死感或失控感，伴随胸闷、心慌、呼吸困难、出汗、难以平静，全身发抖的体验，持续几分钟到数小时
恐惧症	恐惧症是指对某些事物产生十分强烈的恐惧感，包括社交恐惧症、旷野恐惧症、动物恐惧症、疾病恐惧症、黑暗恐惧症等
神经衰弱	容易感觉乏力和疲惫，注意力难以集中，失眠，记忆力减退，且不论进行体力还是脑力活动，稍久即感觉疲惫 对如声、光或细微的躯体不适等刺激过度敏感
强迫症	强迫症是以强迫观念和强迫动作为主要表现的一种神经症，一般是为了减轻强迫思维产生的焦虑而不得不采取的行动，患者明知不合理，但不得不做，久而久之，为此耗费大量时间和体力，痛苦不堪
躯体形式障碍	躯体形式障碍是一种以持久的担心或相信各种躯体症状的优势观念为特征的神经症。患者有明显的自主神经兴奋症状，如心悸、出汗、颤抖、脸红等，且伴有一定部位不定时的疼痛、灼烧感等。患者感到痛苦，伴有焦虑或抑郁情绪

续表

心理疾病	主要症状
创伤后应激障碍	创伤后应激障碍是指个体经历、目睹或遭遇到一个或多个涉及自身或他人的实际死亡，或受到死亡的威胁，或严重的受伤，或躯体完整性受到威胁后，所导致的个体延迟出现和持续存在的精神障碍

（四）职业心理健康风险因素及应对

1. 职业压力

职业压力，也称为工作压力，是当个体感到工作要求超出其内外部应对资源时产生的一种适应性反应。它体现了个体与工作环境之间的交互作用，这种作用会引起个体生理、心理和行为上的变化。

压力源是引起压力的刺激、事件或环境，可以是外界的物质环境、个体的内环境，也可以是社会心理环境。主要包括职业压力和生活压力源两个部分，并通过主观感知影响个体身心健康。职业压力源如图 8-2 所示。

图 8-2　职业压力源

从业人员应对职业压力的方式主要包括以下几点。

（1）通过兴趣爱好分散压力。感兴趣的事情往往使人更加专注且心情愉悦，如看电影、听音乐、打游戏、做运动等，有利于调节心情。

（2）保持积极心态并树立信心。工作中遇到困难和挑战，如果保持积极心态并充满信心，困难在坚持下或许会迎刃而解，即使失败了也会得到认可。

（3）处理好家庭关系。家庭美满和睦会成为从业人员在工作中的坚强后盾，使工作更顺心，内心压力易于得到缓解。

（4）调节作息时间。保障充分的睡眠时间，确保有足够的精力工作。

（5）倾诉和宣泄。倾诉是释放压力和获取帮助的良好途径，能获得安慰和鼓励，以及解决问题的策略。例如，可以通过运动、呐喊等方式进行宣泄和自我鼓励。

2. 职业挫折

职业挫折是指在职业活动中，因遇到外界环境中的阻碍或干扰，需求得不到满足、目标未能达到时的情绪状态，是职业生涯中难以避免的一种较普遍的社会心理问题。职业挫折主要与人际关系、人职不匹配、管理制度、劳动强度与环境等相关，主要的预防和应对方式如下所述。

（1）恰当定位职业生涯目标。恰当的职业生涯目标定位能够帮助员工寻找到比较匹配的工作环境，从而减少职业挫折带来的负面情绪。

（2）协调人际关系。通过增强沟通、改变环境、提高人际技巧等方面改善人际关系，为自己建立良好工作氛围。

（3）正确对待职业挫折。坚持原则和价值观，是应对职业挫折的重要手段。

（4）用良好的心理方法进行自我排解。当在工作中遇到挫折时，会产生各种不良情绪，可以通过转移注意力、独处并安静思考、自行宣泄等合理的心理方法及时调节不良情绪。

3. 职业冲突

在职业活动中，冲突的产生是不可避免的，良性冲突可以达到快速交流意见的效果，但是冲突多半都伴随一些过激的情绪和行为，所以应该尽可能避免冲突。

从个体角度考虑，冲突的发生首先会影响个人的形象，同事和领导可能会认为引发冲突者感情用事、情绪不稳定；冲突的产生还会让人容易被情绪主宰，失去对事物的理智掌控；激烈的冲突还会严重影响身心健康。

根据发生的主体不同，职业冲突可以分为五种类型，具体描述见表8-3。

表8-3 职业冲突的类型

类型	具体描述
个体冲突	通常指个体内心冲突，是指从业人员在多项工作任务或目标中进行选择的时候，个体的内心冲突就会出现
人际冲突	主要指两个或两个以上人员发生的对抗，通常这种对抗是由性格差异、利益纠纷、理念不同或文化历史造成的分歧等原因引起的
团队冲突	包括"个人—团队"冲突和"团队—团队"冲突两种
组织冲突	组织之间为了争夺有限的稀缺资源而产生的冲突，往往表现出极强的排他性、竞争性和对抗性
职场内外冲突	工作是生活的一部分，除了在职场中的角色外，每个人在职场外还有诸多身份。婚姻关系、育儿数量与负荷、家族事务等可能会与职业在时间、精力、压力等维度上产生冲突

4. 职业倦怠

长期的职业压力得不到有效缓解，就比较容易形成慢性的应激过程，长期持续则会导致职业倦怠。职业倦怠是一种心理上的综合病症，包括三个方面的表现：心理资源的损耗；从业人员产生对工作的一种消极、冷漠、与工作极度分离的反应；自我效能比较低，缺乏成就感和创造力。

影响职业倦怠的因素是多方面的，最主要的因素如图8-3所示。

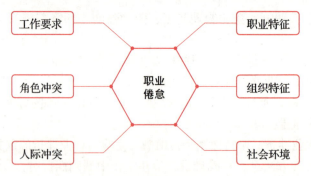

图 8-3　职业倦怠的影响因素

（1）工作要求。工作的质量和数量要求高于个体的工作能力时，容易造成职业倦怠。

（2）角色冲突。当从业人员在组织中的角色定位不清晰，甚至成为可有可无的边缘化人物时，容易产生抵触和反抗情绪，进而产生职业倦怠。

（3）人际冲突。不和谐、不友善的人际关系容易让从业人员产生疏离感，进而产生职业倦怠。

（4）职业特征。教师、司法人员、医药工作者、心理健康工作者和社会服务人员等助人服务人员，是所有从业人员中职业倦怠发生率较高的职业群体。

（5）组织特征。缺乏明确的职责划分，缺乏酬赏、控制、支持，就容易出现职业倦怠。

（6）社会环境。技术的进步、知识的更新速度、社会竞争的压力以及经济结构变迁等，都可能带来巨大压力，压力持续就容易导致职业倦怠。

当出现职业倦怠时，可以采取以下方式进行缓解：一是找到直接原因，客观分析，理性看待；二是自我激励，采用正向激励提升自我效能感；三是合理设定职业生涯目标，调整职业预期，并从短期、长期两方面目标着手，努力实现职业生涯规划；四是对可改善的领域做针对性调整。

（五）积极职业心理健康管理举措

职场人士应当进行积极的心理健康管理，主要做法有如下几点。

1. 树立正确的职业观念

树立正确的职业观念，是决定人生品质的基础，是职业健康、个人发展的根本。正确的职业观念有助于从业人员以积极的心态处理工作任务，并提高职业心理的韧性；正确积极的职业观念也能够感染身边的同事，营造和谐向上的工作氛围。正确的职业观念如图 8-4 所示。

（1）个人价值的正确认知。个人价值体现在从业人员能够为用人单位带来什么价值。

（2）注重学习转化能力。一个优秀的从业人员，既要做到博学、善学、恒学，更要做到勤练、活用、笃行，要把知识转化为技能、行动和实实在在的成果。

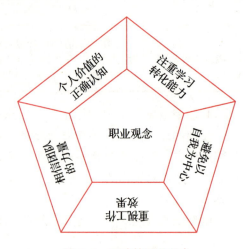

图 8-4　正确的职业观念

（3）避免以自我为中心。除去自我之外，工作过程中内部有完成工作的领导者、协助者、支持者、配合者、相关者，外部有产品或服务的购买者、消费者、受益者，要善于站在对方的角度去完成工作。

（4）重视工作效果。职场上很多人只强调自己有良好的出发点与愿望，而忽视应该呈现出的结果与效果；或当结果与效果不好时，或因之而受到领导的批评时，往往强调自己有良好的动机而感到委屈、产生抱怨。以上态度和做法都是不正确的，正确的职业观念应当重视工作效果。

（5）相信团队的力量。一个优秀的从业人员，必须实现从个人意识向团队意识的转变。要将个人目标融入团队总目标，要在团队中有自己独特的技能并发挥互补的作用，要有善于与团队成员密切合作、敢于对团队高度负责的优秀品质与精神。

2. 参与职业健康教育培训

职业健康教育培训是提高职业健康素养的重要措施。从业人员获得职业健康基本知识，践行健康工作方式和生活方式，防范职业病和工作相关疾病发生风险，维护和促进自身健康的意识和能力。

职业健康教育不仅仅是在知识储备层面能够充实从业人员的职业健康素养，与工作实际结合紧密的职业健康教育培训可以帮助从业人员熟悉自己的工作内容和工作环境，从心理上对工作产生熟悉的亲切感和掌控感，减少职业压力和其他职业心理健康风险。

以职业心理健康为主题的教育培训更能体现用人单位的人性化管理与人道主义关怀，良好的心理健康状态会使从业人员受益终生。

3. 融入职业心理健康建设

职业心理健康建设离不开从业人员的积极参与，从业人员在职业心理健康建设工作中既是承担风险的当事人，又是心理健康风险中的重要组成部分。

（1）实际工作中，心理风险源的暴露需要从从业人员的角度去观察，以便用人单位有针对性地认识职业心理健康风险并作出分析，进而切实解决好从业人员真实面临的问题。

（2）从业人员对于工作的需求表达是用人单位职业心理健康保障工作的动力。通过吸取反馈意见，用人单位才能更高效地完成从业人员的心理保健及干预工作，有效保障职业心理风险治理效果，为提升从业人员职业心理健康发力。

（3）职业心理健康积极的从业人员可以作为其他人员的正向激励，促进整个工作氛围的积极健康。同事之间也可以互为对方的"心理医生"，发挥朋辈心理互助作用，润物细无声地化解职业心理健康风险。

（六）心理健康疾病的预防和治疗

可采取以下预防措施应对心理疾病。

（1）加强修养，遇事泰然处之。养成乐观、豁达的个性，适当调整自己的生活和工作节奏，主动避免生理变化或周围事件对心理造成的冲击。

（2）合理安排生活，培养多种兴趣。充实的生活可改善人的抑郁情绪，培养多种兴趣可使生活变得丰富多彩，驱散不健康的情绪，增强生命活力。

（3）尽力寻找情绪体验的机会。学会在工作上时常创新，力争上游，做出新成绩，更上一个台阶；学会关心他人，与亲朋、同事同甘共苦、共诉心声；多参加公益活动，乐善好施，助人为乐。

（4）适当变换环境。变换新的环境，接受具有挑战性的工作、生活，可激发潜能与活力，进而变换心境，使自己始终保持健康向上的状态，避免心理失衡。

（5）正确认识自己与社会的关系。根据社会的要求，随时调整自己的意识和行为，使之更符合社会规范。要摆正个人与集体、个人与社会的关系，正确对待个人得失、成功与失败，减少心理失衡。

积极向上的工作和生活心态，是对当下和未来抱有的美好希望，是一种踏实肯干的精神，是一种迎难而上的勇气。对于从事职业活动的人员来说，更是如此。在现实生活和工作中，保持一种积极向上的心态，有助于从业人员依靠自己勤劳的双手努力拼搏并迎接美好事业和甜美生活。

用人单位也应采取合理的措施，对其职业环境中存在的职业心理健康风险进行防护，以保障其从业人员的职业心理健康。同时，从业人员也应加强个人在职业活动中的心理健康训练，不断增强自身心理的韧性，确保以一个积极健康的心理状态迎接每一天的工作和生活。一旦诊断患有某种心理疾病，可通过心理、药物、物理等方式积极治疗。

三、职业病及其预防

从广义上讲，职业病指职业性有害因素作用于人体的强度与时间超过一定限度，人体不能代偿其所造成的功能性或器质性病理改变，从而出现了相应的临床症状，影响劳动能力（表8-4）。

表8-4　物理有害因素的防护措施表

有害因素	具体措施
噪声	（1）如长期在超过85分贝作业环境下作业时，应加强对作业人员听觉器官的防护，正确佩戴防噪声耳塞、耳罩和防噪声帽等听力保护器。 （2）采用无噪声或低噪声的工艺或加工方法，选用低噪声的设备，加强对设备的经常性维护。 （3）降低设备运行负荷，使用消声器、隔振降噪等工艺措施
高温	（1）控制污染，合理设计工艺流程，远离热源，利用热压差自然通风，切断污染途径。 （2）隔热、通风降温、使用空调等。 （3）合理安排作息时间，加强机体热适应训练，使用清凉饮料和高温防护服和防护帽
振动	（1）在厂房设计与机械安装时要采用减振、防振措施。 （2）对手持振动工具的重量、频率、振幅等应进行必要的限制，工作中应适当安排工间休息，实行轮换作业，间歇使用振动工具。 （3）使用振动工具时应采用防振动手套，或者在振动工具外加防振垫

有害因素	具体措施
紫外线	（1）电光性眼炎是眼部受紫外线照射所致的角膜炎、结膜炎，常见于电焊操作及产生紫外线辐射的场所。 （2）电焊作业人员作业时应佩戴好防护面罩，如室内同时有几部焊机工作时，最好中间设立隔离屏障，以免相互影响。 （3）车间墙壁上可以涂刷锌白、铬黄等颜色以吸收紫外线，尽量不要在室外进行电焊作业以免影响他人
电磁辐射	（1）在作业场所强磁场源周围设置栅栏或屏障，用铜丝网隔离，但一定要接地，这有助于阻止未经许可的人员进入场强超过国家暴露限值的区域。 （2）远距离操作，在屏蔽辐射源有困难时，可采用自动或半自动的远距离操作，在场源周围设立明显标志，禁止人员靠近。 （3）工作地点位置于辐射强度小的部位，避免在辐射流的正前方工作。 （4）工作中要加强对作业场所电磁场环境的监测，明确电场、磁场的实际水平
不良气象条件	加强管理、改善作业环境，严格按照国家有关作业标准进行作业，合理安排劳动作息时间，让作业人员轮流休息

2018 年修订的《中华人民共和国职业病防治法（第四次修正版）》（以下简称《职业病防治法》）中，职业病的定义为："企业、事业单位和个体经济组织等用人单位的劳动者在职业活动中，因接触粉尘、放射性物质和其他有毒、有害因素而引起的疾病。"职业病的分类和目录由国务院卫生行政部门会同国务院劳动保障行政部门制定、调整并公布。

（一）职业病的特点

（1）病因有特异性。在接触职业性有害因素后才可能患有职业病。在进行职业病诊断时必须有职业史、职业性有害因素接触的调查。在控制这些因素接触后可以降低职业病的发生和发展。

（2）病因大多可以检测。由于职业性有害因素明确，且发生的健康损害一般与接触水平有关，所以可通过检测评价工人的接触水平在一定范围内判定"剂量 – 反应"关系。

（3）不同接触人群的发病特征不同。接触情况和个体差异的不同，会造成不同接触人群的发病特征不同。

（4）对大多数职业病而言，目前尚缺乏特效治疗，应加强预防措施。

（二）常见职业病种类

根据《中华人民共和国职业病防治法》（以下简称《职业病防治法》）的规定，2013 年12 月 23 日，印发的《职业病分类和目录》，将职业病分为 10 大类 132 种，如表 8-5 所示。

表8-5 职业病分类和目录

职业病分类	职业病种类
职业性尘肺病及其他呼吸系统疾病	（一）尘肺病 　　1.矽肺；2.煤工尘肺；3.石墨尘肺；4.碳黑尘肺；5.石棉肺；6.滑石尘肺；7.水泥尘肺；8.云母尘肺；9.陶工尘肺；10.铝尘肺；11.电焊工尘肺；12.铸工尘肺；13.根据《尘肺病诊断标准》和《尘肺病理诊断标准》可以诊断的其他尘肺。 （二）其他呼吸系统疾病 　　1.过敏性肺炎；2.棉尘病；3.哮喘；4.金属及其化合物粉尘肺沉着病（锡、铁、锑、钡及其化合物等）；5.刺激性化学物所致慢性阻塞性肺疾病；6.硬金属肺病
职业性皮肤病	1.接触性皮炎；2.光接触性皮炎；3.电光性皮炎；4.黑变病；5.痤疮；6.溃疡；7.化学性皮肤灼伤；8.白斑；9.根据《职业性皮肤病诊断标准（总则）》可以诊断的其他职业性皮肤病
职业性眼病	1.化学性眼部灼伤；2.电光性眼炎；3.白内障（含辐射性白内障、三硝基甲苯白内障）
职业性耳鼻喉口腔疾病	1.噪声聋；2.铬鼻病；3.牙酸蚀病；4.爆震聋
职业性化学中毒	1.铅及其化合物中毒（不包括四乙基铅）；2.汞及其化合物中毒；3.锰及其化合物中毒；4.镉及其化合物中毒；5.铍病；6.铊及其化合物中毒；7.钡及其化合物中毒；8.钒及其化合物中毒；9.磷及其化合物中毒；10.砷及其化合物中毒；11.铀及其化合物中毒；12.砷化氢中毒；13.氯气中毒；14.二氧化硫中毒；15.光气中毒；16.氨中毒；17.偏二甲基肼中毒；18.氮氧化合物中毒；19.一氧化碳中毒；20.二硫化碳中毒；21.硫化氢中毒；22.磷化氢、磷化锌、磷化铝中毒；23.氟及其无机化合物中毒；24.氰及腈类化合物中毒；25.四乙基铅中毒；26.有机锡中毒；27.羰基镍中毒；28.苯中毒；29.甲苯中毒；30.二甲苯中毒；31.正己烷中毒；32.汽油中毒；33.一甲胺中毒；34.有机氟聚合物单体及其热裂解物中毒；35.二氯乙烷中毒；36.四氯化碳中毒；37.氯乙烯中毒；38.三氯乙烯中毒；39.氯丙烯中毒；40.氯丁二烯中毒；41.苯的氨基及硝基化合物（不包括三硝基甲苯）中毒；42.三硝基甲苯中毒；43.甲醇中毒；44.酚中毒；45.五氯酚（钠）中毒；46.甲醛中毒；47.硫酸二甲酯中毒；48.丙烯酰胺中毒；49.二甲基甲酰胺中毒；50.有机磷中毒；51.氨基甲酸酯类中毒；52.杀虫脒中毒；53.溴甲烷中毒；54.拟除虫菊酯类中毒；55.铟及其化合物中毒；56.溴丙烷中毒；57.碘甲烷中毒；58.氯乙酸中毒；59.环氧乙烷中毒；60.上述条目未提及的与职业有害因素接触之间存在直接因果联系的其他化学中毒
物理因素所致职业病	1.中暑；2.减压病；3.高原病；4.航空病；5.手臂振动病；6.激光所致眼（角膜、晶状体、视网膜）损伤；7.冻伤

职业病分类	职业病种类
职业性放射性疾病	1. 外照射急性放射病；2. 外照射亚急性放射病；3. 外照射慢性放射病；4. 内照射放射病；5. 放射性皮肤疾病；6. 放射性肿瘤（含矿工高氡暴露所致肺癌）；7. 放射性骨损伤；8. 放射性甲状腺疾病；9. 放射性性腺疾病；10. 放射复合伤；11. 根据《职业性放射性疾病诊断标准（总则）》可以诊断的其他放射性损伤
职业性传染病	1. 炭疽；2. 森林脑炎；3. 布鲁氏菌病；4. 艾滋病（限于医疗卫生人员及人民警察）；5. 莱姆病
职业性肿瘤	1. 石棉所致肺癌、间皮瘤；2. 联苯胺所致膀胱癌；3. 苯所致白血病；4. 氯甲醚、双氯甲醚所致肺癌；5. 砷及其化合物所致肺癌、皮肤癌；6. 氯乙烯所致肝血管肉瘤；7. 焦炉逸散物所致肺癌；8. 六价铬化合物所致肺癌；9. 毛沸石所致肺癌、胸膜间皮瘤；10. 煤焦油、煤焦油沥青、石油沥青所致皮肤癌；11. β−萘胺所致膀胱癌
其他职业病	1. 金属烟热；2. 滑囊炎（限于井下工人）；3. 股静脉血栓综合征、股动脉闭塞症或淋巴管闭塞症（限于刮研作业人员）

（四）职业性损害的三级预防

《职业病防治法》第一章总则第三条指出，职业病防治工作坚持预防为主、防治结合的方针，建立用人单位负责、行政机关监管、行业自律、职工参与和社会监督机制，实行分类管理、综合治理。其基本准则应按三级预防加以控制，以保护和促进职业人群的健康。

1. 第一级预防

第一级预防又名病因预防，指从根本上消除或控制职业性有害因素对人的作用和损害。可通过改进生产工艺和生产设备，合理利用防护设施及个人防护用品，以减少或消除工人接触的机会。主要有以下几个方面。

（1）根据我国工业企业设计卫生标准，改进生产工艺和生产设备。

（2）与职业卫生相关的法律、法规和标准。

（3）个人防护用品的合理使用和职业禁忌证的筛检，如生产性粉尘所导致的尘肺，可以佩戴防尘口罩，凡有职业禁忌证者，禁止从事相关工作。

（4）控制已明确能增加发病危险的生活方式等个体危险因素，如禁止吸烟可预防多种慢性非传染性疾病、职业病或肿瘤。

2. 第二级预防

第二级预防指早期检测和诊断人体受到职业性有害因素所致的健康损害并予以早期治疗、干预。受经济和技术影响，尽管第一级预防措施是理想的方法，但难以实现理想效果，因此第二级预防也是十分必要的。其主要手段是定期进行职业性有害因素的监测和对接触者的定期体格检查，以尽早发现病因和诊断疾病，及时预防、处理。

3. 第三级预防

第三级预防指在患病以后，实施积极治疗和促进康复的措施。在实施第三级预防时要坚持以下几个原则：将已有健康损害的接触者调离原有工作岗位，并进行合理的治疗；找到接触者受到健康损害的原因，改进生产环境和工艺过程，加强一级预防；促进病人康复，预防并发症的发生和发展。除极少数职业中毒有特殊的解毒治疗外，大多数职业病主要依据受损的靶器官或系统，采取临床治疗原则，给予对症治疗。

三级预防体系相辅相成、合为一体。第一级预防针对整个人群，是最重要的，第二和第三级是第一级预防的延伸和补充。全面贯彻和落实三级预防措施，做到源头预防、早期检测、早期处理、促进康复、预防并发症、改善生活质量，构成职业卫生的完整体系。

📖 总结案例

开展职业健康讲座 守护职工健康

2022年，我国《职业病防治法》颁布实施20周年，在第20个全国《职业病防治法》宣传周期间，某市供电公司通过线上线下相结合的方式，开展一系列"一切为了劳动者健康"主题宣传活动。通过制作宣传视频、宣传标语、"健康工作理念"条幅，引导职工树立职业健康防护意识。同时，通过开展线上讲座，组织全员学习普及职业病的基本常识、防护知识和劳动者享有的职业卫生保护权利，增强职工自我保护能力，积极营造关心关注支持职业病防治的浓厚氛围。

"做完操，虽然流不少汗，但全身肌肉得到放松，肩颈的疼痛感也减轻了。"该单位刘某做完健身操后感慨道。职工们纷纷表示，活动干货满满、受益匪浅，在今后的工作生活中会认真做好个人防护措施，在努力工作的同时保持健康的生活状态。

该供电公司也表示将进一步树立职业卫生责任意识，逐步改善职工劳动条件，维护劳动者健康权益。

【分析】数据显示，当前全球每15秒就有一人死于工作相关的事故或疾病，这些不仅给相关工作人员及其家庭带去困扰，给企业也带来一定的负面影响，这说明了职业健康安全的重要性。案例中的电力公司这一用人单位作为职业病防治责任的主体，作为依法维护劳动者职业健康的第一责任人，通过宣传管理体现了对员工职业健康的呵护。

📁 活动与训练

职业倦怠自测

一、目的

了解职业倦怠的概念和表现，掌握客服职业倦怠的方法。

二、程序和规则

步骤1：请根据实际情况回答以下问卷（表8-6）。

表 8-6 职业倦怠自测问卷

序号	描述	得分
1	我非常疲倦	
2	我不关心工作对象的内心感受	
3	我能有效地解决工作对象的问题	
4	我担心工作会影响我的情绪	
5	我的工作对象经常抱怨我	
6	我可以通过自己的工作有效影响别人	
7	我常常感到筋疲力尽	
8	我抱着玩世不恭的态度工作	
9	我能创造轻松活泼的工作氛围	
10	一天的工作结束，我感觉到疲劳至极	
11	我经常责备我的工作对象	
12	解决工作对象的问题后，我非常兴奋	
13	最近一段时间我有点抑郁	
14	我经常思考关注度的要求	
15	我完成了许多有意义的工作任务	

提示：根据表 8-6 中的描述与工作中实际情况的符合程度，选择相应的数字，由"1"到"7"代表符合程度由低到高，数字"1"为"完全不符合"，"7"为"完全符合"。

步骤 2：计算得分。计分方式：第 1、4、7、10、13 题测量情感耗竭，所选数字即为每题得分，临界值为 25 分；第 2、5、8、11、14 题测量疏离感，同样，所选数字为每题得分，临界值为 11 分；第 3、6、9、12、15 题测量个人成就感，减去所选数字即为每题得分，临界值为 16 分。总分为每类对应 5 题得分的总和。

步骤 3：判断。一项总分高于临界值为轻度倦怠；两项总分高于临界值为中度倦怠；三项总分高于临界值为高度倦怠。

三、总结思考

假如你在工作中产生了职业压力或职业倦怠，可以采取哪些应对方式？

（建议时间：20 分钟）

探索与思考

1. 选择一种你熟悉的职业，识别其职业危害。
2. 结合你所学习的专业可能的就业岗位，列举可能遇到的劳动禁忌事项。
3. 简要描述你在日常工作中可采取的职业心理健康风险防护措施。

主题二　现场管理和全面质量管理

学习目标

1. 了解现场管理的内涵和基本法则。
2. 了解质量和质量意识的基本概念、质量管理的含义。
3. 能够初步运用 PDCA 循环法分析解决问题。

导入案例

生命的保障

这是一个真实的故事。第二次世界大战中期，经过降落伞制造商努力的改善，使得降落伞的良品率达到了 99.9%，应该说这个良品率即使现在许多企业也很难达到。但是美国空军却对此公司说：No！他们要求所交付降落伞的良品率必须达到 100%。于是降落伞制造商的总经理便专程去飞行大队商讨此事，看是否能够降低这个标准。厂商认为能够达到这个程度已接近完美了。当然美国空军一口回绝，因为品质没有折扣。后来，军方要求改变检查质量的方法。那就是从厂商前一周交货的降落伞中，随机挑出一个，让厂商负责人装备上身后，亲自从飞行中的机身跳下。这个方法实施后，降落伞不良率立刻变成零。

【分析】日本著名企业家松下幸之助有句名言："对产品来说，不是 100 分就是 0 分。"任何产品，只要存在一丝一毫的质量问题，都意味着失败。许多人做事时常有"差不多"的心态，对于领导或是客户所提出的要求，即使是合理的，也会觉得对方吹毛求疵而心生不满。对待产品质量应该保持精益求精的态度和严谨细致的工作作风。试想，如果什么事情只有 99.9% 的成功率，那么每年或许会有 20000 次配错药事件；每年 15000 个婴儿出生时会被抱错；每星期有 500 宗做错手术事件；每小时有 2000 封信邮寄错误。看了这些数据，我们肯定都希望全世界所有的人都能在工作中作到 100%。因为我们是生产者，同时我们也是消费者。

一、现场管理

（一）现场管理的概念

生产现场是指从事产品生产、制造或提供服务的场所，也就是劳动者用劳动手段作用于劳动对象，完成一定生产作业任务的场所。生产现场一般是指企业的作业场所，工业企业习惯称之为车间、工厂或生产线。

现场管理是指用科学的标准和方法对生产现场各生产要素，包括人（工人和管理人员）、机（设备、工具、工位器具）、料（原材料）、法（加工、检测方法）、环（环境）、信（信息）等进行合理有效的计划、组织、协调、控制和检测，使其处于良好的结合状态，以达到优质、高效、低耗、均衡、安全、文明生产的目的。

（二）现场管理的内涵

现场管理有创造良好工作环境，解决现场问题，消除不利因素和建立合理的组织机构四个方面的内容。

1. 创造良好的工作环境

为现场作业人员创造一个良好的作业环境是现场管理者的首要工作，也是开展生产的前提条件。总的来说，创造良好的工作环境就是将生产中的人员、物资和设备等协调到最佳状态。

2. 解决现场问题

生产现场常会出现各种各样的问题，如设备故障、沟通不畅、员工技艺不熟练、积极性不高等，现场管理要求对这些问题进行全面的分析，并根据问题的轻重缓急统筹解决。

3. 消除不利因素

现场管理的基本工作就是设置时间节点并推进工作的开展，按计划完成生产任务。这个过程也是消除各种不利因素的过程。现场管理者必须找出妨碍正常生产活动进程的异常情况并采取措施。一般来说，产生异常的因素有操作者精神状态差、材料供应不及时、作业环境不好、工艺方法发生改变等。

4. 建立合理的组织机构

有机地将生产人员组织起来，能充分发挥集体的作用。现场管理者应掌握每一位员工的特点，了解他们在现场中的工作情况和作用，现场管理者必须建立起合理有效的现场组织管理机构，并完成生产任务。

（三）现场管理的基本法则

1. 问题发生时，要先去现场

对现场管理者而言，所有工作都是围绕现场进行的。当问题发生时，要做的第一件事就是去现场，因为现场是所有信息的来源。现场管理者必须随时掌握现场第一手情况并及时处理或向上级报告。

2. 检查现场

在详尽检查现场后，现场管理者应该马上确认问题产生的原因。例如，对一个刚产出的不合格的产品握在手中，去接触、感觉并仔细观察，然后再去观察生产的方式和设备，这样很容易确定产生问题的原因。

3. 当场采取暂行处理措施

认定了问题产生的原因，现场管理者可以当场采取改善措施。如工具损坏了，可安排人员去领用新的工具或使用替代工具，以保证作业的进行。

4. 发掘并排除问题的真正原因

发掘现场原因的有效方法之一就是持续地问为什么，直到问到引发问题的原因为止。

5. 标准化处理，以防问题再次发生

为了防止同样的问题，改善后的作业程序就必须标准化，并依标准化 – 执行 – 核查 – 处置的过程展开循环。

（四）7S 现场管理

7S 现场管理法是一种有效的管理办法，简称 7S。7S 是整理（seiri）、整顿（seiton）、清扫（seiso）、清洁（seiketsu）素养（shitsuke）、安全（safety）和节约（saving）这七个日语或英语词首字母的缩写（表 8–7）。7S 活动起源于日本并最早在日本企业中广泛推行，其活动的对象是现场的"环境"，核心和精髓是"素养"，7S 营造一目了然的现场环境，企业中每个场所的环境、每位员工的行为都能符合 7S 管理的精神，有助于提高现场管理水平、提升现场安全水平和产品质量。

表 8–7　7S 现场管理法具体内容

7S	宣传标语	具体内容
整理（seiri）	要与不要，一留一弃	区分需要的和不需要的物品，果断清除不需要的物品
整顿（seiton）	明确标识，方便使用	将需要的物品按量放置在指定的位置，以便任何人在任何时候都能立即取来使用
清扫（seiso）	清扫垃圾，美化环境	除掉车间地板、墙、设备、物品、零部件等上面的灰尘、异物，以创造干净、整洁的环境
清洁（seiketsu）	洁净环境，贯彻到底	维持整理、整顿、清扫状态，从根源上改善使现场发生混乱的现象
素养（shitsuke）	持之以恒，养成习惯	遵守企业制定的规章纪律、作业方法，文明礼仪，具有团队合作意识等，使之成为素养，员工能做出自发的、习惯性的改善行为
安全（safety）	清除隐患，排除险情，预防事故	保障员工的人身安全，保证生产的连续安全正常的进行，同时减少因安全事故而带来的经济损失
节约（saving）	对时间、空间、能源等方面合理利用	发挥他们的最大效能，从而创造一个高效率的、物尽其用的工作场所

另一种广泛使用的管理工具是 5S，即 7S 中的整理、整顿、清扫、清洁和素养。无论是 7S 还是 5S，各项活动之间是紧密联系的，仅以 5S 为例，整理是整顿的基础，整顿是对整理成果的巩固，清扫是显现整理、整顿的效果，而通过清洁和素养，则可以使生产现场形成良好的改善氛围。各"S"活动的运作关系如图 8–5 所示。

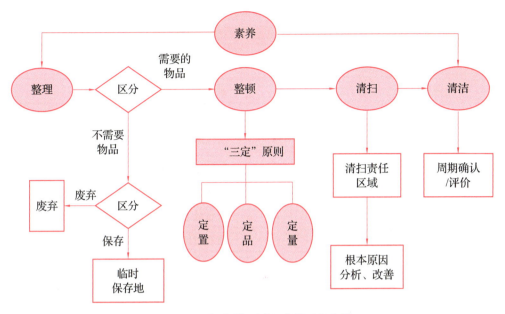

图 8-5　5 个 "S" 活动运作关系示意图

1. 整理和整顿

将要与不要的人、事、物分开，再将不需要的部分加以处理，是开始改善生产现场环境的第一步。首先，要对生产现场的现实摆放和停滞的各种物品进行分类，区分哪些是现场需要的，哪些是不需要的；其次，将现场不需要的部分，如剩余材料、垃圾、废品、多余的工具、报废的设备、工人的个人生活用品等，坚决清理出生产现场。彻底搜寻和清理现场的各个死角，达到现场无不用之物。整理的目的是增加作业面积，物流畅通，防止误用等。整理是安全生产的重要前提。

通过第一步整理后，按定置、定品、定量的 "三定" 原则，对生产现场需要留下的物品进行科学合理的布置和摆放，考虑通道的畅通及合理性，应尽可能将物品隐蔽式放置及集中放置，减少物品的放置区域，使用目视管理，标识清楚明了，以便用最快的速度取得所需之物，在最有效的规章、制度和最简捷的流程下完成作业。整顿是安全生产的必然要求。

2. 清扫和清洁

清扫是把工作场所打扫干净，当设备异常时马上开展修理。生产过程中生产现场会产生灰尘、油污、铁屑、垃圾等，导致设备精度降低，引发故障，进而影响产品质量，甚至引发安全事故；脏的现场更会影响人们的工作情绪。因此，必须通过清扫活动来清除脏物，营造一个明快、舒畅的工作环境，其目的是让员工保持一个良好的工作情绪，并保证产品的品质，最终实现企业生产零故障和零损耗。清扫是安全生产的重要保障。

清洁是对整理、整顿、清扫活动的坚持与深入，从根源上避免安全隐患。通过清洁的维护保持现场完美和最佳状态。清洁活动使整理、整顿和清扫工作成为一种惯例和制度，是标准化的基础，也是一个企业的企业文化形成的开始（表 8-8）。

表 8-8　清洁标准

项次	检查项目	等级	得分	考核标准
1	通道和作业区	1级	0	没有划分
		2级	2	画线清楚，地面未清扫
		3级	5	通道及作业区干净、整洁，令人舒畅
2	地面	1级	0	有污垢，有水渍、油渍
		2级	2	没有污垢，有部分痕迹，显得不干净
		3级	5	地面干净、亮丽，感觉舒畅
3	货架、办公桌作业台、会议室	1级	0	很脏乱
		2级	2	虽有清理，但还是显得脏乱
		3级	5	任何人都觉得很舒服
4	区域空间	1级	0	阴暗，潮湿
		2级	2	有通风，但照明不足
		3级	5	通风、照明适度，干净、整齐，感觉舒服

备注：1级——差、2级——合格、3级——良好

3. 素养

素养是使员工养成严格遵守规章制度的习惯和作风，是 7S 的核心活动。如果人员素质不高，各项活动就不能顺利开展，即便开展了也无法坚持。因此，抓 7S 活动，要始终着眼于提高人的素质。素养的要点是制度完善、活动推行、监督检查：制度完善是指根据企业状况、7S 实施情况等完善现有的规章制度，如厂纪厂规、日常行为规范、7S 工作规范等；活动推行是指通过班前会、员工改善提案等方法的实施，改善现场的工作状况。

素养的目的是提升人员素质、形成良好习惯。提升人员素质是指通过制度培训、行为培训、检查监督考核，不断提高员工素质。养成良好习惯是指通过宣传培训、各种活动的施行统一员工行为，养成良好习惯，同时具有良好的个人形象和精神面貌，遵礼仪、有礼貌，其具体表现见表 8-9。

表 8-9　素养的表现

素养内容	具体说明
良好的行为习惯	（1）员工遵守以下规章制度，形成良好习惯。 ①厂规厂纪，遵守出勤和会议规定； ②岗位职责、操作规范； ③工作认真、无不良行为。 （2）员工遵守 7S 规范，养成良好的工作习惯
良好的个人形象	（1）着装整洁得体，衣、裤、鞋不得有明显脏污。 （2）举止文雅，如乘坐电梯时懂得礼让，上班时主动打招呼。 （3）说话有礼貌，使用"请""谢谢"等礼貌用语

素养内容	具体说明
良好的精神面貌	员工工作积极，主动贯彻执行整理、整顿、清扫等制度
遵礼仪、有礼貌	（1）待人接物诚恳有礼貌。 （2）互相尊重、互相帮助。 （3）遵守社会公德，富有责任感，关心他人

素养活动也应经常进行检查，素养活动的检查内容包括 3 项，见表 8–10。

表 8–10　素养活动检查项目表

检查项目	检查细则
服装检查	（1）是否穿戴规定的工作服上岗。 （2）服装是否整洁、干净。 （3）厂牌等是否按规定佩戴整齐，充满活力。 （4）工作服是否穿戴整齐，充满活力。 （5）鞋子是否干净、无灰尘
仪容、仪表检查	（1）仪容、仪表是否整洁，充满朝气。 （2）是否勤梳理头发，不蓬头垢面
行为规范检查	（1）是否做到举止文明，有修养。 （2）能否遵守公共场所的规定。 （3）是否做到团结同事，大家友好沟通、相处。 （4）上下班是否互致问候。 （5）是否做到工作齐心协力，富有团队精神。 （6）是否做到守时，不迟到、早退。 （7）是否在现场张贴、悬挂 5S 活动的标语。 （8）现场是否有 5S 活动成果的展示窗或展示栏。 （9）是否灵活应用照相或摄像等手段协助 5S 活动的开展。 （10）员工是否已经养成遵守各项规定的习惯。 （11）车间、班组是否经常开展整理、整顿、清扫、清洁活动

　　素养不仅是 7S 活动的基本活动之一，也是防止事故、火灾，保证现场安全的基础。为了提高作业人员的素养，督促其养成良好的习惯，避免习惯性违章，应对作业人员进行培训，平时多检查监督。

知识链接

安全目视化管理

　　安全目视化管理，包括员工安全操作标准目视化、设备运行状态目视化、特种作业设备目视化、安全警示标识、工艺及方法安全性目视化等。

　　1.员工安全操作标准目视化

　　为了提高员工的安全操作技能，需要对所有的作业编制安全操作规程，以规范员工行为，尤其对实习生和特种作业人员。

2. 设备运行状态目视化

从设备点检表着手，随时记录设备的运行状态，防止设备带故障作业，特别是行车等特种设备，一旦发生故障将会带来严重的后果。通过设备运行状态目视化、设备点检能及时地发现隐患，消除危险因素。

3. 特种作业设备色标管理

例如，起重作业作为特种作业，其安全性必须得到保证，这就要求吊具在使用过程中必须完好无损，形成吊具定期检验机制。因此，应进行吊具色标卡管理，对吊具定期进行更改、点检，及时有效地排查吊具安全隐患。

4. 安全警示标识

针对人员、机器、材料、方法、环境五个方面的危险因素设置安全警示标识，例如：高空楼梯处张贴"禁止攀爬"警示标识，钻床上张贴"不得戴手套"警示标识，电控柜上张贴"高压危险"警示标识，物料摆放设有安全警示线，装配下线处设有"人员作业、不得启动"警示标识，密闭空间设有"受限空间，不得进入"警示标识。

5. 工艺、方法安全性目视化

从作业标准、指导书入手，在下发作业标准之前，必须进行安全审核，以确保作业方法的安全性。

4. 安全和节约

安全就是要维护人身与财产不受侵害，保障工作场所零故障、无意外事故发生。安全活动的实施要点是建立健全各项安全管理制度，不要因小失大；对操作人员的操作技能进行训练；全员参与，排除隐患，重视预防。

节约就是对整理工作的补充，通过合理利用时间、空间、能源等方面，发挥他们的最大效能，进而创造一个高效率的、物尽其用的工作场所。由于资源相对不足，在我国，更应该在企业中秉持勤俭节约的原则。

二、全面质量管理

全面质量管理是一个组织以质量为中心，以全员参与为基础，目的在于通过让顾客满意和本组织所有成员及社会受益而达到长期成功的管理途径全面质量管理的特点，可以概括为"三全一多样"，即全员、全过程、全组织的质量管理，采用多样性的方法进行管理。

（一）全员参与的质量管理

组织中任何一个环节，任何一个人的工作质量都会不同程度地直接或间接地影响着产品质量或服务质量。因此，全体员工都要参与质量管理，产品质量人人有责。全员参与的质量管理工作包括以下几个方面的。首先，是全员的质量教育和培训：一方面通过培训加强职工的质量意识、职业道德，以顾客为中心的意识和敬业精神；另一方面是为了提高员工的技术能力和管理能力，增强参与意识。其次，是实行质量责任制。明确规定企业各部门、各环节以及每一个人在质量工作上的具体任务、责任、要求和权利，以保证产品的质量。

最后，是鼓励团队合作和多种形式的群众性质量管理活动，充分发挥员工的聪明才智和当家做主的主人翁精神。

（二）全过程的质量管理

产品质量形成的过程包括市场研究（调查）、设计、计划、采购、生产、检验、销售、售后服务等环节，每一个环节都对产品质量产生或大或小的影响。因此需要控制好影响质量的所有相关因素，从而生产出高质量的产品。

上述过程是一个不断循环螺旋式提高的过程，产品质量在此循环中不断提高。产品质量形成的过程如图 8-6 所示，称为朱兰质量螺旋曲线。

（三）全组织的质量管理

全方位的质量管理，是指企业各个职能部门之间紧密配合，按职能划分来承担相应的质量责任。可以从两个方面来理解。一方面，从组织管理角度来看，质量目标的实现有赖于企业的上层、中层、基层管理以及一线员工的通力协作，其中高层管理能否全力以赴起着决定性的作用。另一方面，从组织职能间相互配合来

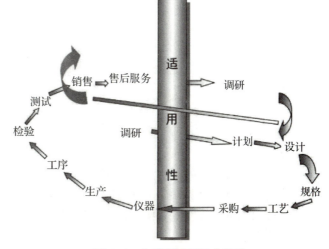

图 8-6 朱兰质量螺旋曲线图

看，要保证和提高产品质量必须使企业研制、维持和改进质量的所有活动构成为一个有效的整体。

（四）多样性的管理方法和管理工具

随着技术的不断进步，产品的复杂性不断增加，影响产品质量的因素也越来越多。因此，必须结合组织的实际情况，系统地控制影响产品质量的因素，广泛、灵活地运用各种现代化的科学管理方法，施行综合治理。

目前，常用的质量管理工具和方法有：PDCA 循环法、QC 小组活动法、精益生产工具、质量功能展开法等。在应用质量工具方法时，要以方法的科学性和适用性为原则，要坚持用数据和事实说话，从应用实际出发，尽量简化。

1. PDCA 循环法

PDCA 循环法（图 8-7）是管理学中的一个通用模型。1930 年，美国质量管理专家休哈特最早提出这一构想，1950 年，美国专家戴明博士进行充分挖掘，开始运用于持续改善产品和服务质量的过程，它反映了质量管理活动的规律。PDCA 是英文单词 Plan（计划）、Do（执行）、Check（检查）和 Act（处理）的首字母的组合。该循环法有四个阶段：P 阶段、D 阶段、C 阶段、A 阶段，依次称为"计划阶段""执行阶段""检查阶段""处理阶段"。PDCA 循环就是按照这样的顺序进行质量管理，并且循环不断进行下去的科学程序。

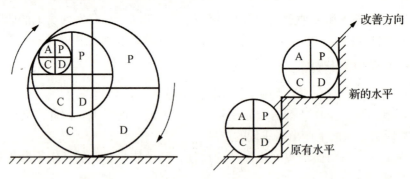

图 8-7　PDCA 循环法

（1）计划阶段。

这个阶段的工作主要是找出存在的问题，通过分析，确定改进目标，确定达成这些目标的措施和方法。

实现目标的过程就是缩小自身同目标之间差距的过程。只有明确自己的能力、知识、观念等现状与所确定的职业生涯目标之间的差距，才可能采取措施弥补差距，保证目标的最终实现。

（2）实施阶段。

按照制定的计划和措施，严格地去执行。在实施过程中会发现新的问题或情况，例如原来制订计划的条件等发生变化，则应及时修订计划内容，以保证达到预期目标。

（3）检查阶段。

在分阶段完成计划时，根据所确定的目标和要求对执行计划的结果实事求是地进行正确评估。未完全达到目标也没有关系，以后还有改进机会。

（4）处理阶段。

①总结经验，巩固成绩。根据检查的结果进行总结，把成功完成计划的经验和失败的教训积累起来，以提高工作效率。与此同时，为了更好地提高自己的能力，寻找新的目标，开始新的 PDCA 循环。

②解决问题，转入下一个循环。检查未解决的问题，找出原因，转入下一个 PDCA 循环中，作为下一个循环计划制订的资料和依据。对于新产生的问题，要不断总结经验，坚持改进，就会获得成功。

PDCA 循环的特点是环环相套、相互促进、不断循环、螺旋式上升和发展。四个阶段并非是截然分开的，而是紧密衔接连成一体的，各阶段之间也存在着一定的交叉现象。实际工作中，往往是边检查边总结边调整计划，不能机械地去理解和运用 PDCA 循环法。

2. QC 小组活动法

QC 小组，即质量管理小组，是指在生产或工作岗位上从事各种劳动的职工，围绕企业的方针目标和现场存在的问题，以改进质量、降低消耗、提高经济效益和人的素质为目的组织起来，运用质量管理的理论和方法开展活动团队。QC 小组活动的大致程序为：选题、确定目标值、调查现状、分析原因、找出主要原因、制订措施、实施措施、检查效果、制订巩固措施、分析遗留问题、总结成果资料共 11 个步骤。其本身也体现了一个完整的 PDCA 循环。

3. 精益生产工具

精益生产就是及时制造，消灭故障，消除一切浪费，向零缺陷、零库存进军。它是麻省理工学院在"国际汽车计划"项目实施过程中最早提出的，通过调查他们发现，日本丰田汽车公司的生产方式适用于现代制造企业，称之为精益生产。企业管理中流行的精益生产工具有：准时化生产、看板管理、零库存管理、单件流等、5S 和 7S 管理等。

4. 质量功能展开法

质量功能展开法（QFD）是一种在产品或服务设计阶段非常有效的方法，是一种旨在提高顾客满意度的"顾客驱动"式的质量管理方法。该方法强调从产品设计开始就同时考虑质量保证的要求及实施质量保证的措施，将顾客需求分解到产品形成的各个过程，将顾客并转换成产品开发过程具体的技术要求和品质控制要求，帮助企业从检验产品转向检查产品设计的内在质量，使质量融入生产和服务及其工程的设计之中。这种方法对企业提高产品质量、缩短开发周期、降低生产成本和增加顾客的满意程度有较大帮助。

随着社会的进步，生产力水平的提高，整个社会大生产的专业化和协作化水平也在不断提高。每个产品都凝聚着整个社会的劳动，因而，提高产品质量不仅是某一个企业的问题，还需要全社会的共同努力。

📖 总 结 案 例

加强全员全范围全过程质量管理

近年来，中盐集团所属安徽红四方股份有限公司将全面质量管理意识贯穿于企业整个生产经营中。质量是企业的生命，只有拥有质量，才能稳固占据市场，确保职工端稳"饭碗"。质量提升是企业创新、经济转型的必然选择，也是企业未来竞争的"决战场"，而"战场"上的主人是全体员工。质量管理作为一个系统工程，关系到企业的每一位员工，只有加强"全员、全范围、全过程"的质量管控，才能最终实现企业的发展愿景。为此，公司采取了以下做法。

（一）健全制度，从根本上保障全员参与。公司以"废改立"工作为契机，自 2020 年至今，梳理和确定了近 300 份"废改立"文件清单，限时进行"废改立"。持续推进公司各项工作的标准化、规范化、程序化和信息化水平，规章制度拟修改 185 部，新建 31 部，废止 61 部。公司还修订招投标实施细则，强化招标过程管理。

（二）加强培训，针对性提高全员参与意识。全员参与，不是不分主次和不分程序的参与，而是根据不同岗位、不同性质，通过形式多样的参与方式去实现。全员参与意识也并不是让所有员工树立参与所有项目的意识，而是进行质量意识的培训，让员工认识到质量无处不在。公司通过内审员培训、红四方大讲堂等方式多层次、全方位地开展质量培训，讲授质量管理和专业知识。

（三）改革创新，开通员工参与的沟通渠道。2019 年，公司开展关键绩效考核工作。经过两年的经验积累和完善，深挖关键绩效指标，推进关键绩效管理。公司通过精准设置各生产工序关键绩效指标、实行营销总公司工资总额承包制薪酬和绩效管理、坚持物资保障和成本控制原则、对子公司实行"一企一策"，分别设置不同的关键绩效指标、科学设置职能部门关键绩效指标等方式，以促进年度预算实现为目标，深挖和细化各二级单位关键绩效指标。

（四）广泛开展质量活动，提高员工参与意识。公司还经常开展多样性的质量活动，如深入开展对标一流和质量控制小组活动，推进股权投资项目全过程风险管理，建立健全项目建设激励与约束机制、内部管理审核等，吸纳更多的员工参与。同时，公司还设置了相应的沟通渠道，让员工能够真实地将自己的意见和建议及时向各级领导反映，确保上传下达无阻碍。

【分析】提高质量，需要有系统化的管理方法。全员质量管理是一种质量管理理念，其基本理念是将质量管理从管理层转变为全体员工参与的活动。它把质量管理的责任从管理层分担到全体员工，使每个员工都能够参与到质量管理的实施中来，从而提高质量管理的效果。全员质量管理的实施，需要企业在建立质量管理体系的基础上，采取有效的措施，建立和完善员工质量管理的培训体系，加强员工质量管理的意识，提高员工的质量管理能力，增强员工的质量管理意识，推动全体员工参与质量管理，从而实现质量管理的有效实施。

活动与训练

宾馆客房保洁的 PDCA 管理演练

一、活动目标

通过模拟制定宾馆客房清洁的 PDCA 管理方案，体会质量管理工具的实际运用。

二、背景知识

PDCA 客房清洁卫生实施计划是指在日常的清洁卫生的基础上，拟定一个周期性清洁计划，采取定期循环的方式，将客房中平时不宜清扫、清扫不到或者清扫不彻底的地方全部打扫一遍。

实施该方法，能保证客房的清洁保养工作的质量，同时坚持日常卫生和计划卫生工作相结合，不仅省时、省力、效果好，还能有效地延长客房设备的使用寿命。

三、程序与规则

1. 教师将学生划为三组，每组 5 人。每组同学分别列出一个宾馆标准间的设施配置标准。并由教师指定不同的同学扮演角色客房部经理、卫生主管、领班、客房服务员 4 个角色。

2. 卫生计划分为每天、每周、每月三种。

（1）每天的卫生计划由卫生主管制订卫生清单，由领班协助落实并分配到个人进行计划实施跟踪，并进行逐项检查。

（2）每月的计划卫生由部门经理安排，由领班协助落实并分配到个人，并进行逐项检查。每天进行抽查，月末进行评比。

（3）具体实施细则举例如下，可根据对宾馆的实际调研确定。

日常计划卫生:马桶清洁、淋浴区清洁、地毯局部污渍处理、壁纸脏迹处理、浴帘更换、防滑垫清洁、检查洗发水等。

周计划卫生:马桶底座清洁;卫生间地面、地漏清洁;电视机清洁;电话消毒;冰箱除霜;家具清洁等。

月计划卫生:马桶水箱清洁;卫生间墙面和排风扇;空调;窗槽、窗框、窗玻璃;热水壶消毒和清洁;壁纸吸尘、家具上蜡等。

3.设想的工作程序为:客房部经理制订月卫生计划检查表,卫生主管负责制订周卫生计划表,领班负责制订日卫生计划表,并带领客房服务员执行日卫生计划。

四、评价

1.小组讨论,在制订和执行卫生计划时应注意什么问题?用 PDCA 方法提高客房卫生质量的关键点是什么?

2.各小组派代表(表演客房部经理的同学)汇报心得体会。

3.教师进行分析、归纳、点评。

（建议时间:2 小时）

探索与思考

1.现场管理的 7S 指的是什么?

2.什么是质量管理?谈谈企业要做好质量管理,需要完成哪些任务?

主题三　职场安全和劳动防护

学习目标

1. 了解职场安全的基本活动。
2. 学会识别职场安全隐患。
3. 学会职场安全事故预防。

导入案例

违规作业致中毒

2021 年 4 月 21 日，黑龙江省绥化市某公司在车间停产期间，制气釜内气态物料未进行退料、隔离和置换，釜底部聚集了高浓度的氧硫化碳与硫化氢混合气体，维修作业人员在没有采取任何防护措施的情况下，进入制气釜底部作业，吸入有毒气体造成中毒窒息。救援人员盲目施救，致使现场 4 死 9 伤。

该事故的原因是安全风险辨识和隐患排查治理都不到位，该公司没按规定要求开展自检自查，没有辨识出三车间制气釜检修存在氧硫化碳和硫化氢混合气体中毒窒息风险，并未制定可靠防范措施。同时作业人员安全意识差，且现场未配备足够的应急救援物资和个人防护用品。

【分析】生产中安全基础薄弱、安全管理混乱会酿成惨剧。增强职场安全意识，进行现场管理十分必要。

一、职场安全的基本活动

要想保证职场的安全，就要运用各种方法、技术和手段辨识职场中的各种安全隐患和危险源，评价职场的危险性，并采取控制措施使其危险性达到最小值，使事故的发生减少到最低程度，从而使职场达到最佳的安全状态。

职场安全的基本活动包括以下内容。

（1）安全隐患辨识。运用各种有效的分析方法发现、识别系统中的危险源。

（2）危险性评价。评价危险源可能导致事故、造成人员伤害或财产损失的危险程度。

通过评价了解系统中的潜在危险和薄弱环节，最终确定系统的安全状况。

（3）事故的预防与控制。利用工程技术和管理手段消除、控制危险源，预防危险源导致事故，避免造成人员伤害和财物损失。

三者是一个有机的整体，也是一个循环渐进的过程，主要强调通过持续的努力，实现职场安全水平的不断提升。

二、职场安全隐患识别

（一）生产型职场安全隐患识别

生产型职场安全隐患识别主要有两种办法，一种是根据危险有害因素或事故的划分类别来进行识别，另一种是根据职场中的各种安全标志进行识别。

1. 根据划分类别进行识别

（1）按安全隐患的来源和性质划分。生产型职场安全隐患类别的划分方法很多，如根据《生产过程危险和有害因素分类与代码》（GB/T 13861—2022）的规定进行分类，将生产过程中的危险和有害因素分为人的因素、物的因素、环境因素、管理因素4类。

（2）按照事故类别划分。另一种是根据《企业职工伤亡事故分类标准》（GB6441-86），故可以将安全隐患划分为：物体打击、车辆伤害、机械伤害、起重伤害、触电、淹溺、灼烫、火灾、高处坠落、坍塌、冒顶片帮、透水、放炮、火药爆炸、瓦斯爆炸、锅炉爆炸、容器爆炸、其他爆炸、中毒和窒息、其他伤害共20种。

2. 根据安全标志识别

安全标志是职场中最常见、最明显的安全提示信息。它犹如交通信号标志，是规范作业、安全作业的基本要求。通过职场中的各种安全标志可以非常直接地对现场的安全隐患进行识别。职场中常见的安全标志一般有以下几种。

（1）安全色。它是表达安全信息的颜色，用不同颜色分别表示警告、禁止、指令、提示等意义。按照我国安全色标准规定，安全色有红色、蓝色、黄色、绿色四种。①黄色表示警告和注意。如厂内危险机器和警戒线、交通行车道中线、安全帽等。②红色表示禁止、停止，用于禁止标志。例如，机器设备上的紧急停止手柄或按钮及禁止触动的部位都使用红色。红色有时也用于防火。③蓝色表示指令，必须遵守。④绿色表示安全状态或可以通行。例如车间内的安全通道、行人和车辆通行标志，消防设备和其他安全防护设备都用绿色。

（2）安全标志。安全标志分为警告标志、禁止标志、指令标志和提示标志四类。①警告标志：提醒人们注意周遭环境，避免发生危险。其基本形式为正三角形边框，三角形边框及图形符号为黑色，衬底为黄色（图8-8）。②禁止标志：禁止人们实施不安全行为。其基本形式为带斜杠的圆形框，圆环和斜杠为红色，图形符号为黑色，衬底为白色（图8-9）。③指令标志：强制人们必须采用防范措施或做出某种动作。其基本形式是圆形边框，图形符号为白色，衬底为蓝色（图8-10）。④提示标志：向人们提供某种信息，如标明安全设施或场所。其基本图形是正方形边框，图形符号为白色，衬底为绿色（图8-11）。

图 8-8　警告标志

图 8-9　禁止标志

图 8-10　指令标志

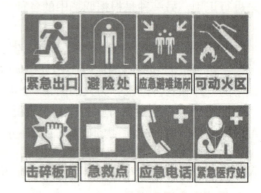

图 8-11　提示标志

　　除了以上四大类安全标志之外，文字辅助标志也经常配合一起使用。文字辅助标志以矩形边框为基本形式，包含横写和竖写两种书写形式。

　　横写时，文字辅助标志与标志连在一起或分开书写，在标志的下方。此时，文字辅助标志与警告标志一起出现时，文字使用黑色，衬底色使用白色（图 8-12）；当与禁止标志和指令标志配合使用时，文字使用白色，衬底色使用标志的颜色。竖写时，文字辅助标志写在标志杆的上方。警告标志、禁止标志、指令标志、提示标志均为白色衬底，黑色字。标志杆下部色带的颜色和标志的颜色一致（图 8-13）。

图 8-12　补充标志（横写）

图8-13　补充标志（竖写）

标志牌的固定方式分附着式、悬挂式和柱式三种，悬挂式和附着式的固定应稳固不倾斜，柱式的标志牌和支架应牢固地连接在一起。

安全标志牌安装的高度应尽量与人眼的视线高度保持一致。悬挂式和柱式标志牌的下缘距地面的高度不宜小于2米，局部信息标志的设置高度应视具体情况而定。安全标志牌应设在醒目、明亮的地方，让大家看见后有足够的反应时间来关注信息内容。标志牌不应设在门、窗、架等可移动的物体上，以免标志牌随母体物体一起移动，影响认读和安全信息传递。标志牌前不得放置妨碍认读的障碍物。标志牌与视线夹角应接近90度，观察者位于最大观察距离时，最小夹角不低于75度。多个标志牌一起放置时，应按警告、禁止、指令、提示类型的顺序，先左后右、先上后下地排列。

（二）服务型职场安全隐患

酒店、餐饮、旅游、娱乐等服务型职场，由于人员密集，不可预见因素多，一旦发生安全事故就会导致大量人员伤亡，因此更应学会识别其中的安全隐患。

1.服务型职场安全隐患的分类

（1）火灾隐患。火灾是最普遍的威胁公众安全的灾害之一。服务型职场存在的常见火灾隐患有：选用的建筑材料存在较大先天性火灾隐患；消防设施缺乏、停用的现象较普遍；安全出口宽度不够；疏散通道不畅；电气线路零乱；强弱电线路没有分开；消防安全管理制度不健全，落实不到位；管理人员消防安全意识差，流动性大。

（2）用电隐患。包括能引起火灾或触电事故的短路、过负荷、漏电、接触电阻过大等情况。触电事故分为直接触电、感应电压触电、跨步电压触电、剩余电荷触电、静电触电和雷电触电。

（3）食品安全隐患。根据造成食物中毒的危害因素大致包含：食品本身有害有毒，食品被有害有毒物污染，不卫生的设备或用具，生熟食品交叉污染，使用了腐败变质的原料，剩余食物未重新加热，误用有毒有害物，不适当的贮存，食品加工烹调不当。

（4）空气质量安全隐患。主要有过于封闭的公共服务场所存在的空气质量隐患，公共场所吸烟带来的空气质量隐患，复印机、传真机等办公设备造成的空气质量隐患，通风系统造成的空气质量隐患。

（5）信息安全隐患。主要包括网络攻击和对网络攻击的检测及防范问题，信息安全保密问题，安全漏洞与对策问题，系统内部安全防范问题，病毒防范问题，数据备份与恢复问题等。

2. 服务型职场的安全标志

服务型职场安全标志包括禁止标志、警告标志、指示标志、消防安全标志、职业病防护标志等。可以查阅《安全标志及其使用导则》（GB 2894—2008）和《消防安全标志》（GB 13495.1—2015）部分标志。

三、职场安全事故的预防

在职场中，做好安全事故的预防工作，能够避免或减少人身伤害和经济损失。作为职业院校的学生，应当学习掌握相关的安全事故的预防知识和技能，养成防患于未然的安全意识。

（一）以安全文化为基础的事故预防

以安全文化为基础的事故预防包括以下五点。

1. 安全评价和确认

在有关设施建设和运行之前必须进行安全评价，并根据新的安全资料不断更新安全评价报告，目的在于通过系统的审查，发现设计中的缺陷。

2. 建设安全文化

广义的安全文化是在人类生存、繁衍和发展的历程中，在其从事生产、生活乃至实践的一切领域内，为保障人类身心安全（含健康）使其能安全、舒适、高效地从事一切活动，预防、避免、控制和消除意外事故和灾害（自然的、人为的或天灾人祸的），为建立起安全、可靠、和谐、协调的环境和匹配运行的安全体系，为使人类变得更加安全、康乐、长寿，使世界变得友爱、和平、繁荣而创造的安全物质财富和精神财富的总和。

狭义的安全文化是存在于单位和个人中的种种素质和态度的总和。安全文化就是安全理念、安全意识以及在其指导下的各项行为的总称，主要包括安全观念、行为安全、系统安全、工艺安全等，安全文化是个人和集体的价值观、态度、能力和行为方式的综合产物。

职场中的安全文化教育重点应放在教育人员掌握他们使用的装置和设备的基本知识，了解安全规章和违反的结果，使安全意识渗透到所有的人员。

3. 经过考验的工程实践

运用已经经过试验或工程实践验证的技术，由经过选拔和训练的合格人员设计、制造、安装，使之符合各种有关规范标准。

4. 规程

制订并执行各种操作程序、作业标准和技术规范标准。

5. 活动

有组织地开展各种以安全为目的的活动，促进规程的自觉执行，安全技术的有效落实以及安全文化氛围的营造。

（二）防止人的失误和不安全行为

事故原因包括人的失误和管理缺陷两方面。

1. 防止人失误的技术措施

几乎所有的事故都与人的不安全行为有关。人的失误的发生，可以归结为：第一，超过人的能力的过负荷；第二，与外界刺激要求不一致的反应；第三，由于不知道正确方法或故意采取不恰当的行为。防止人的失误的具体技术措施包括以下几点。

（1）用机器代替人。机器的故障率一般远远小于人的失误率。在人容易失误的地方用机器代替人操作，可以有效地防止人失误。

（2）冗余系统。把若干元素附加于系统基本元素上来提高系统可靠性，如两人操作、人机并行等。

（3）容错设计。通过精心的设计使人员不能发生失误或者发生了失误也不会带来事故。

（4）警告。包括视觉警告，如亮度、颜色、信号灯、标志等；听觉警告；气味警告；触觉警告。

（5）人、机、环境匹配。包括人机合理匹配、机器的人机学设计以及生产作业环境的人机学要求等。

2. 防止人失误的管理措施

（1）职业适合性。指人员从事某种职业应具备的基本条件，着重于职业对人员的能力要求。

（2）安全教育与技能训练。是为了防止职工不安全行为，防止人失误的重要途径。

（3）其他管理措施。包括合理安排工作任务，防止发生疲劳和使人员的心理处于最优状态。树立良好的企业风气，建立和谐的人际关系，调动职工的安全生产积极性；持证上岗，作业审批等措施都可以有效地防止人失误的发生。

知识链接

事故因果连锁理论

海因里希事故因果连锁理论，又称海因里希模型或多米诺骨牌理论。美国安全工程师海因里希认为，伤亡事故的发生不是一个孤立的事件，尽管伤害可能在某瞬间突然发生，却是一系列事件相继发生的结果。就像多米诺骨牌一样，如果一块骨牌倒下，则将发生连锁反应，使后面的骨牌依次倒下。海因里希模型这5块骨牌依次如下。

1. 遗传及社会环境

遗传因素可能使人具有鲁莽、固执、粗心等不良性格；社会环境可能妨碍教育，助长不良性格的发展。这是事故因果链上最基本的因素。

2. 人的缺点

人的缺点是由遗传和社会环境因素所造成的，是使人产生不安全行为或使物产生不安全状态的主要原因。

3. 人的不安全行为和物的不安全状态

所谓人的不安全行为或物的不安全状态是指那些曾经引起过事故，或可能引起事故的人的行为，或机械、物质的状态，它们是造成事故的直接原因。例如，在起重机的吊荷下停留，不发信号就启动机器，工作时间打闹或拆除安全防护装置等都属于人的不安全行为；没有防护的传动齿轮，裸露的带电体或照明不良等属于物的不安全状态。

4. 事故

事故即由于物体、物质或放射线等对人体发生作用，使人员受到伤害的、出乎意料的、失去控制的事件。例如，坠落、物体打击等使人受到伤害的事件是典型的事故。

5. 伤害

直接由于事故而产生的人身伤害。在多米诺骨牌中，一颗骨牌被碰倒了，则将发生连锁反应，其余的几颗骨牌相继被碰倒；如果移去中间的一颗骨牌，则连锁被破坏，后续骨牌将不再倒下。海因里希认为，企业安全工作的中心就是防止人的不安全行为，消除机械的或物质的不安全状态，中断事故连锁的进程而避免事故的发生，如图8-14所示。

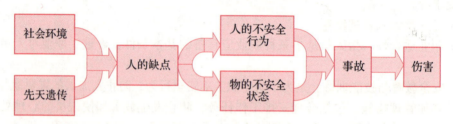

图 8-14　因果连锁理论图示

1941 年，海因里希统计了 55 万件机械事故中死亡、重伤、轻伤、无伤害事故，得出在机械事故中，伤亡、轻伤、不安全行为的比例为 1：29：300，称为海因里希法则，也称为事故法则。这个法则说明，每发生 330 起意外事件，有 300 件未产生人员伤害，29 件造成人员轻伤，1 件导致重伤或死亡。

当然，对于不同的生产过程，不同类型的事故，上述比例关系不一定完全适用，但这个统计规律说明了在进行同一项活动中，无数次意外事件，必然导致重大伤亡事故。

海因里希模型的局限性是把不安全行为和不安全状态的发生完全归因于人的缺点，而且是基于对已发生的事故的分析，无法考虑新兴的风险因素和技术变革等原因。

（三）生产型职场安全事故的预防

生产型职场通常需要用电、机械等，进行重物搬运，容易发生安全事故，因此，做好安全事故的预防非常重要。海因里希把造成人的不安全行为和物的不安全状态的主要原因归结为四个方面。

（1）正确的态度。个别职工忽视安全，甚至故意采取不安全行为。

（2）技术、知识不足。缺乏安全生产知识，缺乏经验，或技术不熟练。

（3）身体不适。生理状态或健康状况不佳。

（4）不良的工作环境。照明、温度、湿度不适宜，通风不良，强烈的噪声、振动，物料堆放杂乱，作业空间狭小，设备、工具缺陷等不良的物理环境，操作规程不合适，没有安全规程及其他妨碍贯彻安全规程的事物。

（四）服务型职场安全事故预防

服务型职场具有人员规模复杂、形式开放流动、过程动态变化等特点，因此具有和生产型职场不同的安全风险因素。

1. 防止滑倒摔伤

行走时要注意地面的湿滑度，遇有雨、雪、水、冰等，要控制速度。要在门前放警示牌，告知客人路滑。下雪要在通道上铺上地毯、胶皮等防滑物品。

2. 防止烫伤、中暑等高温伤害

烫伤是生活和工作中常常遇到的事故，主要是由于高温液体（沸水、热油等）、高温固体（烧热的金属等）或高温蒸汽等造成的人身伤害。防止中暑，应该多喝水，注意降温措施，并应备有相关药品。

3. 防止食物中毒

防止食物中毒，应注重个人卫生和食品卫生，不食用发霉变质的食物。

4. 防止触电伤害

防止触电的常用技术措施有：绝缘、屏蔽、间距、接地，加装漏电保护装置和使用安全电压等。

5. 防止火灾

防止燃烧条件的产生，采取限制、削弱燃烧条件发展的办法，阻止火势蔓延。

6. 防止爆炸

在服务型职场中，对易燃易爆物品要妥善保管、正确使用，做好防爆工作。

7. 燃气安全

天然气是清洁的能源，使用天然气的注意事项有：排气通风、防止火焰被汤水溢熄或被风吹熄，注意天然气灶具和管道的安全使用，不随意改动室内燃气管道等设施；液化石油气要与明火隔离，用毕必须关掉总闸；遇到气体快用完时，千万不可将煤气罐横卧或将煤气罐放入热水盆内浸泡。

📖 总结案例

7S 管理治理现场粉尘

某公司粉尘污染严重，曾多次给员工带来职业危害。经调查，公司发现危害的主要来源于原辅料及助剂，中间副产品、产品和废渣的存放和运输问题。

公司决定采用 7S 现场管理的方法治理粉尘污染的现象。根据粉尘的分布特点、影响程度和治理难度，确立了重点治理项目，由 7S 管理小组进行跟踪。通过限制车辆装载量，限制运渣车辆行驶路面，清理包装现场，放灰管理，加强对现场的跑冒滴漏的管理等不断完善现场管理制度，改善现场环境。除了上述整顿、整理、清扫、清洁之外，公司还注重强化员工的责任意识和保护现场环境的意识，提升员工的素养，已达到节约资源，保证生产安全，减少职业危害的目的。经过半年的努力，公司现场环境大幅改善，完成了现场粉尘治理的既定目标。

【分析】生产性粉尘进入人的呼吸道可能对人的呼吸系统和皮肤造成伤害，有毒粉尘可能会造成人体中毒，生产现场的可燃粉尘在触及明火、电火花等火源时还有发生爆炸的风险。通过7S现场管理，可以消除发生安全事故的根源，降低职业危害产生的概率。

活动与训练

正确使用口罩和防毒面具

一、活动目标

通过实践，掌握防尘口罩及防毒面具的使用方法，能够在面临职业危害时，有效实现个人安全防护。

二、规则与程序

在开始活动前，准备好各种类型的防尘口罩、防毒口罩及呼吸器。

1. 学生分组讨论各类防尘口罩、防毒口罩及呼吸器的适用场合。

2. 动手操作，能够正确佩戴防尘口罩、防毒面具。

3. 以小组为单位，进行快速且标准佩戴防尘口罩、防毒面具及呼吸器的比拼。

4. 优胜组颁发安全生产班组红旗。

（建议时间：30分钟）

探索与思考

1. 理解危险源和安全隐患之间的关系。

2. 联系的你的企业实习经历，说说你未来就业的岗位的安全守则。

模块九

法律法规

模块导读

在职场中，规则意识和法律素养是职场行为的指南针和职场权益的守护者。提升规则意识，能够帮助我们更好地适应职场环境，明确行为的边界，知道哪些行为是被鼓励的，哪些行为是被禁止的。规则意识的培养，对于构建和谐、有序的职场环境至关重要。法律素养的提升对于维护个人权益、预防法律风险具有不可替代的作用。通过增强法律素养，使我们能够更好地理解并运用法律保护自己的合法权益，避免因无知而陷入不必要的法律纠纷。

劳动法律体系是职场权益的基石。为员工提供了明确的法律依据和保护措施。了解和掌握这些法律知识，能够帮助员工在职场中依法行事，维护自己的合法权益。

本模块旨在通过系统地学习劳动法律体系、劳动权益和商业秘密等内容，提升学生的规则意识和职业法律素养，能够做到学法守法、遵章守纪，并在职场中依法维护自己的合法权益。

主题一　劳动法律法规体系

 导入案例

两倍工资赔偿

毕业生小孙入职某电商公司从事网页设计工作，当时公司并未与小孙签定书面劳动合同。3个月后，小孙从该公司离职，发现薪资与上月发放的薪资数额少了2000元，与电商公司沟通要求补发工资差额，却遭公司拒绝。小孙突然想起公司没有签定劳动合同，便以此为由，拿出工作记录和工资条，提出劳动仲裁申请，要求该电商公司支付未签订书面劳动合同的两倍工资差额。仲裁委认为，小孙虽未与电商公司签定书面劳动合同，但已形成事实劳动关系，属于合法权益，应受法律保护，而电商公司直至小孙离职时仍未签订书面劳动合同，小孙要求该公司支付两倍工资差额的诉求合法合理，予以支持。

【分析】《劳动法》和《中华人民共和国劳动合同法》（以下简称《劳动合同法》）与我们职业生涯息息相关。员工入职，从入职登记，岗前培训再到劳动合同的签定，各个环节环环相扣，牵一发而动全身。员工在此时需要注意的不仅仅是如何签定一份对自己具有经济利益的劳动合同，更需要注意的是如何将劳动合同中的法律风险降到最低，以及当自身权益受到侵害时如何争取合法利益。

一、我国的社会主义法律体系

法律是社会的基本行为准则，遵守法律也是社会中每个人应尽的义务。我们在劳动和生活中都应该筑牢守法意识，树立正确的法治观念，依法约束自己的言行，让法律成为校准人生轨迹的重要准绳。

（一）法的概念和特征

法是由国家制定或认可并以国家强制力保证实施的行为规范体系，它通过规定人们在相互关系中的权利和义务，确认、保护和发展社会关系和社会秩序。法有广义和狭义之分。广义的法律是指法的整体，包括法律、有法律效力的解释以及其行政机关为执行法律而制定的规范性文件（如规章）。而狭义的法律则专指有立法权力的机关依照立法程序制定的规范性文件，包括《宪法》、法令、法律、行政法规、地方性法规、行政规章、判例、习惯法等。法具有以下几个特征：

（1）法是调整行为的规范，具有规范性。

（2）法是由国家专门机关制定、认可和解释的规范，具有国家性。

（3）法是有严格的程序规定的规范，具有程序性。

（4）法是由国家强制力保证其实施的规范体系，具有强制性。

（二）劳动法律体系和法律制度及法规

1. 劳动法律体系

劳动法律体系是由各项劳动法律制度及其劳动法律规范组成的劳动法有机联系的整体。特点是按一定的标准将劳动法律规范分类组合。劳动法律体系说明各项劳动法律规范之间的统一、区别、相互联系和协调性。可以按照劳动法律规范的制定机关及其效力分类组合成一种形式的劳动法律体系，也可以按照劳动法律规范的内容分类组合成一种形式的劳动法律体系。

劳动法律制度是调整劳动关系某一方面的法律规范的总称。调整劳动关系的各种法律规范的总和，就是一国的劳动法律部门。各项法律制度及其劳动法律规范构成劳动法律体系。主要有：劳动合同法律制度、工作时间和休息时间法律制度、劳动报酬法律制度、劳动安全与卫生法律制度、女工与未成年工保护法律制度、社会保险与劳动保险法律制度、工会法律制度、劳动争议处理法律制度、劳动监督和检查法律制度等。

2. 劳动法律法规

劳动法是调整劳动关系以及与劳动关系密切联系的社会关系的法律规范的总称。劳动法主要调整劳动关系，同时也调整因劳动力管理、社会保险和福利、职工民主管理、劳动争议处理等产生的其他社会关系，进而建立和维护适应社会主义市场经济，促进经济发展与社会进步的劳动制度。

劳动法的基本原则包括：社会正义原则、劳动自由原则（即择业自由、辞职自由、反对就业歧视、禁止强迫劳动）、三方合作原则（即劳动者、劳动使用者、政府三方的合作）。

我国主要的劳动法律法规包括《中华人民共和国劳动法》《中华人民共和国劳动合同法》《中华人民共和国劳动争议调解仲裁法》《中华人民共和国社会保险法》《中华人民共和国就业促进法》《中华人民共和国工会法》等。

知识链接

法律、法规、规章、规范性文件的区别

1.概念含义不同

（1）法律，有广义和狭义两种理解。广义上讲，法律泛指一切规范性文件；狭义上讲，仅指全国人大及其常委会制定的规范性文件，一般均以"法"字配称，如《劳动法》《劳动合同法》《中华人民共和国出境入境管理法》等。

（2）法规，在法律体系中，主要指行政法规、地方性法规、民族区域自治法规及经济特区法规等。

（3）规章，是指有规章制定权的行政机关依照法定程序决定并以法定方式对外公布的具有普遍约束力的规范性文件。

（4）规范性文件，有广义和狭义之分。广义一般是指属于法律范畴（即《宪法》、法律、行政法规、地方性法规、自治条例、单行条例、国务院部门规章和地方政府规章）的立法性文件和除此以外的由国家机关和其他团体、组织制定的具有约束力的非立法性文件的总和。狭义一般是指法律范畴以外的其他具有约束力的非立法性文件。

2.制定主体不同

（1）法律，一般是指全国人大及其常委会制定的规范性文件。

（2）法规，指国务院、地方人大及其常委会、民族自治机关和经济特区人大制定的规范性文件。

（3）规章，主要指国务院组成部门及直属机构，省、自治区、直辖市人民政府及省、自治区政府所在地的市和经国务院批准的较大的市和人民政府制定的规范性文件。

（4）规范性文件，一般指狭义的规范性文件，是各级党组织、各级人民政府及其所属工作部门，人民团体、社团组织、企事业单位、法院、检察院等制定的，具有普遍适用效力的，非立法性文件。

3.效力等级不同

（1）《宪法》具有最高的法律效力，一切法律、行政法规、地方性法规、自治条例和单行条例、规章都不得同《宪法》相抵触。

（2）法律的效力高于行政法规、地方性法规、规章。

（3）行政法规的效力高于地方性法规、规章。

（4）地方性法规的效力高于本级和下级地方政府规章。省、自治区的人民政府制定的规章的效力高于本行政区域内的设区的市、自治州的人民政府制定的规章。

（5）规章和规范性文件互有交叉，无法比较。

二、《劳动法》和《劳动合同法》

（一）《劳动法》

《劳动法》是一部全面系统调整我国劳动关系的法律。它的适用范围很广，包括我国境

内的企业、个体经济组织、国家机关、事业单位、社会团体和与之建立劳动关系的劳动者。它是为了保护劳动者的合法权益，调整劳动关系，建立和维护适应社会主义市场经济的劳动制度，促进经济发展和社会进步而制定的。《劳动法》的内容全面系统，包括了劳动关系和劳动工作的各个方面，分为十三章，具体包括总则、促进就业、劳动合同和集体合同、工作时间和休息休假、工资、劳动安全卫生、女职工和未成年工特殊保护、职业培训、社会保险和福利、劳动争议、监督检查、法律责任、附则。

劳动法的颁布与实施关系到我们每位劳动者的切身利益，所以我们需要了解它制定的原则和与我们自身相关的具体内容。我国劳动法的基本原则如下。

1. 保护劳动者合法权益的原则

《劳动法》的基本任务是通过各种法律手段和措施有效地保证劳动者的合法权益得以实现。劳动者和用人单位是劳动关系的双方当事人，其法律地位是平等的，权利义务也是对等的，但法律上的平等不等于事实上的平等，劳动者在用人单位面前更容易处于劣势，因此对劳动者合法权益的保护更要特别强调，所以我国《劳动法》将保护劳动者合法权益作为立法的首要原则。

（1）偏重保护和优先保护。《劳动法》在对劳动关系双方都给予保护的同时，偏重于保护处于弱者的地位的劳动者，适当体现劳动者的权利本位和用人单位的义务本位，《劳动法》优先保护劳动者利益。

（2）平等保护。全体劳动者的合法权益都平等地受到《劳动法》的保护，包括对各类劳动者的平等保护，也包括对特殊劳动群体的特殊保护。

（3）全面保护。劳动者的合法权益，无论存在于劳动关系的缔结前、缔结后或是终结后都应纳入《劳动法》保护范围之内。

（4）基本保护。对劳动者的最低限度保护，也就是对劳动者基本权益的保护。

2. 按劳分配原则

按劳分配是我国社会财富分配的主要方式，是我国经济制度的主要内容。它主要体现在三个方面：一是劳动者按照劳动的数量和质量获得劳动报酬；二是劳动者不分性别、年龄、种族面对等量劳动取得等量报酬；三是应当在发展生产基础上不断提高劳动报酬，改善劳动者的物质和文化生活。

3. 促进生产力发展原则

《劳动法》的作用在于建立市场经济条件下的劳动力市场，建立和健全保护劳动者合法权益的法律机制，合理配置劳动力资源，使每个劳动者都能在适合自己的岗位上发挥其才能，充分调动个人的积极性和创造性，提高劳动生产率，促进社会生产力的发展。

4. 劳动既是权利又是义务的原则

（1）劳动是公民的权利。

每一个有劳动能力的公民都有从事劳动的同等的权利，对公民来说意味着：①有就业权和择业权在内的劳动权；②有权依法选择适合自己特点的职业和用工单位；③有权利用国家和社会所提供的各种就业保障条件，以提高就业能力和增加就业机会。对企业来说意味着：①平等地录用符合条件的职工；②加强提供失业保险，就业服务，职业培训等方面的职责。对国家来说意味着：应当为公民实现劳动权提供必要的保障。

（2）劳动是公民的义务。

劳动者一旦与用人单位发生劳动关系，就必须履行应尽的义务，其中最主要的义务就是完成劳动生产任务。这是劳动关系范围内的法定的义务，同时也是强制性义务。

（二）《劳动合同法》

《劳动合同法》是为了完善劳动合同制度，明确劳动合同双方当事人的权利和义务，保护劳动者的合法权益，构建和发展和谐稳定的劳动关系而制定的法律。自 2008 年 1 月 1 日起施行，适用范围为中华人民共和国境内的企业、个体经济组织、民办非企业以及国家机关、事业单位、社会团体等组织。

《劳动法》和《劳动合同法》的区别在于：《劳动法》是大法，《劳动合同法》是专门规范用人单位与劳动者建立劳动关系，订立、履行、变更、解除、终止劳动合同的法律法规。

《劳动法》与《劳动合同法》，是前法与后法，旧法与新法的关系，按照新法优于旧法的原则，《劳动法》与《劳动合同法》不一致的地方，以《劳动合同法》为准；《劳动合同法》没有规定而《劳动法》有规定的，则适用《劳动法》的相关规定。

关于《劳动合同法》的更多内容，请参阅本模块主题 2。

典型案例

岗前培训有工资吗？

2018 年 6 月，李冉从河北省某中职学校毕业后经过笔试和面试被现在的公司录用。李冉拿到了正式的录取通知书后按照通知书规定的日期报到，上班第一天就接到了人力资源部的通知，要求所有的新人都必须参加 1 个月的岗前培训。

考虑到自己已经毕业且家庭负担重，所以李冉壮胆去问了一下人力资源部经理，岗前培训这 1 个月的工资能发放多少。人力资源部经理对她说："因这 1 个月是培训期，不算正式工作，但公司会给予每个人七百元的生活补贴。"李冉觉得给的太少了，所以就直接对人力资源部经理说："经理，现在物价这么高，七百元怎么活呀？！"经理回答她说："你参加培训没有创造价值，哪来的工资，公司给予补贴已经很好了。"听到经理这么说，李冉既不满意也觉得不合理，但她又不知道如何该捍卫自己的权益。

三、《就业促进法》和《社会保险法》

（一）《中国人民共和国就业促进法》

《中华人民共和国就业促进法》（以下简称《就业促进法》）是自 2008 年 1 月 1 日开始施行的。这部法律将就业工作纳入法制化轨道，从法律层面形成了更有利于学生就业的社会环境。内容涉及转变就业观念，提高就业能力；强化依法管理，加大资金投入；规范就业市场，打击违法行为；鼓励自主创业，加强就业援助；反对就业歧视，营造公平环境等几个方面。因此，当自己在就业中遇到困难时可以向相关政府部门要求援助，当受到歧视时可以向相关政府部门反映甚至诉讼。

《就业促进法》共有九章六十九条，主要内容归纳为"116510"，即"一个方针，一面旗帜，六大责任，五项制度，十大政策"。

1. 一个方针

一个方针，即坚持"劳动者自主择业，市场调节就业，政府促进就业"的方针。

2. 一面旗帜

一面旗帜，即高举"公平就业"旗帜，创造公平就业的环境。

《就业促进法》第三条明确规定：劳动者就业，不因民族、种族、性别、宗教信仰等不同而受歧视。同时专设"公平就业"一章（第三章第二十五条至第三十一条）明确规定：各民族劳动者享有平等的劳动权利，同时规定用人单位招用人员，不得歧视残疾人。

3. 六大责任

本法对政府在促进就业中承担重要职责作出了明确规定，主要包括六个方面：

（1）发展经济和调整产业结构，增加就业岗位。《就业促进法》第四条：县级以上人民政府把扩大就业作为经济和社会发展的重要目标，纳入国民经济和社会发展规划，并制订促进就业的中长期规划和年度工作计划。第十一条：县级以上人民政府应当把扩大就业作为重要职责，统筹协调产业政策与就业政策。

（2）制定实施积极的就业政策。《就业促进法》专设"政策支持"一章，将目前实施的积极就业政策中行之有效的核心措施通过法律形式确定下来，形成长期有效的机制。

（3）规范人力资源市场。《就业促进法》第三十二条规定：县级以上人民政府培育和完善统一开放、竞争有序的人力资源市场，为劳动者就业提供服务。第三十八条：县级以上人民政府和有关部门加强对职业中介机构的管理，鼓励其提高服务质量，发挥其在促进就业中的作用。

（4）完善就业服务。《就业促进法》专设"就业服务和管理"一章，对完善就业服务，特别是加强公共就业服务作了明确规定。

（5）加强职业教育和培训。《就业促进法》专设"职业教育和培训"一章，进一步明确职业培训作为促进就业的重要支柱和根本措施，应成为各级政府促进就业工作的着力点。

（6）提供就业援助。《就业促进法》专设"就业援助"一章，明确规定各级政府应采取各种有效措施，对就业困难人员实行优先扶持和重点帮助。

4. 五项制度

五项制度，即以法律形式将就业工作制度化，主要包括五个方面：加强对就业工作组织领导的政府责任制度；加强对劳动者工作的公共就业服务和就业援助制度；加强对市场行为规范的人力资源市场管理制度；加强对人力资源素质提升的职业能力开发制度；加强对失业治理的失业保险和预防制度。

5. 十大政策

十大政策分别是：有利于促进就业的经济发展政策；有利于促进就业的财政保障政策；有利于促进就业的税费优惠政策；有利于促进就业的金融支持政策；有利于城乡统筹的就业政策；区域统筹的就业政策；有利于群体统筹的就业政策；有利于灵活就业的劳动和社会保险政策；援助困难群体的就业政策；实行失业保险促进就业政策。

（二）《中华人民共和国社会保险法》

　　《中华人民共和国社会保险法》（以下简称《社会保险法》）是中国特色社会主义法律体系中起支架作用的重要法律，是一部着力保障和改善民生的法律。《社会保险法》规定，国家建立基本养老保险、基本医疗保险、工伤保险、失业保险、生育保险等社会保险制度，保障公民在年老、疾病、工伤、失业、生育等情况下依法从国家和社会获得物质帮助的权利。它于 2011 年 7 月 1 日起施行。2018 年，第十三届全国人民代表大会常务委员会第七次会议对《中华人民共和国社会保险法》部分条款做了修改。

　　《社会保险法》从草案起草，到国务院审议，再到全国人大常委会审议修改，始终坚持了四大原则：一是贯彻落实党中央的重大决策部署；二是使广大人民群众共享改革发展成果；三是公平与效率相结合，权利与义务相适应；四是确立框架，循序渐进。

四、《安全生产法》

　　《中华人民共和国安全生产法》（以下简称《安全生产法》）是加强安全生产工作，防止和减少生产安全事故，保障人民群众生命和财产安全，促进经济社会持续健康发展的法律。它于 2002 年 11 月 1 日起施行，2009 年做了第一次修正，2014 年第十二届全国人民代表大会常务委员会第十次会议再次做了修改，自 2014 年 12 月 1 日起施行。它是我国第一部全面规范安全生产的专门法律，在我国安全生产法律体系中具有最高的法律地位和法律效力。它的颁布实施使得我国的安全生产工作有章可循、有规可依。它的适用范围为在我国领域内从事生产经营活动的单位的安全生产均适用，但有关法律、行政法规对消防安全和道路交通安全、铁路交通安全、水上交通安全、民用航空安全以及核与辐射安全、特种设备安全另有规定的，适用其规定。

　　《安全生产法》要求安全生产工作应当以人为本，坚持安全发展，坚持安全第一、预防为主、综合治理的方针，强化和落实生产经营单位的主体责任，建立生产经营单位负责、职工参与、政府监管、行业自律和社会监督的机制；生产经营单位必须遵守《安全生产法》和其他有关安全生产的法律、法规，加强安全生产管理，建立健全安全生产责任制和安全生产规章制度，改善安全生产条件，加强安全生产标准化建设，提高安全生产水平，确保安全生产；生产经营单位的主要负责人对本单位的安全生产工作全面负责；生产经营单位的从业人员有依法获得安全生产保障的权利，并应当依法履行安全生产方面的义务；工会依法对安全生产工作进行监督；等等。

五、树立法律意识

（一）法律意识的概念

　　概括地说，法律意识是社会意识的组成部分，是人们关于法的思想、观点、理论和心理的统称。法律意识同人们的世界观、伦理道德观等有密切联系。法律主体（包括自然人和法人）法律意识的增强，有助于他们依凭法律捍卫自己的权利，更好地履行法律义务，并对法制的健全、巩固和发展具有重要意义。

（二）法律意识的重要性

正所谓无规矩不成方圆，一个国家必须由法律来维持。随着改革开放的实施，我国在全社会范围内开展了普及法律常识工作，我国公民的法律意识有了很大的提高，劳动者普遍掌握了一些法律知识，对如何依法保护自身的合法权益等有关的法律知识有了一定的了解，开始有了依法办事、依法治理的觉悟，人们的法制观念初步形成。

法律是一个有强制效力的规范体系，遵守它可以形成一个稳定的社会秩序。因此，就需要我们拥有法律意识，用法律来保护自己，不让自身的合法权益受到侵犯。当今中国倡导建设社会主义法治社会，那就不能让法治只停留在一小部分人中间，要提高每一个人的法律意识，使法律成为每一个人的法，成为保护全民族的法。再者，只有提高全民的法律意识，每个公民才会主动地去知法、懂法、用法、守法。

（三）树立法律意识的方法

1. 广泛学习，增加阅读量

多读一些如《中华人民共和国宪法》（以下简称《宪法》）、《中华人民共和国民法典》（以下简称《民法典》）等与人们生活息息相关的法律文本，增长法律知识从而增强法律意识。

2. 多收看法律类影视节目

多看如《法律讲堂》《今日说法》等栏目，会从中受益良多。

3. 从自身做起，从小事做起

培养自己的良好行为，学会善待他人，遵纪守法，邻里和睦，在实际生活和工作中营造一种尊重法律、遵守法律的氛围，更进一步增强法律意识。

4. 养成良好的规则意识

从小培养对规则的亲善、认同、接纳遵守等习惯，对于培养个人的法律意识尤为重要。

总结案例

打赢的官司

郭海滨被浙江省某县邮电局招用为报刊投递临时工，郭海滨非常珍惜这份工作，他并不把自己当作临时工看待，而是像正式职工一样有着"绿衣天使"的职业自豪感。他每天都早出晚归，工作踏踏实实，从没有出现过报刊的迟投或误投，因此也深得客户和邮电局领导的好评。2017 年的一天，郭海滨在骑车投递报刊时，不慎被一辆拖拉机上的毛竹严重戳伤右眼，右眼视网膜剥离。经过近 1 个月的医治，眼睛虽然是保住了，但被认定为 6 级伤残，右眼几近失明，左眼视力已降至 0.1。突如其来的事故，让郭海滨欲哭无泪，生存的压力成了他心上无法释然的阴影。邮电局虽然同意报销他的医疗费用，但认为他只是本单位的临时工，因此，只同意发给郭海滨 12 个月的工资作为一次性伤残补助费。2019 年 3 月，郭海滨向法院提起诉讼，要求县邮政局支付医疗费用、伤残补助金等合计 4.65 万余元，并安排工作，享受职工待遇等相关的工作保险待遇。最后官司打到浙江省高级人民法院，2019 年 11 月，经省检察院提出抗诉，省高级法院直接对案件进行再审，并作出终审判决：郭海滨依法享有工伤保险待遇，县邮政局应承担郭海滨的医疗费用、工伤津贴等 4.5 万元，并按照每月 3000 元标准发放工资。

【分析】郭海滨之所以能打赢官司，这是因为工伤保险待遇是《宪法》和劳动法赋予劳动者享有的合法权益，是国家为保障职工合法权益、促进安全生产和维护社会稳定而设置的一项强制性的社会保险制度。工伤保险作为一项带有强制性的福利性待遇，是每一位企业职工应当享有的权利。

活动与训练

劳动法律法规知识懂多少

一、活动目标

了解我国的劳动法律法规，知悉它们中有哪些内容是保护个人劳动权益的。

二、规则与程序

1.所有学生运用各种途径整理个人认为重要的保护个人劳动权益的相关法律法规知识。

2.教师按照 8~10 人划分小组，并要求从组员整理的法律法规知识中讨论挑选出 15~20 个小组认为十分重要的。

3.每个小组选出一名代表陈述本组整理的十分重要的法律法规知识，其他小组可以对其进行提问，小组内其他成员也可以回答提出的问题；通过问题交流，将每一个值得探讨的法律法规知识都弄清楚。

4.教师引导学生灵活运用我国的劳动法律法规知识，并把各组解读的劳动法律法规知识进行分析、归纳、总结。

三、点评

教师根据各组在研讨过程中的表现，给予点评并赋分。

（建议时间：20 分钟）

探索与思考

1.作为在校学生，你认为熟知劳动法律法规对个人发展有哪些积极影响？为什么？

2.我国劳动法律法规中保护劳动者权益的规定，你还了解哪些？你觉得它们包含的哪些内容对个人最重要？请列举。

主题二　劳动合同与劳动权益

学习目标

1. 了解劳动合同的必备条款和期限种类。
2. 了解劳动合同的解除和劳动争议的维权渠道。
3. 了解社会保险和公积金的有关知识。
4. 了解工时制度和我国的法定节假日制度。

导入案例

张洪林的实习经历

2022 年 12 月，某职教中心高三学生张洪林同学来到浙江省义乌市一家高新科技企业开始实习工作，计划实习结束后他就直接留在企业工作了。一上班，公司就与张洪林签订了《劳动合同协议书》，规定实习期为六个月，实习期结束后按张洪林同学的技术水平、劳动态度、工作效益评定，根据评定的级别或职务确定月薪。上班两个月后，张洪林发生了交通事故，之后未到公司上班。半年后张洪林高中毕业。

2023 年 11 月，张洪林向劳动争议仲裁委员会提出认定劳动工伤申请，同时公司也向劳动部门提出仲裁申请，要求确认公司与张洪林签订的劳动合同无效。而张洪林针对公司的仲裁申请提起反诉，要求公司月薪按社会平均工资标准执行，同时要求公司为自己办理社会保险、缴纳保险金。劳动争议仲裁委员会于 2023 年 12 月作出了仲裁裁决，认为张洪林在签订劳动合同时仍属在校学生，不符合就业条件，不具备建立劳动关系的主体资格，其与公司订立的劳动合同协议书自始无效，并驳回了张洪林的反诉请求。

【分析】同学们可能在实习期间或在临近毕业需要就业时遇到类似问题，但是往往因为缺乏相应的法律知识和常识以及维护自身合法权益的意识。所以，学习一些劳动方面的法律知识，对于同学们在职场中维护自身合法权益是十分必要的。

一、劳动合同的订立

劳动合同是劳动者与用工单位之间确立劳动关系，明确双方权利和义务的协议。签订劳动合同应当遵循平等自愿、协商一致的原则，不得违反法律、行政法规的规定。劳动合同依法订立即具有法律约束力，当事人必须履行劳动合同规定的义务。劳动者必须是达到法定就业年龄且具有劳动行为能力的人。

（一）劳动合同的必备条款内容

劳动合同是员工与单位之间劳动关系权利和义务的约定。我国法律对于劳动合同的订立时间、订立形式、合同内容等方面有严格的规定，企业在订立劳动合同时必须严格遵守法律的强制性规定。

我国《劳动法》第十九条规定，劳动合同应当以书面形式订立，并具备以下条款：①劳动合同期限；②工作内容；③劳动保护和劳动条件；④劳动报酬；⑤劳动纪律；⑥劳动合同终止的条件；⑦违反劳动合同的责任。

《劳动合同法》第十七条对劳动合同的内容做了进一步的规定，劳动合同应当具备以下条款：①用人单位的名称、住所和法定代表人或者主要负责人；②劳动者的姓名、住址和居民身份证或者其他有效身份证件号码；③劳动合同期限；④工作内容和工作地点；⑤工作时间和休息休假；⑥劳动报酬；⑦社会保险；⑧劳动保护、劳动条件和职业危害防护；⑨法律、法规规定应当纳入劳动合同的其他事项。

劳动合同的当事人必须具有合法的主体资格。作为用人单位，必须是依法成立的企业、个体经济组织、国家机关、事业组织和社会团体。另一方当事人劳动者也必须具备一定的资格条件，最重要的就是达到法定的就业年龄，必须是年满十六周岁，国家严禁用人单位招用未满十六周岁的未成年人。文艺、体育以及特种工艺单位招用未满十六周岁的未成年人，必须依照国家有关规定，履行审批手续，并保障接受义务教育的权利。用人单位不能招用童工（十六周岁以下），也就是说，劳动者必须是达到法定就业年龄且具有劳动行为能力的人。

知识链接

劳动合同中的补充条款

补充条款又称"可备条款"，是双方当事人通过协商订立的条款，补充条款的内容如下。

1.试用期条款

试用期条款是劳动合同的重要组成部分，它规定了员工在正式成为公司正式员工前的一个考察期。根据法律规定，试用期必须包含在劳动合同期限内，并且有明确的期限限制：劳动合同期限三个月以上不满一年的，试用期不得超过一个月；劳动合同期限一年以上不满三年的，试用期不得超过二个月；三年以上固定期限和无固定期限的劳动合同，试用期不得超过六个月。

2. 保守商业秘密条款

约定这一条款的目的在于保护用人单位的经济利益。目前越来越多的用人单位开始重视商业秘密的保护，在录用一些关键岗位的人员时均要求签订相应的保密条款。这对劳动者而言，不仅加重了义务，还限制了自己今后的择业自由和发展空间，并且劳动者一旦违反，不仅涉及《劳动法》上的责任，还可能要承担民事及刑事上的责任。因此劳动者在签署此类劳动合同的过程中，一定要慎重审查保密条款，明确保密主体、保密范围、保密周期和泄密责任等关键内容。

（二）劳动合同的期限

1. 劳动合同的订立时间

根据《劳动合同法》第十条、第六十九条的规定，全日制劳动者与用人单位建立劳动关系，应当订立书面的劳动合同。订立书面劳动合同是用人单位的职责，非全日制用工双方当事人可以订立口头协议，但劳动争议中举证责任一般在用人单位方，因此即使是非全日制用工也应当订立书面劳动合同，以明确双方权利义务，防止争议。

通常劳动合同应当在建立劳动关系之日，即开始用工当日签署。但是我国《劳动合同法》并没有强制要求必须在用工同时签署书面劳动合同，而是规定了一个月的宽限期。即最迟应当在用工之日起一个月内订立书面劳动合同。但为了保护劳动者自身合法权益，建议劳动者应及时、明确地要求用人单位在建立劳动关系之日起签署劳动合同。如果已经开始实际工作而暂时未签署书面劳动合同，那么员工的合法权益在这段"空档期"中缺少必要和完备的保障。

2. 劳动合同的期限种类

劳动合同的期限有三种：固定期限的劳动合同、无固定期限的劳动合同和以完成一定的工作任务为期限的劳动合同。

（1）固定期限劳动合同。《劳动合同法》第十三条规定："固定期限劳动合同，是指用人单位与劳动者约定合同终止时间的劳动合同。"固定期限劳动合同中明确规定了合同效力的起始和终止的时间，劳动合同期限届满，劳动关系即告终止。固定期限的劳动合同可以是较短时间的，如半年、一年、两年；也可以是较长时间的，如五年、十年，甚至更长时间，但不管时间长短，劳动合同的起始和终止日期都是固定的。具体期限由双方当事人自由协商确定。

固定期限的劳动合同适用范围广，应变能力强，既能保持劳动关系的相对稳定，又能促进劳动力的合理流动，使资源配置合理化、效益化，是现实中运用较多的一种劳动合同。对于要求保持连续性、稳定性的工作和技术性强的工作，适宜签订较为长期的固定期限劳动合同。对于一般性、季节性、临时性、用工灵活、职业危害较大的工作职位，适宜签订较为短期的固定期限劳动合同。需要注意的是，劳动合同期限不满三个月的，依照劳动合同法规定该情形不得约定试用期。

（2）无固定期限劳动合同。《劳动合同法》第十四条规定："无固定期限劳动合同，是指用人单位与劳动者约定无确定终止时间的劳动合同"。无确定终止时间，是指劳动合同没有一个确切的终止时间，劳动合同的期限长短不能确定，但并不是劳动合同永不终止，也不是永不能解除劳动合同，只要没有出现法律规定的合同终止条件或者解除条件，双方当事人就要继续履行劳动合同规定的义务。一旦出现了法律规定劳动合同终止条件或者解除条件，无固定期限劳动合同也同样能够终止或解除。

知识链接

无固定期限劳动合同订立

订立无固定期限劳动合同可分为以下几种原因。

（1）用人单位和员工协商一致而订立无固定期限劳动合同。

（2）具备以下条件，应当订立无固定期限劳动合同。

第一，员工已在该用人单位连续工作满十年的。

第二，用人单位初次实行劳动合同制度或者国有企业改制重新订立劳动合同时，员工在该用人单位连续工作满十年且距法定退休年龄不足十年的。

第三，用人单位与员工已经连续订立两次固定期限劳动合同，并且员工没有下列情形之一的：在试用期间被证明不符合录用条件的；严重违反用人单位的规章制度的；严重失职，营私舞弊，给用人单位造成重大损害的；员工同时与其他用人单位建立劳动关系，对完成本单位的工作任务造成严重影响，或者经用人单位提出，拒不改正的；以欺诈胁迫的手段或者乘人之危，使单位在违背真实意思的情况下订立或者变更劳动合同的，并致使劳动合同无效；员工被依法追究刑事责任的；劳动者患病或者非因工负伤，在规定的医疗期满后不能从事原工作，也不能从事由用人单位另行安排的工作的；劳动者不能胜任工作，经过培训或者调整工作岗位，仍不能胜任工作的。

第四，法定视为订立无固定期限劳动合同的情况，用人单位自用工之日起满一年不与劳动者订立书面劳动合同，视为用人单位自用工满一年的当日起与劳动者已订立无固定期限劳动合同。

（3）以完成一定工作任务为期限的劳动合同。《劳动合同法》第十五条规定："以完成一定工作任务为期限的劳动合同，是指用人单位与劳动者约定以某项工作的完成为合同期限的劳动合同。用人单位与劳动者协商一致，可以订立以完成一定工作任务为期限的劳动合同。"

以完成一定的工作任务为期限的劳动合同，是以某一项工作或任务的实际起始日期和终止日期来确定合同有效期的一种合同形式，约定任务完成后合同自行终止。一般在以下几种情况下，用人单位与员工可以签订以完成一定工作任务为期限的劳动合同：①以完成单项工作任务为期限的劳动合同；②以专案承包方式完成承包任务的劳动合同；③因季节原因临时用工的劳动合同；④其他双方约定的以完成一定工作任务为期限的劳动合同。

以完成一定工作任务为期限的劳动合同按照《劳动合同法》第十九条规定，不得约定试用期。以完成一定工作任务为期限的劳动合同，无论签订数次多少，均不会转化为无固定期限劳动合同。

（三）用人单位和劳动者的相关信息

劳动合同中包含用人单位的名称、住所和法定代表人或者主要负责人信息，是对劳动者知情权的一种保护，属于劳动合同的必要条款。

劳动合同中必须包含劳动者的姓名、住址和居民身份证或者其他有效身份证件号码，是为了明确劳动合同中劳动者一方的主体资格，确定劳动合同的当事人。现实中劳动者的实际住址与身份证件上的住址很可能不一致，建议在劳动合同中要明确以下三点：①劳动者的实际通信地址；②如果实际通信地址发生变更，劳动者有义务及时书面通知单位，否则因此导致的一切后果和责任由劳动者自负；③所有发往约定通信地址的信件，都视为已送达员工。

（四）工作内容与工作地点

工作内容是指劳动者的工作岗位、任务、职责，劳动合同中的工作内容条款应当规定得明确具体，便于遵照执行。工作地点是指劳动合同的履行地点。

（五）工作时间与休息休假

工作时间是指劳动者在用人单位中必须用来完成其所担负的工作任务的时间。工作时间包括工作时间的长短、工作时间方式的调整。工作时间上的不同，对劳动者的就业选择、劳动报酬等均有影响，故其属于劳动合同的必要条款。

休息休假是指用人单位的劳动者按规定不必进行工作，自行支配的时间。

（六）劳动报酬

劳动报酬是指员工与企业确定劳动关系后，因提供了劳动而取得的报酬。劳动报酬是满足员工生活需要的主要来源，也是员工付出劳动后应该得到的回报。因此，劳动报酬是劳动合同中必不可少的内容。劳动报酬主要包括以下几个方面：①企业工资水准、工资分配制度、工资标准和工资分配形式；②工资支付办法；③加班加点工资及津贴、补贴标准和奖金分配办法；④工资调整办法；⑤试用期及病事假等期间的工资待遇；⑥特殊情况下员工工资支付办法；⑦其他劳动报酬，如奖金的分配办法。

（七）社会保险

社会保险是一种缴费性的社会保障，资金主要是用人单位和劳动者本人缴纳，政府财政给予补贴并承担最终的责任。劳动者只有履行了法定的缴费义务，并在符合法定条件的情况下，才能享受相应的社会保险待遇。

（八）劳动保护

劳动保护是指企业为了防止劳动过程中的安全事故，采取各种措施来保障员工的生命安全和健康。国家通过制定相应的法律和行政法规、规章、制度，企业也应根据自身的具体情况，规定相应的劳动保护制度，以保证员工的健康和安全。

知识链接

无效劳动合同

无效劳动合同是指当事人违反法律规定订立的劳动合同，该劳动合同不具有法律效力。

1. 无效劳动合同的效力

根据无效程度，无效劳动合同分为部分无效和全部无效，具体这两种无效劳动合同的效力如图 9-1 所示。

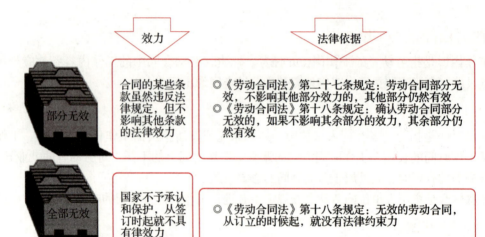

图 9-1　部分无效和全部无效劳动合同的效力对比

2. 无效劳动合同的适用情形

《劳动合同法》第二十六条规定，下列劳动合同无效或者部分无效。

（1）以欺诈、胁迫的手段或者乘人之危，使对方在违背真实意思的情况下订立或者变更劳动合同的。

（2）用人单位免除自己的法定责任、排除劳动者权利的。

（3）违反法律、行政法规强制性规定的。

二、劳动合同的解除

劳动合同解除是劳动合同生效后，在劳动合同尚未全部履行前，由于某种特殊原因导致签订劳动合同的一方或双方提前解除劳动关系的法律行为。

（一）协商解除

用人单位和劳动者协商一致，可以解除劳动合同。但是双方当事人任何一方要求解除劳动合同都必须提前一个月通知对方。

（二）劳动者单方解除

劳动者要求解除劳动合同，应提前 1 个月以书面形式告知用人单位，用人单位同意后解除劳动合同。劳动者在试用期期间解除劳动合同，需要提前 3 日以书面形式告知用人单位，用人单位同意后解除劳动合同。

用人单位未依照劳动合同所约定的条款执行，出现有损于劳动者的权益，或者由于用人单位的原因导致劳动合同无效，劳动者可以随时提出与用人单位解除劳动合同。

（三）用人单位单方解除

用人单位在劳动者试用期间被证明不符合单位录用条件，在工作过程中劳动者出现严重违反用人单位规章制度，违法违纪，严重失职，营私舞弊，严重损害用人单位利益等致使劳动合同无效，用人单位可以单方解除劳动合同。

劳动者因身体原因（患病、非公负伤），或者由于特殊原因不能从事原工作或者调整后的工作；由于形势变化，用人单位和劳动者协商不一致，使劳动合同无法得以正常履行；用人单位进行经济性裁员等情况下，用人单位需要提前 30 日以书面形式通知劳动者本人或加付劳动者 1 个月工资的前提下与劳动者解除劳动合同。

（四）解除劳动合同维权

《中华人民共和国劳动争议调解仲裁法》开始施行后，为用人单位和劳动者在发生权益纠纷的时候，明确了解决途径和要求。发生纠纷时，劳动者可以与用人单位进行协商，同时请工会或第三方与用人单位进行协商，以达成一致的和解意见，当事人需要提供相关证据。如果当事人不愿意协商或协商后不予履行的，可以向调解组织申请调解。如果用人单位违反法律法规，也可以向劳动行政部门申请仲裁，直至诉讼人民法院。

用人单位的经济补偿是以按劳动者在本单位的工作年限作为依据的，如用人单位违反本法规定而解除或终止劳动合同，那么应当增加支付劳动者经济补偿金。

三、劳动权益和劳动者的基本义务

在我国，劳动者享有广泛的劳动权利，同时也负有相应的劳动义务。

（一）劳动者权益

1. 平等就业与选择职业的权利

平等就业和选择职业是每个劳动者都拥有的劳动权利，所谓平等就业就是指在劳动就业中实行男女平等及民族平等的原则。招工时不得歧视妇女，不得歧视少数民族的劳动者，男女之间及不同民族之间应一视同仁，不得招用未满 16 周岁的未成年人。在录用员工时，除国家规定的不适合妇女的工种或者岗位外，不得以性别为由拒绝录用妇女或者提高对妇女的录用标准。在劳动和工作的调配方面应根据实际情况，对妇女予以必要的照顾。根据政策等对少数民族应有适当的照顾，在工资方面应贯彻同工同酬的原则。

2. 取得劳动报酬的权利

取得劳动报酬是每个劳动者都拥有的权利，它是指劳动者有权根据自己的劳动数量和质量及时得到合理的报酬，任何用人单位不得克扣或无故延期支付。用人单位工资发放时间由用人单位与职工在劳动合同中约定。法定节假日安排劳动者工作的，支付不低于工资的百分之三百的工资报酬。

在我国，劳动者取得劳动报酬的分配方式是按劳分配。按劳分配是根据劳动者提供的劳动量给付报酬，多劳多得，少劳少得，不劳不得。

为给予劳动者必要的社会保护，国家实行最低工资保障制度。最低工资是指保障劳动者及其家庭的最低生活需要的工资，其标准由各省、自治区及直辖市人民政府规定，报国务院备案。

3. 休息休假的权利

休息日是我国《宪法》规定的公民权利，这一权利的重要意义在于能够保证劳动者的身体和精神上的疲劳得以解除，借以恢复劳动能力。

我国实行每日工作 8 小时，平均每周工作 40 小时的工作制度，平时每周工作时间不超过 44 小时。用人单位应当保证劳动者每周至少休息 1 日；元旦春节、国际劳动节、国庆节以及法律、法规规定的其他休假节日应当依法安排劳动者休假。

在一般情况下，在法定的节假日期间，用人单位应当按照国家规定的休假天数安排劳动者休假，而不能任意组织加班。用人单位由于生产经验需要，经与工会和劳动者协商后可以延长工作时间，一般每日不得超过 1 小时；因特殊原因需要延长工作时间的，在保障劳动者身体健康的条件下延长工作时间每日不得超过 3 小时，每月不得超过 36 小时。

用人单位在符合法律规定的条件下延长劳动者的工作时间，必须向劳动者支付报酬，而且要支付高于劳动者正常工作时间的工资报酬。

此外，我国还实行带薪休假制度。劳动者连续工作一年以上方能享受带薪年休假。

4. 获得劳动安全和卫生保护的权利

获得劳动安全和卫生保护是每个劳动者都拥有的劳动权利。在劳动生产过程中存在各种不安全和不卫生因素，如不采取措施加以保护，就会危害劳动者的生命安全和身体健康，甚至妨碍生产的正常进行。劳动者有权要求改善劳动条件和加强劳动保护，保证在生产过程中能够安全和健康。

劳动者在劳动过程中必须严格遵守安全操作规程，对用人单位管理人员违章指挥及强令冒险作业等有权拒绝执行；对危害生命安全和身体健康的行为有权提出批评、检举和控告。从事特种作业的劳动者必须经过专门培训并取得特种作业资格。

知识链接

女职工的经期假

在我国，一些地方政府开始加大对职业女性健康权的保护，将职业女性经期休假制度以法规形式得以不同程度的体现。2006 年 9 月，江西省《关于推进我省签订女职工权益保护专项集体合同工作的通知》中第十一条规定：女职工月经期间，企业应予以适当照顾；对其从事低温、冷水、野外、室外流动性作业的女职工，月经期给予休假 2~3 天，并相应减少劳动定额，不影响各种奖励和评比。2012 年开始实施的《成都市妇女权益保障条例》中明确规定：用人单位与女职工签订的劳动合同或服务协议应当包含对女职工经期、孕期、产期、哺乳期保护的特殊劳动保护条款；任何单位不得因为女职工经期、孕期、产期、哺乳期的劳动保护降低工资标准或者减少劳动报酬。

　　但目前在全国范围内，经期带薪休假还不是普遍情况，遇有经期不适需要请假的情况，可请病假。

5. 接受职业技能培训的权利

职业技术培训是为了培养和提供人们从事各种职业所需的技术业务知识和实际操作技能而进行的教育和训练，劳动者有权要求接受这种教育和训练。

职业培训是国民教育体系的一个重要组成部分，用人单位应当建立职业培训制度，按照国家规定提取和使用职业培训经费。企业要根据本单位实际，有规划地对劳动者进行培训。从事技术工种的劳动者，上岗前必须经过培训。

6. 享受社会保险福利的权利

享受社会福利保险是每个劳动者都拥有的劳动权利，我国《宪法》明确规定："中华人民共和国公民在年老、疾病或者丧失劳动能力的情况下，有从国家和社会获得物质资助的权利。"劳动者享受的社会保险和福利权也就是劳动者享受的物质帮助权。

国家发展社会保险事业，建立社会保险制度，设立社会保险基金，使劳动者在年老、患病、工伤、失业、生育等情况下获得帮助和补偿；用人单位和劳动者必须依法参加社会保险，缴纳社会保险费。国家鼓励用人单位根据本单位实际情况为劳动者建立补充保险，提倡劳动者个人进行储蓄性保险。将基本保险、补充保险和储蓄性保险相结合，使劳动者享受的社会保险待遇得到切实保障。（见下文详述）

7. 提请劳动争议处理的权利

劳动争议是劳动关系当事人之间因劳动的权利与义务发生分歧而引起的争议，又称劳动纠纷。劳动争议涉及劳动者的健康安全、工作和生活的各个方面，关系到劳动者的切身利益，因此一旦劳动争议出现，劳动者就可以依法申请调解、仲裁、提起诉讼。劳动争议调解委员会由用人单位、工会和职工代表组成；劳动仲裁委员会由劳动行政部门的代表、同级工会、用人单位代表组成。解决劳动争议应当根据合法、公正和及时处理的原则，依法维护劳动争议当事人的合法权益。（见下文详述）

（二）劳动者的基本义务

权利和义务总是相对应的，既不允许劳动者只尽义务不享受权利，同样也不允许劳动者只享受权利不履行义务。劳动本身就是权利和义务的统一，在校学生作为未来的劳动者更需要了解自身的义务。

1. 完成劳动任务

劳动任务是用人单位安排的在一定时间内要实施的劳动行为，要实现的劳动目标和要取得的劳动成果。完成劳动任务是劳动的核心内容和基本要求，是劳动者最基本的义务，也是劳动者取得劳动报酬等权利的前提。作为社会主义劳动者，需要以主人翁的精神出色地完成各项劳动任务。

2. 提高职业技能

职业技能是劳动者从事劳动必须要掌握的专业技术知识和实际的操作技能。劳动者的个人素质关系到社会生产力的发展，因此提高劳动技能不仅是劳动者的客观需要，也是劳动者对国家和社会应尽的基本责任。每一位劳动者都应该为适应社会主义现代化建设的需要，努力提高自己的职业技能。

3. 执行劳动安全卫生规程

劳动安全卫生规程是在生产过程中保护劳动者生命安全和身体健康的规章制度。由于劳动安全卫生问题关系到国家、集体的利益和个人的生命财产安全，关系到劳动生产和经济建设能否顺利进行，关系到社会的安全稳定。因此，执行劳动安全卫生规程不单是单位的责任，也是劳动者的责任。劳动者应当严格履行这一义务，尽量减少和杜绝事故的发生。

4. 遵守劳动纪律

劳动纪律是用人单位和有关部门制定的劳动者在劳动过程中必须遵守的行为规则。劳动纪律是确保良好的劳动秩序，顺利实现劳动过程、完成劳动任务的必要保障。严格遵守劳动纪律是现代劳动者的必备素质，每一位劳动者都应养成自觉遵守劳动纪律的习惯。

5. 遵守职业道德

职业道德是社会道德的重要组成部分，是从事各项职业活动的劳动者应当遵守的行为规范。不同职业都有自己的职业道德，它由人们自觉去遵守，由社会舆论和人民群众进行监督。但我国将遵守职业道德明确规定为一条法律义务，从而使劳动者对职业道德的遵守具有法律强制性。遵守职业道德是社会主义精神文明的重要内容，也是现代劳动者的必备素质，每一位劳动者都应该自觉遵守职业道德。

四、社会保险和公积金

用人单位和劳动者在签订劳动合同时要有"五险一金"，五险一金包括基本养老保险、基本医疗保险、失业保险、生育保险、工伤保险和住房公积金。

（一）社会保险

社会保险是指国家通过立法，对参保者在遭遇年老、疾病、工伤、失业、生育等风险情况下提供物质帮助（包括现金补贴和服务），使其享有基本生活保障、免除或减少经济损失的制度安排。

1. 基本养老保险

政府建立养老保险制度，基本养老保险是劳动者达到法定年龄后退出工作岗位，劳动者与用人单位按照工资收入的比例来领取政府的养老金以及享受相关的养老待遇。

2. 基本医疗保险

基本医疗保险是政府补偿劳动者因患病造成经济损失的社会保险制度，包括城镇职工基本医疗保险制度、新型农村合作医疗制度与城镇居民基本医疗保险。政府给予一定补贴，其待遇标准依照国家法律法规执行。

3. 失业保险

失业保险指因为劳动者失业造成难以满足基本生活需要，为劳动者提供帮助的保险制度。

4. 生育保险

生育保险是为怀孕以及分娩而无法继续工作的妇女提供生育津贴与医疗服务的制度。

5. 工伤保险

工伤保险是政府通过社会统筹的方法，给予生产活动中因意外或者是职业病而造成死亡、暂时或者永远丧失劳动能力的劳动者及其家属医疗救治及经济补偿的保险制度，劳动者在提供相关材料及申请工伤认定后享受工伤保险。

（二）住房公积金

住房公积金是由用人单位与劳动者共同缴纳的。用人单位与劳动者必须按照一定比例按月缴纳住房公积金，劳动者和用人单位缴纳的住房公积金归劳动者个人所有。公积金来支付劳动者家庭购买或自建住房、私房翻修等相关费用。

五、劳动争议

劳动争议是指劳动关系的当事人之间因执行劳动法律、法规和履行劳动合同而发生的纠纷，劳动争议的范围，在不同的国家有不同的规定。

（一）劳动争议的分类

劳动争议按照不同的标准可以分为不同的类别，一般来说，劳动争议按照不同的类型可以分为以下几类。

按照劳动争议的类型分为权利争议和利益争议。权利争议是指劳动关系当事人之间因约定或法定权利而产生的纠纷，它是对既定的、现实的权利发生争议，因为权利已由约定产生或者已由法律规定确立；利益争议是指劳动关系当事人就如何确定双方的未来权利义务关系发生的争议，它不是现实的权利争议，而是对如何确定期待的权利而发生的争议。有时称前者为既定权利争议，后者为待定权利争议。

按照劳动争议是否可以纳入劳动争议仲裁机构处理，可分为纳入仲裁处理的争议和不纳入仲裁处理的争议。

按照劳动争议涉及的范围，分为个别劳动争议和集体劳动争议。个别劳动争议仅涉及劳动者个体与用人单位之间的关系，一般可以通过沟通协商等手段来解决；集体劳动争议是指多个劳动者（三名以上的劳动者）因共同的理由与用人单位发生的争议，通常会涉及集体合同上的争议，协调难度较大，一般要采用程序化的司法手段来解决。

按照劳动争议的内容，可以分为四个方面：一是因用人单位开除、除名、辞退职工和职工辞职、自动离职而发生的终止劳动关系的劳动争议；二是用人单位和职工之间因执行国家有关工资、福利、保险、培训、劳动保护规定而发生的劳动争议；三是履行劳动合同的劳动争议，包括用人单位和员工之间因执行、变更、解除劳动合同而发生的争议；四是其他劳动争议。

（二）劳动争议的处理

我国劳动争议处理实行"一调、一裁、两审"的处理体制，劳动争议当事人可自愿选择协商或调解，仲裁是劳动争议处理的前置程序。

1. 协商程序

协商是指劳动者与用人单位就争议的问题直接进行协商，寻找纠纷解决的具体方案。与其他纠纷不同的是，劳动争议的当事人一方为单位，一方为单位职工，因双方已经发生一定的劳动关系而使彼此之间相互有所了解。双方发生纠纷后最好先协商，通过自愿达成协议来消除隔阂。但是，协商程序不是处理劳动争议的必经程序。

2. 调解程序

调解程序是劳动纠纷的一方当事人就已经发生的劳动纠纷向劳动争议调解委员会申请调解的程序。根据《劳动法》规定：在用人单位内，可以设立劳动争议调解委员会。劳动争议调解委员会由职工代表、用人单位和工会代表构成。调解委员会成员一般应具有法律知识、文化水平和实际工作能力，又了解本单位具体情况，这样有利于纠纷解决。企业中，除因签订、履行集体劳动合同发生的争议外，均可由本企业劳动争议调解委员会调解。但是，与协商程序一样，调解程序也由当事人自愿选择，不具有强制执行力，如果一方反悔，同样可以向仲裁机构申请仲裁。

3. 仲裁程序

仲裁程序是劳动纠纷的一方当事人将纠纷提交劳动争议仲裁委员会进行处理的程序。该程序既具有劳动争议调解灵活、快捷的特点，又具有强制执行的效力，是解决劳动纠纷的重要手段。劳动争议仲裁委员会是国家授权，依法独立处理劳动争议案件的专门机构。申请劳动仲裁是解决劳动争议的选择程序之一，也是提起诉讼的前置程序，即如果想提起诉讼打劳动官司，必须要经过仲裁程序，否则不能直接向人民法院提起诉讼。

4. 诉讼程序

根据《劳动法》规定：劳动争议当事人对仲裁裁决不服的，可以自收到仲裁裁决书之日起十五日内向人民法院提起诉讼。一方当事人在法定期限内不起诉又不履行仲裁裁决的，另一方当事人可以申请人民法院强制执行。诉讼程序即我们平常所说的"打官司"。诉讼程序的启动是由不服劳动争议仲裁委员会裁决的一方当事人向人民法院提起诉讼后启动的程序。诉讼程序具有较强的法律性、程序性，作出的判决也具有强制执行力。

> **知识链接**

维护劳动权益的 6 个时间节点

1. 劳动合同试用期不得超过 6 个月

劳动合同期限 3 个月以上不满 1 年的，试用期不得超过 1 个月；劳动合同期限 1 年以上不满 3 年的，试用期不得超过 2 个月；3 年以上固定期限和无固定期限的劳动合同，试用期不得超过 6 个月。

2. 工作时长每周不得超过 44 小时

国家实行劳动者每日工作时间不超过 8 小时、平均每周工作时间不超过 44 小时的工时制度。用人单位应当保证劳动者每周至少休息 1 日。

3. 加班时长每月不得超过 36 小时

若因生产经营需要，用人单位与工会和劳动者协商后可以延长工作时间，一般每日不得超过 1 小时；因特殊原因需要延长工作时间的，在保障劳动者身体健康的条件下延长工作时间每日不得超过 3 小时，但是每月不得超过 36 小时。

4. 竞业限制期限不得超过 2 年

用人单位可以与单位的高级管理人员、高级技术人员和其他负有保密义务的人员约定，在解除或者终止劳动合同后的一定期限内，劳动者不得到与本单位生产或者经营同类产品、从事同类业务的有竞争关系的其他用人单位上班，也不得自己开业生产或者经营同类产品、从事同类业务。竞业限制期限内按月给予劳动者经济补偿，竞业限制期限不得超过 2 年。

5. 申请劳动争议仲裁的时限为 1 年

劳动争议申请仲裁的时效期间为 1 年，仲裁时效期间从当事人知道或者应当知道其权利被侵害之日起计算。劳动关系存续期间因拖欠劳动报酬发生争议的，劳动者申请仲裁不受仲裁时效期间的限制。但是，劳动关系终止的，应当自劳动关系终止之日起 1 年内提出。

6. 对劳动裁决不服，提起诉讼不得超过 15 日

劳动者对仲裁裁决不服的，可以自收到仲裁裁决书之日起 15 日内向人民法院提起诉讼。期满不起诉的，裁决书发生法律效力。

六、工时制度和请假管理制度

（一）工时制度

我国目前有三种工作时间制度，即标准工时制、综合计算工时制和不定时工时制。

1. 标准工时制

按照《国务院关于职工工作时间的规定》，劳动者每天工作的最长工时为 8 小时，每周最长工时为 40 小时。综合计算工时制是指采用以周、月、季、年为周期综合计算工作时间的工时制度，又称标准工时制度。如果综合计算工时周期内总的实际工作时间超过了综合计算工时周期内的标准工作时间，视为加班，用人单位应当支付职工加班费。

2. 不定时工时制

不定时工时制是指因用人单位生产特点，无法按标准工作时间安排工作或因工作时间不固定，需要机动作业的职工所采用的弹性工时制度。

3. 加班制度

加班是指用人单位依法安排劳动者在标准工作时间以外工作。用人单位需要向加班职工支付加班工资。加班需要员工同意才可以。

（二）休息休假

（1）休息休假。指劳动者在法定工作时间外自行支配的时间，法定休假日和法定休息日的具体日期是国家规定的，劳动者也不需要专门申请。而其他种类的休假，则需要职工向单位请假。

（2）休息日。指劳动者在一周内享有的连续休息一天以上的休息时间，实际工作中大多数劳动者一周工作5天，休息2天。法定节假日是法律规定的用于庆祝及度假的休息时间，法定节假日属于带薪休假，

（3）事假。指职工因私事不能在工作时间工作，而向单位请假。

（4）病假。指职工因病需治疗或休养而不能工作，向单位请假。在医疗期内，用人单位不得解除劳动合同。

典型案例

不按规请假的后果

张林同学高职毕业后在义乌市一家电子科技企业工作，由于年龄小比较任性，一次和主管领导发生争执后，递交了一个月的事假单后就离开了公司。三天后，公司未见小张来上班，多方联系未果。公司以电子邮件方式告知张林，对他作出自动离职，终止劳动关系的判定。

张林对公司的决定非常不满，将公司告上仲裁庭。在仲裁审理中，公司称，张林虽然递交了一个月的事假单，但是并没有得到公司同意，也没有执行相关的签字流程和工作安排。按照公司规章制度，判定其为无故旷工，自动离职，解除劳动关系。仲裁委员会做出如下判决，对小张申请经济赔偿的请求不予支持。

请假需经领导批准，一般是书面形式，以签字为准，无故旷工三天以上的，公司可以与其解除劳动合同关系。

【分析】在工作中请假是大家经常遇到的一件事，当出现问题时，很多时候是和劳动者的主观法律意识缺失有关，还有一些不合规的请假，例如伪造病假条、病例等违法行为，在职场中请假不能任性而为，不然会给自己和企业带来损失和伤害。

（5）带薪年休假。每年给予劳动者一定时间带薪连续休假。劳动者依法享受年休假、探亲假、婚假、丧假期间，用人单位应按劳动合同规定的标准支付劳动者工资。

（6）婚假。劳动者本人结婚依法享受的假期，用人单位按照正常标准发放工资。

（7）产假。对怀孕7个月以上的女职工，用人单位不得延长劳动时间或者安排夜班劳动，并应当在劳动时间内安排一定的休息时间。女劳动者生育享受不少于98天的产假。职业女性在休产假期间，用人单位不得降低其工资、辞退或者以其他形式解除劳动合同。生育多胞胎的，每多生育一个婴儿，增加产假15天。

（8）哺乳假。女职工符合计划生育规定分娩，产假期满后抚育婴儿有困难的，经本人

申请，领导批准，可请哺乳假。护理假是指男性职工陪护生育的配偶和婴儿的假期。

（9）探亲假。职工在规定的探亲假期和路程假期内，企业支付本人的正常标准工资。职工探望配偶和未婚职工探望父母的往返路费，由所在单位负担。

（10）丧假。劳动者直系亲属死亡时，用人单位应当根据具体情况，给予劳动者丧假。

（11）参加法定社会活动假期。劳动者在法定工作时间内依法参加社会活动期间，用人单位应视其提供了正常劳动而支付工资的假期。

📖 总结案例

小刘的维权之路

小刘在网上查到某网络科技公司招聘开发工程师，了解公司情况、岗位要求后小刘投送了简历。通过面试后小刘于2024年4月入职该公司担任开发工程师一职，双方签订了为期3年的劳动合同，约定每月薪资5000元，同时签订了一份《社保补偿协议》，约定内容为：因小刘本人原因，不需要网络科技公司为其缴纳社会保险费，网络科技公司将每月社保费用折现为450元支付给小刘，小刘自行承担放弃缴纳社会保险的相关法律后果等。

入职后，公司对小刘进行为期10天的岗前培训，培训内容为公司的概况、公司开展的业务情况等。之后，双方签订了一份《服务期协议》，其中注明公司对小刘进行了专业技术培训，培训费为1万元，小刘须为公司服务满4年后方可离职。一年后，小刘希望公司为其缴纳社会保险费，公司以双方签订《社保补偿协议》为由拒绝缴纳，小刘因此事提出离职。该公司以小刘未满服务期为由从工资中扣除5000元违约金。小刘不服，于是向劳动争议仲裁委会申请劳动仲裁，要求该公司予以返还扣除的违约金和支付经济补偿金。

请分析案件并给出你的判断。

【分析】仲裁委审理后认为，公司对小刘进行的培训并非专业技术培训，而是基础岗前培训，且没有证据证明确实产生了1万元的培训费用，公司不应扣除违约金。另外，小刘与该公司所订立的《社保补偿协议》违反法律的强制性规定，应属无效。经过仲裁委调解，双方达成了和解协议，小刘将每月所得450元社保补偿返还，该公司依法为小刘补缴入职年限的社会保险费，向小刘退还扣除的违约金并支付一定的经济补偿金。

📁 活动与训练

讨论劳动合同的合理性

一、活动目标

引导学生掌握签订劳动合同注意事项。

二、规则与程序

教师出示广告公司招聘工作人员的模拟劳动合同，让同学们讨论如何合理签订劳动合同。

1. 教师按照 4~6 人将学生划分成一个小组，通过小组内部讨论形成小组观点。

2. 每个小组选出一名代表陈述本组观点，其他小组可以对其进行提问，小组内其他成员也可以回答提出的问题；通过问题交流，将每一个需要研讨的问题都弄清楚。

3. 教师进行分析、归纳、总结。

三、评价

教师根据各组在研讨过程中的表现，给予点评并赋分。

（建议时间：20 分钟）

探索与思考

1. 在签订劳动合同时候要注意哪些事项？请列举。

2. 如你认为用人单位违法解除劳动合同，应如何维权？

3. 社会上存在的劳务陷阱都有哪些真实案例？请列举并分析。

主题三　知识产权与商业秘密

学习目标

1. 了解什么是知识产权。
2. 了解知识产权相关法律法规。
3. 了解商业秘密保护相关法律法规。

导入案例

"乌苏"起诉"乌苏"，索赔208万元

2024年南京市中级人民法院审结的一起商标侵权及不正当竞争纠纷案件判决生效，侵权人极力攀附模仿红罐装"乌苏"啤酒，生产和销售红罐"乌苏"啤酒，南京中院一审全额支持了权利人208万元的赔偿请求，江苏省高级人民法院二审维持原判。

据悉，新疆乌苏啤酒公司1986年开始生产"乌苏"啤酒，2006年获注册商标，经长期持续使用和推广，品牌在国内啤酒业有较高影响力。2006年，乌苏啤酒推出了一款颠覆性的产品"红乌苏"，在消费者中广为流行，成为一款现象级产品。

南京中院表示，被告某公司成立于2020年8月，原告公司企业字号"乌苏"在其成立时已有较高知名度和影响力。南京中院审理认为，被诉侵权"乌苏"啤酒使用的标识与原告涉案注册商标极为近似，易导致消费者混淆或误认，构成商标侵权。

【分析】餐饮类商标仿冒之所以屡禁不止，主要有以下几点原因。第一，餐饮抄袭的门槛低，标识形象、装修、餐品等很容易就被复制；第二，部分品牌在创立初始不太有商标意识；第三，部分餐饮品牌被侵权时，往往证据不足或者是怕麻烦从而维权失败。有业内人士表示，餐饮业已全面进入品牌竞争时代，知识产权作为无形资产在整个品牌资产体系中占据首位。而国内许多知名品牌都曾深陷被抄袭的风波，知识产权保护迫在眉睫。他补充道："对于那些抄袭的餐饮企业，相关部门也应该加大打击力度，切实保护好致力于行业创新发展的正牌企业。"

一、知识产权管理

（一）知识产权概述

知识产权是人类脑力劳动的产物，是人类知识财富在法律上的承认和保护。《世界知识产权组织公约》将知识产权定义为在工业、科学、文学或艺术领域里的智力活动产生的所有权利。知识产权法规包括《中华人民共和国专利法》（以下简称《专利法》）、《中华人民共和国商标法》（以下简称《商标法》）、《中华人民共和国著作权法》（以下简称《著作权法》）、《中华人民共和国反不正当竞争法》（以下简称《反不正当竞争法》）等。这些知识产权管理法规的核心是保护知识产权拥有者在市场上获得利益的机会，使社会创新事业得以延续。

工作中，大家要有知识产权意识，对自己或他人在工作中所创造的知识产权要有清晰的了解，对其价值要有一个大致评估，同时善于利用法律法规保护自己和他人的权利不被侵害。

（二）知识产权相关法律法规

1.《专利法》

《专利法》是确认发明人（或其权利继受人）对其发明享有专有权，规定专利权人的权利和义务的法律规范的总称。

《专利法》是保护专利权人的合法权益，鼓励发明创造，促进科学技术进步和经济社会发展。但是在实践中，还要注意以下几点。

（1）区分职务发明创造与非职务发明创造。利用本单位的物质技术条件所完成的发明创造为职务发明创造，专利权属于该单位。非职务发明创造，申请专利的权利属于发明人或者设计人。

（2）多人合作完成的发明创造专利权的确定。除另有协议的以外，申请专利的权利属于完成或者共同完成的单位或者个人。申请被批准后，申请的单位或者个人为专利权人。

（3）谁先申请谁得。同样的发明创造只能授予一项专利权。两个以上的申请人分别就同样的发明创造申请专利的，专利权授予最先申请的人。

2.《商标法》

《商标法》是确认商标专用权，规定商标注册、使用、转让、保护和管理的法律规范的总称。

《商标法》的作用主要是加强商标管理，保护商标专用权，促进商品的生产者和经营者保证商品和服务的质量，维护商标的信誉，以保证消费者的利益，促进社会主义市场经济的发展。

3. 著作权法

著作权法是为保护文学、艺术和科学作品作者的著作权以及与著作权有关的权益，职工需要注意的是。包括以各种形式创作的文学、艺术和自然科学社会科学、工程技术等作品。常见的作品类型有以下几种：文字作品、口述作品、音乐、戏剧、曲艺、舞蹈、杂技艺术作品、美术、建筑作品、摄影作品、电影作品和以类似摄制电影的方法创作的作品、工程设计图、产品设计图、地图、示意图等图形作品和模型作品、计算机软件、法律、行政法规规定的其他作品。

著作权包括多种人身权和财产权，常见的权利有以下几类：发表权、署名权、修改权、保护作品完整权、复制权、发行权、出租权、展览权、表演权、放映权、广播权、信息网络传播权、摄制权、改编权、翻译权、汇编权、应当由著作权人享有的其他权利。

4.《反不正当竞争法》

《反不正当竞争法》为规范社会主义市场经济秩序，倡导公平有序的竞争，对于保护合法市场参与者的权益和打击不法市场经济行为有着重要意义。

典型案例

东旭集团打赢涉外专利诉讼保卫战

东旭集团是一家集光电显示材料、高端装备、新能源为一体的大型高科技产业集团。东旭集团历来重视知识产权工作，经过二十几年的发展，在知识产权创造、运用、保护和管理能力方面全面提升，逐步建立起符合东旭集团自身发展的知识产权体系。2017年，被评为国家知识产权示范企业。

高强超薄铝硅酸盐盖板玻璃是该集团的拳头产品之一，在行业内具有较高的市场占有率和客户认可度，这也引起国外某家企业的觊觎，并向法院提出专利侵权诉讼，主张东旭集团的某产品涉嫌侵犯其发明专利权，要求停止所谓侵权并索赔近5000万元人民币。

对此，东旭集团高度重视，第一时间组织成立了应诉团队，积极主动应对，首先向原国家知识产权局专利复审委员会提出无效申请，请求宣告对手的涉案专利权全部无效。同时，作为正面反击，东旭集团迅速对竞争对手和其主要客户提出了专利侵权反诉，形成"组合拳"反击竞争对手，从而形成了"你来我往"，以彼之道还施彼身的战略交错态势，并最终战胜了竞争对手，维护了自身的合法权益。

知识产权诉讼背后往往牵涉巨大的经济利益。此次胜诉，东旭集团避免了经济损失近5000万元，同时，确保了东旭集团可以继续安全生产制造、销售盖板玻璃系列产品。也使得下游客户与公司的稳定合作关系也得以维系和加强，客户对集团的信任度增加。谈及胜诉的经验，该集团相关负责人分享了"三大法宝"：一是反应迅速并第一时间组建应诉团队；二是高效、准确、广泛地收集相关证据；三是制定科学合理的诉讼应对策略。

上述负责人进一步解释：为了解决国外行业巨头对集团某品牌产品的无理诉讼打压，避免公司遭受巨额经济损失，更为了集团在国际国内的行业生存空间，经过通盘考虑和战略分析，集团采取了积极应诉、无效对方专利和发起专利侵权反诉的诉讼策略等多项配套措施，并调动各种内部和外部优质资源，组建高效的应诉团队和聘请优质外部律所资源，制定战术打法，内外联动，最终击败竞争对手赢得诉讼。

【分析】东旭集团知识产权体系健全，并未雨绸缪地针对行业重点竞争对手建设好了"专利武器库"，而不是在诉讼来临之后临时抱佛脚。同时，集团的内部专家团队和优质的外部专业律师团队也在打赢诉讼的过程中起到了重要作用。

二、保密管理

（一）商业秘密及要素概述

商业秘密由以下三个要素构成。

1. 具有客观秘密性

商业秘密首先必须是处于秘密状态的信息，不可能从公开的渠道所获悉。有关信息不为其所属领域的相关人员普遍知悉和容易获得，是为不为公众所知悉。

2. 具有实用性和价值性

商业秘密必须是一种现在或者将来能够应用于生产经营或者对生产经营有用的具体的技术方案和经营策略，具有现实或潜在的实用性。作为商业秘密的信息能为权利人带来现实的或潜在的经济利益，具有一定的经济价值。

3. 权利人采取了保密措施

权利人为防止信息泄漏所采取的与其商业价值等具体情况相适应的合理保护措施。在正常情况下足以防止涉密信息泄漏的，应当认定权利人采取了保密措施。包括限定涉密信息的知悉范围，对于涉密信息载体采取加锁等防范措施，在涉密信息的载体上标有保密标志，对于涉密信息采用密码或者代码等，签订保密协议，对于涉密的机器、厂房、车间等场所限制来访者或者提出保密要求，确保信息秘密的其他合理措施。

同时具备以上三个特征的技术信息和经营信息，才属于商业秘密。

典型案例

可口可乐不能复制

可口可乐公司是世界上最大的饮料公司，公司于 1886 年成立于美国乔治亚州，可口可乐公司的饮料现已销往 200 多个国家。可口可乐通过公司自有或公司控制的装瓶及分销业务网络，以及独立的装瓶合作伙伴、分销商、批发商和零售商，形成全球最大的饮料分销系统，向全球消费者提供其品牌饮料产品，但是可口可乐的配方被保存在亚特兰大一家银行的保险库里。它由三种关键成分组成，这三种成分分别由公司的三个高级职员掌握，三人的身份被绝对保密。迄今为止很多想收买配方或者盗取配方的行动都失败了。

【分析】可口可乐为什么这么多年来经久不衰呢？是由于它的独特配方还不为人所知，可口可乐的配方属于最高层次的商业秘密。可见保护商业秘密的重要意义。

（二）商业秘密保护相关法律法规

在生活和工作中，大家要注意保护企业商业秘密，避免触犯相关的法律法规。

1. 反不正当竞争法

《反不正当竞争法》第九条第一款中列举了三种关于侵犯商业秘密禁止性规范。

（1）以盗窃、贿赂、欺诈、胁迫或者其他不正当手段获取权利人的商业秘密。

（2）披露、使用或者允许他人使用以前项手段获取的权利人的商业秘密。

（3）违反约定或者违反权利人有关保守商业秘密的要求，披露、使用或者允许他人使用其所掌握的商业秘密。第三人明知或者应知商业秘密权利人的员工、前员工或者其他单位、个人实施前款所列违法行为，仍获取、披露、使用或者允许他人使用该商业秘密的，视为侵犯商业秘密。

2.《民法典》

《中华人民共和国民法典》（以下简称《民法典》）第五百零一条明确规定了当事人的保密义务，要求当事人在订立合同过程中知悉的商业秘密，无论合同是否成立，不得泄露或者不正当地使用。泄露或者不正当地使用该商业秘密给对方造成损失的，应当承担损害赔偿责任。

同时，根据我国《民法典》的相关规定，技术秘密的让与人和许可人应当按照约定提供技术资料，进行技术指导，保证技术的实用性、可靠性，并承担保密义务。还要保证自己是所提供的技术的合法拥有者，保证所提供的技术完整、无误、有效，能够达到约定的目标。具体条款列举如下。

《民法典》第一百二十三条规定，民事主体依法享有知识产权。知识产权是权利人依法就下列客体享有的专有的权利，具体包括：①作品，②发明、实用新型、外观设计，③商标，④地理标志，⑤商业秘密，⑥集成电路布图设计，⑦植物新品种，⑧法律规定的其他客体。

《民法典》第五百零一条规定："当事人在订立合同过程中知悉的商业秘密或者其他应当保密的信息，无论合同是否成立，不得泄露或者不正当地使用；泄露、不正当地使用该商业秘密或者信息，造成对方损失的，应当承担赔偿责任。"

《民法典》第七百八十五条规定："承揽人应当按照定作人的要求保守秘密，未经定作人许可，不得留存复制品或者技术资料。"

《民法典》第八百六十四条规定："技术转让合同和技术许可合同可以约定实施专利或者使用技术秘密的范围，但是不得限制技术竞争和技术发展。"

《民法典》第八百六十八条规定："技术秘密转让合同的让与人和技术秘密使用许可合同的许可人应当按照约定提供技术资料，进行技术指导，保证技术的实用性、可靠性，承担保密义务。前款规定的保密义务，不限制许可人申请专利，但是当事人另有约定的除外。"

《民法典》第八百六十九条规定："技术秘密转让合同的受让人和技术秘密使用许可合同的被许可人应当按照约定使用技术，支付转让费、使用费，承担保密义务。"

《民法典》第八百七十一条规定："技术转让合同的受让人和技术许可合同的被许可人应当按照约定的范围和期限，对让与人、许可人提供的技术中尚未公开的秘密部分，承担保密义务。"

《民法典》第八百七十二条规定："许可人未按照约定许可技术的，应当返还部分或者全部使用费，并应当承担违约责任；实施专利或者使用技术秘密超越约定的范围的，违反约定擅自许可第三人实施该项专利或者使用该项技术秘密的，应当停止违约行为，承担违约责任；违反约定的保密义务的，应当承担违约责任。让与人承担违约责任，参照适用前款规定。"

《民法典》第八百七十三条规定："被许可人未按照约定支付使用费的，应当补交使用费并按照约定支付违约金；不补交使用费或者支付违约金的，应当停止实施专利或者使用技术秘密，交还技术资料，承担违约责任；实施专利或者使用技术秘密超越约定的范围的，未经许可人同意擅自许可第三人实施该专利或者使用该技术秘密的，应当停止违约行为，承担违约责任；违反约定的保密义务的，应当承担违约责任。受让人承担违约责任，参照适用前款规定。"

《民法典》第八百七十四条规定："受让人或者被许可人按照约定实施专利、使用技术秘密侵害他人合法权益的，由让与人或者许可人承担责任，但是当事人另有约定的除外。"

《民法典》第一千一百八十五条规定："故意侵害他人知识产权，情节严重的，被侵权人有权请求相应的惩罚性赔偿。"

3.《刑法》

《刑法》第二百一十九条关于侵犯商业秘密罪以及应承担的刑事责任专门作了一些规定。

有下列侵犯商业秘密行为之一，情节严重的，处三年以下有期徒刑，并处或者单处罚金；情节特别严重的，处三年以上十年以下有期徒刑，并处罚金。

（1）以盗窃、贿赂、欺诈、胁迫电子侵入或者其他不正当手段获取权利人的商业秘密的。

（2）披露、使用或者允许他人使用以前项手段获取的权利人的商业秘密的。

（3）违反保密义务或者违反权利人有关保守商业秘密的要求，披露、使用或者允许他人使用其所掌握的商业秘密的。明知或者应知前款所列行为，获取、披露使用或者允许他人使用该商业秘密的，以侵犯商业秘密论。

这里所称权利人，是指商业秘密的所有人和经商业秘密所有人许可的商业秘密使用人。

4.《劳动法》

《劳动法》对商业秘密也有相关的规定。

"《劳动法》规定：劳动合同当事人可以在劳动合同中约定保守用人单位商业秘密的有关事项。"

"《劳动法》规定：劳动者违反本法规定的条件解除劳动合同或者违反劳动合同中约定的保密事项，对用人单位造成经济损失的，应当依法承担赔偿责任。"

5.《促进科技成果转化法》

《中华人民共和国促进科技成果转化法》鼓励科技中介服务机构的发展，并对其保密义务专门作出了规定。

"该法规定：国家培育和发展技术市场，鼓励创办科技中介服务机构，为技术交易提供交易场所、信息平台以及信息检索、加工与分析、评估、经纪等服务。科技中介服务机构提供服务，应当遵循公正、客观的原则，不得提供虚假的信息和证明，对其在服务过程中知悉的国家秘密和当事人的商业秘密负有保密义务。"

活动与训练

讨论劳动合同中的竞业禁止条款

一、活动目标

引导学生掌握劳动合同的相关知识，为未来进入职场签订劳动合同时规避风险做好准备。

二、规则与流程

1.教师出示以下阅读材料，并提问：你认为该案件应当如何判决？

劳动合同中的竞业禁止

苗×于2020年10月9日与一家电脑公司签订劳动合同，被聘为技术员，聘期两年。双方当事人在劳动合同中约定了竞业禁止：合同解除或终止后，苗某三年内不得在本地区从事与该公司相同性质的工作，如违约，苗某须一次性赔偿电脑公司经济损失10万元。

因电脑公司拖欠苗某2023年9月、10月两个月的工资，2023年11月15日，苗某向区劳动争议仲裁委员会申请仲裁，要求解除劳动合同；补发两个月工资，给付经济补偿金；确认劳动合同中的竞业禁止约定条款无效。

2.教师按照4~6人将学生划分小组，通过小组内部讨论形成小组观点。

3.每个小组选出一名代表陈述本组观点，其他小组可以对其进行提问，小组内其他成员也可以回答提出的问题。通过问题交流，将每一个需要研讨的问题都弄清楚。

4.教师进行分析、归纳、总结。

三、评价

教师根据各组在研讨过程中的表现，给予点评并赋分。

（建议时间：20分钟）

认知商业秘密

一、活动目标

引导学生了解保护商业秘密的重要意义。

二、规则与程序

教师出示云南白药的生产厂家、药效和销售情况，分析为什么云南白药没有被仿制。

1.教师按照4~6人将学生划分成一个小组，通过小组内部讨论形成小组观点。

2.每个小组选出一名代表陈述本组观点，其他小组可以对其进行提问，小组内其他成员也可以回答提出的问题。

3.教师进行分析、归纳、总结。

三、评价

教师根据各组在研讨过程中的表现，给予点评并赋分。

（建议时间：20分钟）

探索与思考

1.通过查找典型知识产权侵权案，分析保护知识产权的重要意义。

2.谈谈你是如何看待"竞业禁止"规定的。

主要参考文献

［1］人力资源社会保障部教材办公室. 职业道德与职业素养［M］. 北京：中国劳动社会保障出版社，2023.

［2］人力资源社会保障部教材办公室. 安全生产［M］. 北京：中国劳动社会保障出版社，2023.

［3］人力资源社会保障部教材办公室. 法律常识［M］. 北京：中国劳动社会保障出版社，2023.

［4］人力资源社会保障部教材办公室. 数字技能［M］. 北京：中国劳动社会保障出版社，2023.

［5］人力资源社会保障部教材办公室. 绿色技能［M］. 北京：中国劳动社会保障出版社，2023.

［6］人力资源社会保障部教材办公室. 质量意识［M］. 北京：中国劳动社会保障出版社，2023.

［7］人力资源社会保障部教材办公室. 职业健康与卫生［M］. 北京：中国劳动社会保障出版社，2023.

［8］潘海生. 职业素质训练［M］. 北京：高等教育出版社，2023.

［9］王凤君，杨晓东. 职业素质教育［M］. 北京：清华大学出版社，2022.

［10］向多佳，李俊. 职业礼仪［M］. 北京：高等教育出版社，2022.

［11］安鸿章. 劳动简论［M］. 北京：北京理工大学出版社，2022.

［12］张元，李立文. 劳动教育和职业素养［M］. 北京：机械工业出版社，2021.

［13］法律出版社法规中心. 最新伤残鉴定注释版法规专辑［M］. 北京：法律出版社，2014.

［14］法律出版社法规中心. 最新工伤纠纷注释版法规专辑［M］. 北京：法律出版社，2014.

［15］赵云龙. 先进制造技术(第二版)［M］. 西安：西安电子科技大学出版社，2013.

［16］甘小丹，肖仁龙. 高职院校"工匠精神"教育的价值逻辑研究［J］. 广东交通职业技术学院学报，2023，22（3）.

［17］许远. 适应数字经济发展实现高质量充分就业和体面劳动——面向新时代的我国数字技能开发策略及展望［J］. 教育与职业，2023（3）.

［18］刘晓，刘铭心. 数字化转型与劳动者技能培训：域外视野与现实镜鉴［J］. 中国远程教育，2022（01）.

［19］李锋. 发展数字素养与技能，培养数字公民［J］. 中国信息技术教育，2022（01）.

［20］许远. 适应绿色经济发展实现高质量充分就业和体面劳动——面向新时代的我国绿色技能开发策略及展望［J］. 职业技术教育，2023，44（18）.

［21］李碧. 如何提高员工的质量意识［J］. 中国质量技术监督，2014（03）.

［22］孙克. 数字经时代大幕开启［J］. 世界电信，2017（03）.